Verbrennen wir unser Haus?

Markus Knoflacher

Verbrennen wir unser Haus?

Wie Klimaschutz
unsere Lebensgrundlagen
zerstören kann

Bibliografische Information der Deutschen Nationalbibliothek
Die Deutsche Nationalbibliothek verzeichnet diese Publikation
in der Deutschen Nationalbibliografie; detaillierte bibliografische
Daten sind im Internet über http://dnb.d-nb.de abrufbar.

Gedruckt mit finanzieller Unterstützung
der Kulturabteilung der Stadt Wien.

Lektorat: Barbara Zwiefelhofer

Umschlagabbildung:
© Dr. Markus Knoflacher

Gedruckt auf alterungsbeständigem,
säurefreiem Papier.

ISBN 978-3-631-61856-1
© Peter Lang GmbH
Internationaler Verlag der Wissenschaften
Frankfurt am Main 2013
Alle Rechte vorbehalten.
Peter Lang Edition ist ein Imprint der Peter Lang GmbH

Peter Lang – Frankfurt am Main · Bern · Bruxelles · New York ·
Oxford · Warszawa · Wien

Das Werk einschließlich aller seiner Teile ist urheberrechtlich
geschützt. Jede Verwertung außerhalb der engen Grenzen des
Urheberrechtsgesetzes ist ohne Zustimmung des Verlages
unzulässig und strafbar. Das gilt insbesondere für
Vervielfältigungen, Übersetzungen, Mikroverfilmungen und die
Einspeicherung und Verarbeitung in elektronischen Systemen.

www.peterlang.de

Inhaltsverzeichnis

1 Einleitung 7

2 Klima – ein stabiles Phänomen? 9
   2.1 Langfristige Klimadynamik 9
      2.1.1 Klima und Wetter 9
      2.1.2 Treibende Kräfte des Klimas 10
      2.1.3 Merkmale des Klimasystems und ihre gesellschaftliche
           Wahrnehmung 24
   2.2 Anthropogene Einflüsse 26

3 Die menschliche Gesellschaft im Spannungsfeld zwischen Klima und
   Energie 33
   3.1 „Emanzipation" aus evolutionären Zwängen 33
   3.2 Energie und Gesellschaft – ein Wechselspiel 36
   3.3 Energie und Gesellschaft – eine Risikogemeinschaft? 51

4 Komplexität – an den Grenzen menschlicher Erkenntnisfähigkeit 65
   4.1 Unbequeme Fragen 65
   4.2 Verdrängung 67
   4.3 Vereinfachung 77
   4.4 Strukturen und Überschaubarkeit 85
   4.5 Komplexität und gesellschaftliche Verantwortung 91

5 Energie, Entropie und Exergie – die treibenden Kräfte des Lebens 95
   5.1 Was ist Energie? 95
   5.2 Abseits des Gleichgewichts – Ökosysteme 98
      5.2.1 Exergieumwandlung 99
      5.2.2 Vermeidung von Energieverlusten 127
      5.2.3 Perpetuation und Optimierung 141

6 Auf dem Weg in die systemische Sackgasse 145
   6.1 Vorindustrielle Ära 145
   6.2 Industrialisierung und nachindustrielle Ära bis 1970 153
   6.3 Die Entwicklung seit 1970 169
   6.4 Ein erstes Resümee 181

7 Wege aus der Sackgasse? 187
  7.1 Die großen Herausforderungen 187
    7.1.1 Die Überwindung des evolutionären Erbes 187
    7.1.2 Erkennen von Chancen 188
    7.1.3 Überprüfen vorhandener Paradigmen 191
    7.1.4 Gemeinsame Verantwortung in unterschiedlichen
          Handlungsspielräumen 194
  7.2 Optionen für Eigeninitiativen 197
    7.2.1 Bewusste Gestaltung der individuellen Mobilität 197
    7.2.2 Bewusste Gestaltung der Ernährung 202
    7.2.3 Bewusste Gestaltung des Energieumsatzes im Haushalt 205
    7.2.4 Bewusster Umgang mit Immobilienbesitz 208
  7.3 Gesellschaftliche Herausforderungen 211
    7.3.1 Stärkung der gesellschaftlichen Selbstorganisation ... 211
    7.3.2 Grenzen der Planbarkeit 213
    7.3.3 Anpassung durch Vielfalt 214
    7.3.4 Konsequente Umgestaltung von Siedlungs- und
          Infrastrukturen 216
    7.3.5 Reorganisation der Stoffflüsse 219

8 Schlussfolgerungen 223

9 Referenzen 227

10 Anhänge 273
  10.1 Glossar 273
  10.2 Einheiten 278
  10.3 Einheiten und Umrechnungsfaktoren 278

Stichwortverzeichnis 281

1 Einleitung

Täglich erreichen uns Meldungen über Anzeichen von Klimaänderungen, und wissenschaftliche Untersuchungen[1] liefern deutliche Hinweise, dass menschliches Handeln wesentlich zu diesen Klimaänderungen beiträgt.

Im Zentrum aller kritischen Diskussionen über die Klimaänderungen stehen die so genannten *Treibhausgase* – darunter vor allem Kohlendioxid (CO_2), welches bei der Verbrennung von kohlenstoffhaltigen Materialien freigesetzt wird. Deshalb haben sich viele Staaten durch die Unterzeichnung des „*Kyoto Protokolls*"[2] zu einer Verringerung ihrer Treibhausgasemissionen verpflichtet. Dabei steht es den Unterzeichnern offen, wie sie die vereinbarten Emissionsminderungen erreichen, ob durch Umstellungen bei der Energiegewinnung, durch Zukäufe von *Emissionsrechten* von anderen Staaten oder durch Minderungen des Energieumsatzes. Diese sehr einfach und einleuchtend klingenden Maßnahmen stellen aber große Herausforderungen für die menschliche Gesellschaft dar.

Seit dem 18. Jahrhundert haben der Zugang und die technische Nutzung von fossilen Brennstoffen – Kohle, Erdöl und Erdgas – den wirtschaftlichen Aufstieg ganzer Nationen und die Verbesserung der materiellen Lebensbedingungen ihrer Bevölkerungen bestimmt. Alle Bereiche menschlichen Lebens und Denkens wurden dadurch verändert und geprägt. So ist es nur allzu verständlich, dass es den meisten Menschen in diesen Industriegesellschaften schwer fällt, sich ein Leben unter anderen Energieversorgungsbedingungen vorzustellen.

Mindestens gleich schwer ist es einen Plan zu entwickeln, **wie** die notwendigen Maßnahmen zur Vermeidung kritischer Klimaänderungen in Gang zu setzen sind und ablaufen sollen. Eine der großen Herausforderungen besteht darin, dass die Umsetzung vieler Maßnahmen mehrere Menschengenerationen umspannen kann. Alle Menschen, die heute mit der Umsetzung solcher Maßnahmen beginnen, werden das Ende der Umstellungen und deren Auswirkungen nicht mehr erleben. Noch schärfer ist die Problematik für politische Entscheidungsträger in demokratischen Gesellschaften. Sie orientieren ihr Handeln an Zeitspannen von wenigen Jahren – den Wahlperioden. Bei Planungen für extrem lange Zeiträume können sie – als öffentlichkeitswirksamen politischen Erfolg – bestenfalls die Einleitung oder Fortführung der notwendigen Maßnahmen für sich beanspru-

---

1 Houghton et al. 1990.
2 UNO 1998.

chen. Erfolgreich sind solche Schritte aber nur dann, wenn auch die Bevölkerung aktiv die Maßnahmen unterstützt.

Eine weitere Herausforderung besteht in den engen und vielfachen Verflechtungen aller Lebensbereiche mit den Strukturen und Bedingungen der Energieversorgung. Wo auch immer eingegriffen wird, zeigen sich unerwartete Folge- und Nebenwirkungen auf unterschiedlichsten Ebenen. Diese deutlichen Indizien für komplexe Systemzusammenhänge werden einerseits durch unzulässig vereinfachende Darstellungen verdrängt, andererseits lösen sie Ängste vor der Umsetzung von tief greifenden Maßnahmen aus. Die Umsetzung der Verpflichtungen aus dem Kyoto Protokoll erschöpft sich daher vor allem in Maßnahmen mit rasch erkennbaren Effekten und mit scheinbar geringen „negativen Wirkungen". Typische Beispiele dafür sind im Europäischen Raum die Maßnahmen zur Verbesserung der Energieeffizienz[3] und zur Beimengung von Treibstoffen aus nachwachsenden Rohstoffen zu fossilen Treibstoffen[4].

Vor jeder Suche nach Lösungen ist es notwendig, ausreichend Klarheit über bestehende Probleme zu schaffen. Gefährden die Klimaänderungen die zukünftige Entwicklung oder doch Engpässe in der Energieversorgung? Allein diese Frage wird in der Gesellschaft in vielfältiger Weise beantwortet werden – abhängig von den individuellen Erfahrungen und Interessen der einzelnen Personen. Damit wird klar, dass die Antworten nicht allein in scheinbar feststehenden naturwissenschaftlichen Fakten, sondern auch in unserem Denken und in gesellschaftlichen Prozessen zu suchen sind. Wir müssen uns auch die Frage stellen, ob die bestehenden wissenschaftlichen Paradigmen für die Entwicklung geeigneter Lösungen geeignet sind.

---

3   EU 2006.
4   EU 2003.

2 Klima – ein stabiles Phänomen?

2.1 Langfristige Klimadynamik

2.1.1 Klima und Wetter

Der Begriff „Klimaänderung" ist mittlerweile zu einem Synonym für drohende, weltumspannende Gefahren geworden. Zahlreiche politische Programme setzen auf die „Vermeidung von Klimaänderungen" und viele Forschungsprojekte untersuchen die möglichen Ursachen und Folgen. Dabei wird leicht vergessen, wofür das Wort Klima eigentlich steht. Es ist nicht das verregnete oder zu heiße Wochenende, auch nicht der zu kühle Sommer eines bestimmten Jahres, sondern die charakteristische langjährige Ausprägung von Faktoren wie Bewölkung, Wind, Lufttemperatur, Luftfeuchte oder Niederschlag[5]. All diese Faktoren ändern sich ständig im Zeitablauf über die gesamte Zeitskala – von Sekunden bis zu Milliarden von Jahren. In der meteorologischen Praxis werden kurzfristige Veränderungen der genannten Faktoren unter den Begriffen „Wetter" oder „Witterung" zusammengefasst, unter dem Begriff „Klima" hingegen die charakteristischen Ausprägungen der Faktoren über einen Zeitraum von rund 30 Jahren. Die charakteristischen Ausprägungen umfassen nicht nur die Mittelwerte der Faktoren, sondern auch ihre Maximal- und Minimalwerte, die Schwankungen im Jahres- oder Tagesablauf usw.

Diese Werte sind von großer praktischer Bedeutung für Land- und Forstwirtschaft, aber auch für die bauliche Gestaltung der Gebäude und für viele Bereiche unseres gesellschaftlichen Lebens. Hier liegen auch die Wurzeln der gesellschaftlichen Ängste vor Klimaänderungen. Alle gesellschaftlichen Planungen gehen davon aus, dass das Klima so bleibt wie es in den letzten Jahrzehnten war. In einer Gesellschaft, die sich der „wirtschaftlichen Effizienz" verpflichtet hat, verschwinden zunehmend die Spielräume für die Bewältigung unvorhersehbarer Veränderungen. Aus der kurzfristigen Logik der smarten „New Economy" erscheint jede Vorsorge für unvorhersehbare Veränderungen unsinnig, ja dumm. Dieses, alle gesellschaftliche Bereiche umspannende, Denken erhöht aber zunehmend die Verletzlichkeit unserer Gesellschaft gegenüber unerwarteten Änderungen unserer Lebens- oder Wirtschaftsbedingungen.

---

5 van Eimern & Häckel 1979.

Dabei haben Klimaänderungen langfristig die gesamte Evolution des Lebens auf der Erde[6] begleitet und auch in der jüngeren Vergangenheit die Entwicklung der menschlichen Gesellschaft gravierend beeinflusst[7]. Beispiele für langfristige Klimaänderungen liefern Untersuchungen von Bohrkernen aus dem arktischen Eis, die zahlreiche und oft rasche Temperaturänderungen um bis zu sieben Grad gegenüber der gegenwärtigen Temperatur zeigen[8]. In der südlichen Nordsee stieg der Meeresspiegel jedes Jahrhundert – zwischen 7.000 und 4.000 vor Christus um rund 1,2 Meter, in der Zeit zwischen 4.000 und 1.000 vor Christus um rund 0,3 Meter und zwischen 1.000 vor Christus bis zur Jetztzeit um rund 0,1 Meter. Damit verbunden waren deutliche Veränderungen der Küstenlinien mit nachhaltigen Zerstörungen ganzer Siedlungen[9]. Die Kleine Eiszeit (16. und 17. Jahrhundert) führte zu ausgedehnten Hungersnöten und sozialen Unruhen[10]. Aus der gesellschaftlichen Perspektive waren Klimaänderungen immer mit Katastrophen und Krisen verbunden. Aber warum kann unsere Gesellschaft – trotz der unleugbaren wissenschaftlichen Fortschritte – solche Auswirkungen nicht vermeiden? Die Suche nach Antworten ist vielschichtiger und mühseliger als erwartet. In einem ersten Schritt soll den treibenden Kräften der Klimaänderungen nachgegangen werden.

2.1.2 Treibende Kräfte des Klimas

Räumlich wird das Großklima der Erde vom Mesoklima der einzelnen Landschaften und dem Mikro- oder Kleinklima eines Gartens oder eines Steines unterschieden. Während das Mikroklima eines Gartens direkt und kurzfristig durch den Menschen beeinflusst werden kann, werden – mit zunehmender räumlicher Ausdehnung der Betrachtung – die Einflüsse großräumiger Faktoren erkennbar. Großräumig beeinflussen folgende Faktoren die Klimaentwicklung der Erde[11]:

– die Sonnenaktivität
– die Geometrie der Erdumlaufbahn um die Sonne und die Stellung der Erdachse
– die Plattentektonik der Erde
– die chemische Zusammensetzung der Atmosphäre

---

6 Stanley 2001.
7 Wigley et al. 1985.
8 Bonan 2008.
9 Behre 1993.
10 Lamb 1989.
11 Bonan 2008.

- der Aerosolgehalt der Atmosphäre
- der globale Wasserkreislauf
- die Landbedeckung

Die auf die Erde auftreffende Strahlungsenergie der Sonne ist die zentrale Energiequelle für das Erdklima, aber auch für fast alle Lebewesen auf der Erde. In Verbindung mit den unregelmäßigen Veränderungen der Sonnenaktivität sind auch Schwankungen der Intensität der Sonnenstrahlung zu beobachten. Obwohl die auf einen Quadratkilometer Erdoberfläche eintreffende Energie als Solarkonstante mit 1.367 Watt (W) angegeben wird, variiert der Wert im Laufe der Zeit zwischen 1.364 W und 1.368 W. Trotz der scheinbar geringen Unterschiede dürfte eine längere Periode ohne beobachtete Sonnenaktivität und damit geringerer Einstrahlung die bereits erwähnte Kleine Eiszeit ausgelöst haben[12]. Außerhalb der Erdatmosphäre kann die Sonneneinstrahlung erst seit 1978 durch Instrumente in Satelliten gemessen werden. Die Daten der – aus Einzelmessungen zusammengesetzten – Messreihe zeigen auch in dem relativ kurzen Zeitraum deutlich die laufenden Änderungen der Strahlungsintensität (Abbildung 1).

Neben den unregelmäßigen Veränderungen der Sonnenaktivität führen auch regelmäßige Veränderungen der Geometrie der Erdumlaufbahn zu langfristigen zyklischen Schwankungen der Einstrahlungsintensität. Zu Ehren des Mathematikers Milutin Milanković, der als erster auf Zusammenhänge zwischen den Eiszeitperioden und den Änderungen der Erdumlaufbahn hinwies[13], werden diese Zyklen auch mit seinem Namen benannt. Genauere Untersuchungen haben gezeigt, dass sich einzelne Parameter der Bahngeometrie und der Stellung der Erdachse zur Bahnebene in Perioden mit unterschiedlicher Dauer verändern (Abbildung 2). Mit einer Periodendauer von 100.000 Jahren pendelt die Geometrie der Erdumlaufbahn zwischen einer konzentrischen Kreisform und einer exzentrischen Ellipsenform. Die Neigung der Erdrotationsachse zur Umlaufebene pendelt hingegen mit einer Periodendauer von 41.000 Jahren zwischen 65,5° und 68°. In einem dritten Zyklus mit der Dauer von rund 22.000 Jahren verändern sich – durch die kreiselförmige Drehung der Erdrotationsachse – die Positionen der Jahreszeiten auf der Erdumlaufbahn. Gegenwärtig befindet sich die Erde im Jänner in größter Sonnennähe und im Juli in größter Sonnenferne. In rund 11.000 Jahren wird hingegen die größte Sonnennähe im Juli erreicht. Die Überlagerungen der Zyklen führen nicht nur zu Änderungen der Einstrahlungsintensitäten auf der gesamten Erde, sondern auch zu unterschiedlichen Einstrahlungsbedingungen auf der Süd- und Nordhemisphäre[14].

---

12   Roedel 1994.
13   Milankovitch 1920.
14   Donau 2008.

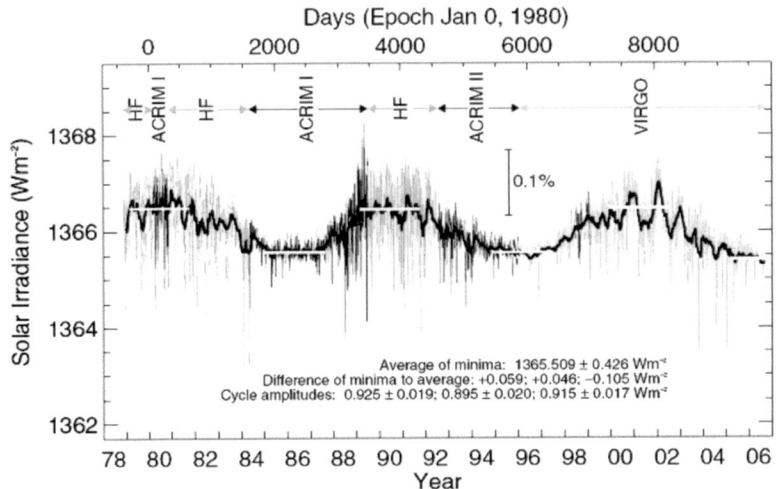

Abbildung 1: Veränderungen des Energiegehaltes der Sonnenstrahlung seit 1978, beruhend auf Daten aus verschiedenen Messreihen von satellitengestützen Messinstrumenten. Quelle: SOHO (ESA & NASA).

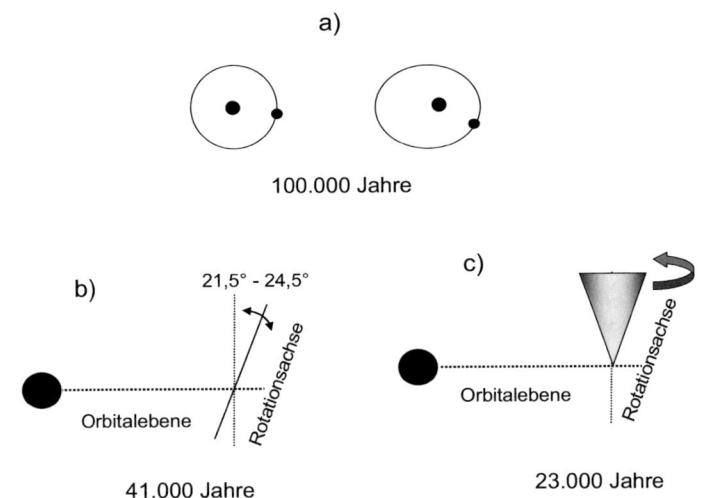

Abbildung 2: Langfristige zyklische Änderungen der Erdumlaufbahn der Erde um die Sonne und der Erdrotationsachse: a) Änderungen der Exzentrizität der Erdumlaufbahn; b) Änderungen der Rotationsachsenneigung; c) Drehung (Präzession) der Rotationsachse um die Vertikale zur Rotationsebene. Datenquelle: Bonan 2008.

Es war wiederum ein Vertreter eines anderen Fachgebietes, nämlich der Meteorologe Alfred Wegener[15], der als erster eine Theorie über Bewegungen der Kontinentalplatten aufstellte. Erst Jahrzehnte später konnten die dahinter stehenden Prozesse in ihren Grundzügen aufgeklärt werden. In Bewegung befinden sich so genannte Lithosphärenplatten, zusammengesetzt aus der Erdkruste und Teilen des Erdmantels[16]. Die Umrisse der Platten stimmen nur teilweise mit jenen der Kontinente überein, einzelne Platten und Plattenteile liegen vollständig unter der Meeresoberfläche. Antriebskräfte der Plattenbewegungen sind thermische Prozesse im Erdinneren. Plattenränder werden dabei auseinander und gegeneinander geschoben oder gleiten parallel in gegensätzliche Richtungen. Begleiterscheinungen dieser Prozesse sind Erdbeben und Tsunamis. Während beim Zusammenpressen ozeanischer Platten die Platten ins Erdinnere wandern (Subduktion) und dabei Tiefseegräben gebildet werden, kommt es beim Zusammenpressen von kontinentalen Platten durch Hebung zumindest einer Platte zur Bildung von Gebirgen[17]. Nach geologischen Befunden bilden sich dabei in Zeitabständen von rund 500 Millionen Jahren durch den Zusammenschluss aller Platten Superkontinente, die dann wieder auseinander brechen. Der jüngste Superkontinent (Pangaea) entstand vor rund 240 Millionen Jahren.

Geologische Prozesse beeinflussen in vielfacher Weise das Klima. So absorbieren Festland- und Meeresoberflächen in unterschiedlicher Weise die Sonnenstrahlung; der Temperaturausgleich durch großräumige Meeresströmungen (thermohaline Zirkulation) wird wiederum durch die räumliche Verteilung der Kontinentalplatten beeinflusst. Gebirgsketten beeinflussen die Windströmungen in der Atmosphäre und die räumliche Verteilung von Niederschlägen in ihrem Einflussbereich. Beispiele dafür sind die hohen Monsunniederschläge südlich und die ausgedehnten Trockengebiete nördlich des Himalajas oder die Auswirkungen der Sierra Nevada und der Rocky Mountains auf die Niederschlagsverteilungen in Nordamerika.

Auswirkungen auf das Klima hat auch die Vegetationsbedeckung der Kontinente, da durch die Pflanzendecke klimarelevante Einflussfaktoren, im Vergleich zu unbewachsenen Flächen, verändert werden. Eine wichtige Rolle nehmen dabei die tropischen Regenwälder ein; nach Modellrechnungen würde ihr Totalverlust zu einer Erhöhung der globalen Durchschnittstemperatur um rund 1,2°C führen[18].

---

15 Wegener 1912.
16 Schmincke 2009.
17 Grotzinger et al. 2000.
18 Bonan 2008.

Für die Entwicklung des Lebens war und ist die chemische Zusammensetzung der Atmosphäre von grundlegender Bedeutung[19]. Die Ozonkonzentration in der Stratosphäre reduziert die Einstrahlungsintensität der kurzwelligen Anteile der Sonnenstrahlung. Durch die Anteile von Sauerstoff und Stickstoff in der Atmosphäre werden die Voraussetzungen für das Vorkommen mehrzelliger Organismen aber auch für die Wahrscheinlichkeit von spontan auftretenden Bränden bestimmt. Der Gehalt an Kohlenstoffdioxid (CO_2) beeinflusst die Abstrahlung im langwelligen Bereich und damit die globale Temperatur auf der Erde. Niedrige Kohlenstoffdioxidgehalte der Atmosphäre führen zur Abkühlung, höhere Kohlenstoffdioxidgehalte zur Erwärmung der globalen Temperatur. Der völlige Entzug von Kohlenstoffdioxid aus der Atmosphäre hat nach wissenschaftlichen Hypothesen vor 750 und 580 Millionen Jahren zur weitreichenden Vereisung des Planeten geführt, das Phänomen des „Schneeballs Erde" soll sich zumindest viermal wiederholt haben[20]. Das Abschmelzen der Eismassen wird auf die Anreicherung der Atmosphäre mit Kohlenstoffdioxid aus Vulkanausbrüchen zurückgeführt.

Die Atmosphäre steht als offenes System in ständigen Wechselwirkungen mit Geo-, Hydro- und Biosphäre. Die geologischen Prozesse beeinflussen die chemische Zusammensetzung der Atmosphäre durch Vulkanismus, Verwitterung und Sedimentation. Eine wichtige Rolle nehmen dabei aber auch die Organismen ein, die durch ihre globale Verteilung und Aktivitäten an den Grenzschichten zwischen der Geosphäre und der Hydrosphäre sowie der Atmosphäre den Austausch chemischer Verbindungen in spezifischer Weise regeln. Eine besondere Bedeutung haben dabei die variantenreichen und ubiquitär vorkommenden Mikroorganismen. Ihre Aktivitäten in den ersten drei Milliarden Jahren der Erdgeschichte haben wesentlich zur Entstehung der Lebensgrundlagen für mehrzellige Organismen – einschließlich des Menschen – beigetragen[21]. So waren Cyanobakterien an der Anreicherung der Atmosphäre mit Sauerstoff vor rund 2,7 Milliarden Jahren beteiligt. Methan bildende Bakterien, die in sauerstofffreier Umgebung wie beispielsweise marinen Sedimenten, Sümpfen oder Pansen von Wiederkäuern vorkommen, sind für die Umwandlung von Kohlenstoffverbindungen in das klimawirksame Methan (CH_4) verantwortlich[22]. Die Freisetzung von Methan aus angereicherten Methanhydraten in Tiefseesedimenten dürfte vor 55 Millionen

---

19 Berkner & Marshall 1965.
20 Hoffman & Schrag 2000.
21 Stanley 2001.
22 Neuere Untersuchungen weisen Methanbildungen auch in sauerstoffreichen Umgebungen nach; die dafür maßgeblichen Prozesse sind noch nicht vollständig bekannt (Karl et al. 2008; Damm et al. 2010; Viganó 2010; Grossart et al. 2011).

Jahren ein globales Massensterben verursacht haben[23]. Mikroorganismen beeinflussen aber auch in der Gegenwart wesentlich die globalen Kreisläufe von Stickstoff, Phosphor und Schwefel sowie von Kohlenstoff und Sauerstoff in Verbindung mit Pflanzen und Tieren.

Neben den Gasen in der Atmosphäre beeinflussen auch schwebende Aerosole (Partikel und Tropfen) den Durchtritt der Sonnenstrahlung durch die Erdatmosphäre. Durch Vulkanausbrüche oder Einschläge großer Kometen können Partikel bis zu 25 km hoch in die Atmosphäre geschleudert werden und dort über Jahre verweilen; weitere natürliche Quellen von Aerosolen sind Waldbrände, sowie unbewachsene Boden- und Felsflächen, beispielsweise in Wüstengebieten. Die Aerosole reduzieren die Sonneneinstrahlung in tiefere Luftschichten und führen so zur Abkühlung der Erde. Vulkanausbrüche und Meteoriteneinschläge werden auch als Auslöser für Klimaverschlechterungen und dadurch ausgelöste Massensterben im Laufe der Evolution angenommen[24].

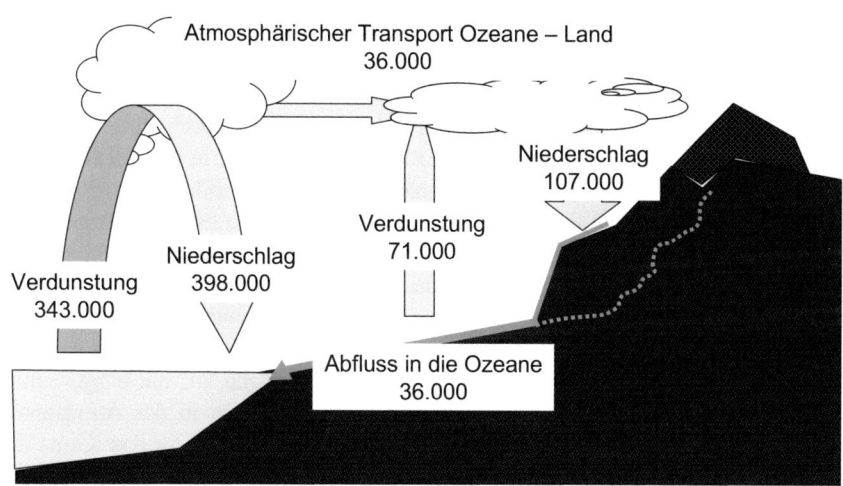

Abbildung 3: Vereinfachtes Schema des globalen Wasserkreislaufes (in km³/Jahr). Datenquelle: Grotzinger et al. 2008.

Der globale Wasserkreislauf wirkt sich in vielfältiger Weise auf die Klimaentwicklung aus. Verdunstung, Niederschläge und Meeresströmungen modifizieren die direkten Wirkungen der Sonnenstrahlung durch die Umwandlung von Wär-

---

23 Grotzinger et al. 2008.
24 Benton & Twichett 2003.

mestrahlung in latente Wärme[25] und durch den Transport großer Wärmemengen – beispielsweise durch den Golfstrom – in Gebiete mit niedrigerer Sonneneinstrahlung. Der Golfstrom ist ein Abschnitt des globalen ozeanischen Strömungssystems (thermohaline Zirkulation), das sich vom Atlantik bis in den Pazifik erstreckt und sich aus kalten Tiefenströmungen und warmen Oberflächenströmungen zusammensetzt. Auch Wolken, Schnee und Eis verändern durch erhöhte Reflektion (Albedo) direkt die Wirkungen der Sonneneinstrahlung[26].

Die Aufzählung der einzelnen Faktoren allein liefert jedoch noch keine Vorstellung vom Gesamtbild der Zusammenhänge und Wechselwirkungen, den systemischen Hintergründen des Klimas. Durch die dünne Gashülle der Atmosphäre weist die Erde Merkmale von selektiven offenen Systemen auf, welche sich in den kleinsten Bereichen des Lebens wiederfinden. Wie bereits erwähnt, wird die Erde durch die solare Strahlung laufend mit Energie versorgt. Da die Erde immer nur von einer Seite durch die Sonne bestrahlt werden kann, beträgt die durchschnittliche Einstrahlungsenergie rund ein Viertel der gegenwärtigen Solarkonstante, das sind 342 Watt pro m²[27]. Ohne Erdatmosphäre würde die durchschnittliche Temperatur auf der Erde rund -3°C betragen, durch die Wirkungen der Atmosphäre liegt sie bei rund +15°C[28]. Von der eingestrahlten Energie erreichen nur rund 51% die Erdoberfläche, rund 30% werden durch Reflexionen an der Atmosphäre, den Wolken und der Erdoberfläche wieder in das All reflektiert und rund 19% werden von der Atmosphäre absorbiert (Abbildung 4). Ein minimaler Anteil von 0,03% liefert die energetische Grundlage für die überwiegende Mehrheit der Lebensvorgänge auf der Erde. Nur ein geringer – hier nicht berücksichtigter – Anteil der Lebensgemeinschaften – gewinnt die notwendige Energie aus chemischen Prozessen, beispielsweise submarinen geothermalen Schloten[29]. Wegen ihrer – im Vergleich zur Sonne – sehr niedrigen Temperatur gibt die Erde ihre Energie in Form langwelliger Strahlung ab. Bezogen auf die eingestrahlte Energiemenge treiben davon rund 7% die Luftströmungen in der Atmosphäre und rund 23% den globalen Wasserkreislauf an. Entscheidend für das Klima der Erde ist die Regelung der thermischen Abstrahlung der Erde durch den so genannten Treibhauseffekt: Von den abgestrahlten 109% werden 88% von der Atmosphäre wieder zum Boden zurückgestrahlt, nur 6% gehen durch direkte und 15% durch indirekte Abstrahlung verloren. Mit den Reflexionsverlusten sind

---

25 Die Bezeichnung beruht auf dem Phänomen, dass die für die Verduntsung aufgenommene Wärmemenge zu keiner Temperaturerhöhung führt und deshalb „verborgen" bleibt.
26 Bonan 2008.
27 Dieser Wert ergibt sich vereinfacht aus dem Verhältnis (f_s/F_E) der von der Sonne bestrahlten Kreisfläche ($f_s=\pi r^2$) und der Kugeloberfläche der Erde ($F_E=4\pi r^2$).
28 Roedel 1994.
29 Madigan et al. 2003.

somit die Energieverluste durch Abstrahlung gleich hoch wie die Energiegewinne durch die Einstrahlung der Sonne.

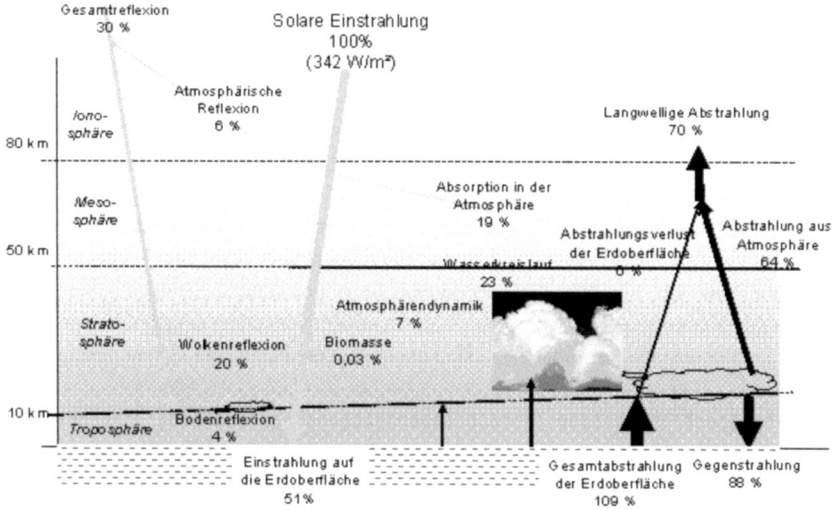

Abbildung 4: Die durchschnittliche jährliche energetische Strahlungsbilanz der Erde (kurzwellige Strahlung gelb, langwellige Strahlung rot). Nach Van Eimern & Häckel 1979; Smil 2008; Trenberth etl al. 2009.

Die angegebenen Prozentsätze dürfen nicht als Konstanten interpretiert werden, da sie sich unter dem Einfluss der angeführten Faktoren laufend verändern. Sie vermitteln aber Vorstellungen über die Größenordnungen der unterschiedlichen Prozesse im Gesamtzusammenhang. Die Darstellung soll auch eine erste Anregung für ein Denken in systemischen Zusammenhängen liefern: Auch wenn nur an einer Stelle Veränderungen eintreten, ändern sich damit immer die Bedingungen im Gesamtsystem. Da es sich dabei um fortlaufende dynamische Prozesse handelt, führen Veränderungen der systemischen Bedingungen auch zu Änderungen der Systemzustände. Durch Veränderungen unterschiedlicher Einflussfaktoren ist es im Laufe der Erdgeschichte zu oft gravierenden Klimaänderungen gekommen. In der gesellschaftlichen Wahrnehmung hat jedoch der Begriff „Treibhauseffekt" eine völlig neue Bedeutung erhalten. Darunter wird nicht mehr eine Bedingung des Klimasystems verstanden – die erst die Entwicklung des menschlichen Lebens ermöglichte – sondern eine Bedrohung. Problematisch ist dieser Bedeutungswandel deshalb, weil er den Blick auf Gesamtzusammenhänge erschwert und damit gesellschaftliche Fehlentscheidungen fördert. Einfache Ursache-Wirkung-Beziehungen sind in der menschlichen Gesellschaft immer leichter zu vermitteln als Wechselwirkungen und komplexere Zusammenhänge. Vollends attraktiv werden vereinfachte Darstellungen, wenn dazu auch einfache Lösungen für die Bewältigung des Problems angeboten werden können. Die Realität des Klimasystems ist, wie die aller Umweltsysteme oder gesellschaftlicher Systeme, jedoch komplex und nicht durch einfache Lösungsansätze beherrschbar.

Welche Bestandteile der Atmosphäre sind nun für die Filterung und Reflexion der Strahlung verantwortlich? Für diese Betrachtung ist vielleicht eine kurze Erklärung der Begriffe *kurzwellig* und *langwellig* hilfreich. Sonnenstrahlung und thermische Strahlung gehören gemeinsam zum großen Spektrum elektromagnetischer Strahlungen, das von hochfrequenten radioaktiven Strahlungen bis zu niedrigfrequenten, für die Nachrichtenübermittlung genutzten, Strahlungsbereichen reicht. Als Kennzahlen für die einzelnen Strahlungsbereiche können die Wellenlänge, gemessen als Abstand zwischen zwei Punkten gleicher Schwingungslage, oder die Frequenz, gemessen in Schwingungen pro Sekunde, verwendet werden. Die biologisch relevanten Wellenlängen der Sonnenstrahlung (so genannte kurzwellige Strahlung) reichen von 0,2 µm (1 µm = 1m/1.000.000), dem Ultraviolettbereich, bis in den Infrarotbereich mit 2 µm. In diesem Spektrum ist auch der Bereich des für Menschen sichtbaren Lichts enthalten, die Bandbreite der Wellenlängen liegt zwischen 0,36 µm (violett) und 0,76 µm (rot). Die Wellenlängen der langwelligen thermischen Strahlung liegen zwischen 2 µm und 70 µm. Innerhalb des gesamten Wellenlängenbereiches kann nur ein Teil der Strahlung die Erdatmosphäre vollständig durchdringen. Ursache dafür sind unterschiedliche Elemente der Erdatmosphäre, verbunden mit physikalischen Interaktionen zwischen der Strahlung in den jeweiligen Wellenlängen und den Molekülen in der Atmosphäre. Große Teile des kurzwelligen ultravioletten Lichtes werden durch Ozon (ein Molekül mit drei Sauerstoffatomen, O_3) und die Streuung in der Atmosphäre (Rayleigh Streuung) ausgefiltert. In Wellenlängenbereichen über 1 µm werden große Bereiche vor allem durch den Wasserdampf in der Atmosphäre absorbiert. Kohlenstoffdioxid (CO_2), Methan (CH_4) und Stickoxide absorbieren hingegen nur in wenigen Strahlungsbreichen, verändern aber die Durchlässigkeit im Bereich der thermischen Strahlung.

Wegen der Vielfalt an chemischen Zusammensetzungen und Größendimensionen von atmosphärischen Aerosolen lassen sich für diese keine generellen charakteristischen Absorptionsbereiche definieren. Sie verändern aber den Strahlungshaushalt durch verstärkte Reflexion und Absorption des Sonnenlichtes und durch Änderungen der Absorptions- und Emissionsbedingungen für die thermische Strahlung. Aerosole verbleiben nur über Zeiträume von wenigen Monaten in der Atmosphäre. Ihre Verweilzeiten sind also deutlich kürzer als jene

kumentiert[47], die aus gesellschaftlicher Perspektive als Naturkatastrophen bezeichnet werden. Durch die vielfältigen Wechselwirkungen zwischen den unterschiedlichen Prozessen kann deren Bedeutung für die Entwicklung des Gesamtsystems nicht in absoluten Hierarchien angegeben werden. Stattdessen bestehen **relative Hierarchien**, in denen sich die Bedeutung der einzelnen Faktoren für die Entwicklung des Gesamtsystems dynamisch mit den Systemzuständen ändert. Systemeigenschaften können deshalb auch nicht aus den Analysen der einzelnen Faktoren abgeleitet und Veränderungen nicht durch einfache Ursache-Wirkung-Beziehungen bestimmt werden. Die Entwicklung solcher Systeme ist grundsätzlich nur innerhalb enger Grenzen und mit bedingten Aussagegenauigkeiten abschätzbar.

Wichtige Impulse für die Beschreibung komplexer Systeme mit Modellen brachte die Chaostheorie[48]. Der Meteorologe und Mathematiker Edward Norton Lorenz[49] konnte zeigen, dass grundlegende Prozesse des Wettergeschehens sich zwar in ähnlichen Grundmustern (Attraktoren) wiederholen, dass aber weder der Wechsel zwischen unterschiedlichen Ablaufmustern noch die Intensität der Abläufe determinierbar sind. Für solche Ablaufmuster (seltsame Attraktoren) sind kurzfristige, aber keine langfristigen Vorhersagen über die zukünftigen Entwicklungen möglich[50]. Trotz des Einsatzes gewaltiger Computerleistungen und der damit erreichten Verbesserungen bei der Wettervorhersage steht die Menschheit im Umgang mit den Klimaentwicklungen – wegen der angeführten Systemeigenschaften – vor denselben Herausforderungen wie vor Jahrtausenden. Der größte Teil zukünftiger Klimaentwicklungen ist unbekannt, ein kleiner Teil kann vermutet werden, und nur ein sehr kleiner Teil ist abschätzbar. Die einzige Gewissheit besteht darin, dass Klimaänderungen auch weiterhin stattfinden werden.

Eine weitere Herausforderung ergibt sich durch die systemischen Eigenschaften der menschlichen Gesellschaft und ihre Fähigkeiten zum Umgang mit außergesellschaftlichen Prozessen. Wetter- und Klimaforschung hängt im innergesellschaftlichen Zusammenhang von der Bereitstellung von Personen, Geräten und letztendlich auch Geld ab. Im innergesellschaftlichen Tauschhandel sind Messdaten über Luftdruck oder Temperatur weitaus schwerer verwertbar als Informationen über Erdölvorkommen, da sie nur geringe individuelle Vorteile bringen. Aus ökonomischer Sicht weitgehend wertlos sind Informationen über weit zurück oder in ferner Zukunft liegende Ereignisse, da sie bestenfalls von der Unterhaltungsindustrie wirtschaftlich verwertet werden können. Die Bereitstel-

---

47 Nussbaumer 1996.
48 Peitgen et al. 1992.
49 Lorenz 1963,
50 Oreskes et al. 1994.

lung von Geld, Personen und Geräten für die Untersuchung solcher Ereignisse hängt deshalb von den gesellschaftlichen Werthaltungen ab, die wiederum von den Vorinformationen über das zu untersuchende Phänomen bestimmt werden. Diese gesellschaftliche Filterwirkung kommt besonders deutlich bei Forschungssystemen zu Ausdruck, die auf dem System von Ausschreibungen („Calls") beruhen. Finanziert werden nur Arbeiten, die zur Beantwortung von bereits festgelegten Fragestellungen dienen. Nun sind diese Fragestellungen die Ergebnisse von gesellschaftlichen Diskussionen und keine von einem höheren Wesen übermittelten Hinweise auf wichtige und bisher unbekannte Phänomene. Da menschliche Entscheidungen ignorant gegenüber als unwichtig erachteten Aspekten sind, wirkt sich Ignoranz umso stärker auf die Gestaltung von Untersuchungen aus, je mehr themenfremde Personen daran beteiligt sind. Im Wettbewerb um die gesellschaftliche Zuteilung von Forschungsmittel sind jene im Vorteil, die ihre Fragestellungen in Form einfacher Zusammenhänge präsentieren und dazu überzeugende Lösungsmöglichkeiten anbieten können. Gestützt auf solche Argumente können die für Finanzierungen verantwortlichen Entscheidungsträger auch die Zuteilung von Finanzmitteln vor der Gesellschaft rechtfertigen. Fragestellungen zu schwierigen Sachverhalten sind hingegen benachteiligt, weil Zuteilungen von Fördermitteln nicht einfach zu begründen sind und so die verantwortlichen Entscheidungsträger in Erklärungsnotstand kommen können. Auch diese Reaktionsmuster sind auf die Merkmale komplexer Systeme, in diesem Fall das menschliche Sozialsystem, zurückzuführen.

2.2 Anthropogene Einflüsse

Nach der kurzen Darstellung wichtiger Merkmale des Klimasystems und seine gesellschaftliche Wahrnehmung werden die teilweise heftigen Kontroversen um die Einflüsse gesellschaftlicher Aktivitäten auf Klimaänderungen etwas verständlicher. Phänomene mit nicht vorhersagbaren Eigenschaften bereiten dem – ursprünglich in den so genannten westlichen Industrieländern vorherrschenden – auf Effizienz und Kausalität getrimmten Denken Unbehagen. Es ist deshalb nicht verwunderlich, dass sich die Entscheidungsträger der Europäischen Union eine maximale Erhöhung der globalen Durchschnittstemperatur um 2°C zum umweltpolitischen Ziel gesetzt haben. Oder, dass die globalen Veränderungen des Klimas durch Methoden des „Geoengineerings" wieder in gewünschte Bahnen gebracht werden sollen. Die Überlegungen reichen beispielsweise von der Reduktion der Sonneneinstrahlung durch Milliarden von kleinen Flugkörpern im Weltraum oder das Versprühen von Schwefelverbindungen in der Atmosphäre, über das „Melken" von Wolken mit Chemikalien, bis zur Düngung der Ozeane oder dem Einpressen von CO_2 in geologische Lagerstätten[51]. Dahinter stehen technokratische Denkmuster, in denen alles für mach- und beherrschbar gehalten wird. Solche Vorstellungen zeugen von einem unzureichenden Systemverständnis.

Es ist sicherlich eine große technische Leistung, die Klimaregelung für ein großes Gebäude zu entwickeln. Trotzdem sind die Menschen – und auch die dafür eingesetzten Spezialisten – nicht in der Lage, das globale Klima zu regeln, einfach weil es sich um unterschiedliche Systeme handelt. Die Klimaregelung für ein Gebäude funktioniert in einem weitgehend geschlossenen System mit bedarfsorientiertem Einsatz von Energie und relativ wenigen Einflussgrößen, während das globale Klima in einem offenen System mit zahlreichen Einflussgrößen und einer bedarfsunabhängigen Energiezufuhr stattfindet. Die Beobachtung der globalen Emissionsentwicklung lässt befürchten, dass die gegenwärtige Gesellschaft nicht einmal zur gemeinsamen Umsetzung einfacher emissionsmindernder Maßnahmen in der Lage ist. Rezente Publikationen legen nahe, dass die globale Temperaturerhöhung bis zum Ende dieses Jahrhunderts rund 4°C betragen wird[52]. Annähernd diese Temperaturerhöhung ist nach Szenarioberechnungen[53] auch zu erwarten, wenn global keine wirksamen Maßnahmen zur Emissionsminderung umgesetzt werden. Nur die Erschöpfung der Lagerstätten fossiler Energieträger lässt bis eine 2500 etwas geringere Temperaturerhöhungen als in den Szenarioabschätzungen[54] (10°C bis 12°C) erwarten.

Das globale Klimasystem und ein Klimasystem für Gebäude unterscheiden sich auch durch die jeweils innewohnenden Ordnungsprinzipien und die energetischen Dimensionen (Abbildung 8). Das Klimasystem, als Teil des geophysikalischen Systems, beruht auf den Prinzipien der Selbstorganisation[55], angetrieben durch solare und planetare Energieflüsse[56]. Die Ordnungsmuster weisen deutliche Merkmale von Emergenz[57] auf, d.h., ihre Struktur zeigt neue, eigenständige Merkmale die nicht direkt aus den Eigenschaften der zugrunde liegenden Prozesse abgeleitet werden können. Für alle Organismen und die von ihnen erhaltenen Systemen bildet das Klimasystem eine der evolutiven Rahmenbedingungen[58].

---

51 Keith D.W. 2000; Shepherd J. 2009; Bronson et al. 2010.
52 New et al. 2011.
53 Sanderson et al. 2011.
54 Bei gleichbleibender Verfügbarkeit fossiler Energieträger würde nach den Szenarioberechnungen die globale Temperatur um 10°C bis 12°C ansteigen.
55 Haken & Wunderlin 1991.
56 Es wird vermutet, dass nicht nur Gravitationskräfte, sondern auch die kosmische Strahlung das Klima wesentlich beeinflussen (Kirkby 2002).
57 Holland 1998.
58 Knoflacher M. 2008.

Die Organismen beeinflussen im Laufe der Evolution direkt und indirekt über die Wechselwirkungen in den selbstorganisierenden Ökosystemen wiederum die klimatischen Bedingungen. Als Subsysteme von Ökosystemen hängen die Entwicklungen einzelner Organismenarten, wie auch des Menschen, von den funktionellen Leistungen der Ökosysteme ab[59]. Alle Leistungen einzelner Arten hängen in ihrer Entwicklung und in ihrem funktionellen Bestand von der Existenz der jeweiligen Art ab. Am Beispiel des Menschen sind dies Sozialstrukturen, politische Systeme, ökonomische Systeme, Bauwerke oder das bereits erwähnte Klimasystem eines Gebäudes. Die strukturellen Merkmale eines Gebäudes beruhen auf den deterministischen Ordnungsprinzipien des menschlichen Konstrukteurs. Je nach struktureller und technischer Ausstattung kann das Klima in den Gebäuden autonom geregelt werden, sei es über elektronische Regelungsanlagen oder alleine durch die Gebäudestruktur. Diese Ordnungsprinzipien gehen aber mit dem Untergang der jeweils gestaltenden Gesellschaft verloren. Solchen Systemen fehlt die Fähigkeit zur Selbstorganisation, also zur autonomen Reproduktion der Ordnungsprinzipien.

In energetischer Hinsicht besteht eine eindeutige hierarchische Ordnung zwischen den einzelnen Systemen. Der Energiefluss durch das Klimasystem mit rund 48.500 Billionen Watt (TW[60]) übertrifft den Energiefluss durch Ökosysteme um den Faktor 440 (ca. 110 Billionen Watt) und jenen durch das globale Humansystem um den Faktor 3.500 (ca. 14 Billionen Watt im Jahr 2005). Der Energieverbrauch eines Hochhauses von rund 400 Meter Höhe ist wiederum um den Faktor 175.000 kleiner als der Energieumsatz des gesamten Humansystems[61].

Trotz der deutlichen Unterschiede in den Größenordnungen der Energieflüsse bestehen zwischen allen Systemebenen Wechselwirkungen, allerdings mit unterschiedlichen Qualitäten (Abbildung 8) die am Beispiel des Humansystems weiter ausgeführt werden sollen.

Nach den Ergebnissen wissenschaftlicher Modellberechnungen[62] für das Jahr 2005 sind von den direkten Rückwirkungen gesellschaftlicher Aktivitäten die größten Veränderungen für das Klimasystem zu erwarten. In den Modellen werden die Auswirkungen unterschiedlicher Faktoren auf den Strahlungshaushalt der Erde berechnet. Allerdings ist zu berücksichtigen, dass die wissenschaftlichen Erkenntnisse über die Wirkungszusammenhänge sehr unterschiedlich sind. Der Wissensstand über die Wirkungen der Treibhausgase (Kohlendioxid, Me-

---

59 Knoflacher M. 2010.
60 TW = Tera Watt =1012 Watt.
61 Smil 2008.
62 Solomon et al. 2007.

than, Lachgas und halogenierte Kohlenwasserstoffe) ist hoch, jener über die Wirkungen von stratosphärischem und troposphärischem Ozon hingegen deutlich niedriger.

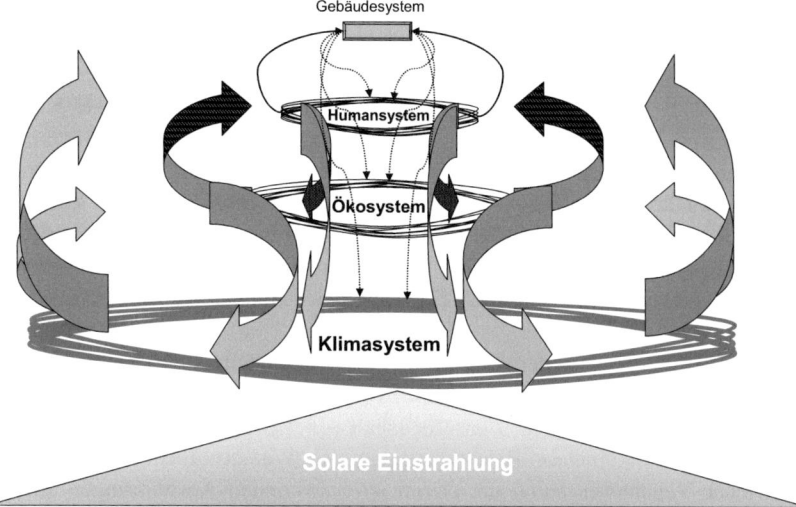

Abbildung 8: Schematische Darstellung der unterschiedlichen Ebenen selbstorganisierender Systeme (Klimasystem, Ökosystem, Humansystem) und eines nicht selbstorganisierenden Systems (Gebäudesystem) mit den Wechselwirkungen zwischen den Ebenen. Jede Systemebene entwickelt sich aus den Bedingungen der jeweils darunter liegenden Ebenen und zeichnet sich durch spezifische emergente Eigenschaften aus. Die verfügbare freie Energie nimmt, ausgehend von der solaren Einstrahlung, nach oben hin ab.

Die größten Veränderungen des Strahlungshaushaltes werden nach diesen Annahmen durch die Freisetzung von Kohlendioxid aus der Verbrennung von fossilen Brennstoffen wie Kohle, Benzin, Diesel oder Erdgas ausgelöst. Gemeinsam mit den Emissionen von Methan (CH_4), Lachgas (N_2O) und halogenierten Kohlenwasserstoffen tragen sie zur Erhöhung der globalen Durchschnittstemperatur bei. Von Menschen verursacht sind Methanemissionen durch den Anbau von Reis, durch die Haltung von Wiederkäuern sowie durch die Verbrennung. Für die Freisetzung von Lachgas wird vor allem die industrialisierte Landwirtschaft verantwortlich gemacht[63]. Halogenierte Kohlenwasserstoffe werden überwiegend bei industriellen Prozessen und der Verwendung bestimmter Löschmittel freigesetzt. Die Vereinbarungen im *Protokoll von Montreal* haben zum Rückgang der

---

63 Crutzen et al. 2007.

Emissionen einzelner Kohlenwasserstoffe (CFC-11 und CFC-113) geführt. Durch den Rückgang der Emissionen wurde auch der Abbau des stratosphärischen Ozons – bekannt sind die „Ozonlöcher" über den Polen der Erde – deutlich abgeschwächt. Zunahmen der Emissionen sind hingegen bei halogenierten Kohlenwasserstoffen zu beobachten, deren Verwendung erst im *Kyoto Protokoll* geregelt wurde. Ebenfalls zur Erderwärmung trägt die Erhöhung der Ozonkonzentration in Bodennähe (troposphärisches Ozon) bei. Bodennahes Ozon entsteht als fotochemisches Folgeprodukt aus verschiedenen Vorläuferstoffen wie Kohlenmonoxid und Stickoxiden, die bei Verbrennungsvorgängen emittiert werden[64]. Abkühlend wirken hingegen die Emissionen von Aerosolen, die vor allem bei industriellen Prozessen freigesetzt werden, oder die lokal wirksame künstliche Bewässerung von bewachsenen Flächen[65]. Allerdings sind die gegenwärtigen wissenschaftlichen Kenntnisse über die Bedeutung dieser Faktoren für Klimaänderungen gering, dies gilt auch für die Auswirkungen der unterschiedlichen Landnutzungen.

Nicht erwähnt sind in den wissenschaftlichen Darstellungen des *Intergovernmental Panel on Climate Change* (IPCC)[66] die Auswirkungen von Änderungen in der Landnutzung auf den Wasserhaushalt – beispielsweise durch Trockenlegung von Feuchtgebieten, Beschleunigung des Wasserabflusses und Rodung natürlicher Vegetation – und die davon zu erwartenden Auswirkungen auf das Klima[67,68,69]. In den wissenschaftlichen und politischen Dokumenten des IPCC werden Ökosysteme auf der gleichen Ebene wie anthropogen determinierte Systeme als Quellen oder Senken von chemischen Substanzen dargestellt. In dieser Art der Darstellung zeigt sich wiederum eine extrem konstruktivistische Sichtweise, die letztendlich von einer Beherrschbarkeit aller Systemprozesse durch den Menschen ausgeht. Forschungsergebnisse aus unterschiedlichen Ökosystemen zeigen jedoch, dass jedes einzelne System je nach Entwicklungszustand sowohl als Senke wie auch als Quelle wirken kann[70].

Die Zusammenstellung wissenschaftlicher Erkenntnisse über die Auswirkungen menschlicher Aktivitäten auf das Klimasystem bestätigt die in Kapitel 2.1.3 aufgestellte Hypothese über die Schwierigkeiten bei der Erfassung komplexer Systeme. Dieses grundlegende Problem bietet vermeintlich günstige Ansatzpunkte für Kritik und Zweifel an den Einschätzungen der zu erwartenden Kli-

---

64 Enquete-Kommission 1995.
65 Roy et al. 2007
66 Solomon et al. 2007.
67 Bonan 2008.
68 Diffenbaugh & Sloan 2002.
69 Foley et al. 2005.
70 Canadell et al. 2007a.

määnderungen. Doch diese Kritik ist gegenüber den Herausforderungen im Umgang mit komplexen Systemen genau so ignorant wie die Erwartungen an eine exakte Modellierung zukünftiger Klimaentwicklungen. Es ist erwiesen, dass Klimaänderungen stattfinden und auch schon immer stattgefunden haben. Es ist auch erwiesen, dass menschliche Aktivitäten Veränderungen im Klimasystem hervorrufen[71]. Es ist aber auch nachweisbar, dass selbst die umfangreichsten Berechnungen auf den größten Rechenanlagen bestenfalls vage Hinweise auf die tatsächlich eintretenden Änderungen des Klimas liefern können[72]. Extrem beunruhigend sind aber die gesellschaftlichen Reaktionen auf die Warnhinweise. Teilaspekte werden mit großem Einsatz von Personen und Geräten in Erwartung präziser Aussagen untersucht, während naheliegende, aber umfassendere Ansätze ignoriert werden. Dahinter stehen einerseits die menschliche Scheu vor Ungewissheit und andererseits blindes Vertrauen in wissenschaftliche Paradigmen, die in den letzten Jahrhunderten zweifellos den ökonomischen Erfolg der Industriestaaten begründet haben.

Dahinter stehen aber auch systemische Herausforderungen, die mit der psychischen und intellektuellen Ausstattung der Menschen nicht oder bestenfalls unzureichend bewältigt werden können[73]. Die systemischen Eigenschaften unserer Lebensgrundlagen in Verbindung mit den erreichten Wirkungspotenzialen technologischer Entwicklungen erfordern von der menschlichen Gesellschaft offenbar weit über unseren Möglichkeiten liegende Entscheidungs- und Lösungskapazitäten. Welche Gesellschaft ist beispielsweise in der Lage, angesichts der physikalischen Eigenschaften von radioaktiven Abfällen einen verantwortungsvollen Umgang mit diesen Abfällen über mehr als zehntausend Jahre hinweg zu garantieren? Allein die Vorstellung einer globalen und für langfristige, über zahlreiche Generationen reichende, Organisationsebene, mit ausreichenden Kompetenzen zur Durchsetzung notwendiger Maßnahmen reicht weit über die menschliche Vorstellungskraft hinaus und stößt bei den meisten Menschen auf Ablehnung. Zahllose Beispiele aus der politischen Geschichte der Menschheit zeigen die Anfälligkeit gesellschaftlicher Strukturen für Machtmissbrauch und die Vernachlässigung des ursprünglichen Zieles. Selbst in der Gegenwart bringen Ansätze zur Minderung von Umweltbelastungen – beispielsweise durch Emissionshandel – nicht den erwarteten Erfolg, sondern bringen neue Belastungen für die Umwelt und die Gesellschaft[74].

---

71 Canadell et al. 2007b.
72 Shackley et al. 1998.
73 Tainter 2009.
74 Gilbertson & Reyes 2010.

Mit anderen Worten, die menschliche Gesellschaft ist mit der Lösung der von ihr selbst verursachten Probleme überfordert. Dies mag vielleicht nicht für die Entwicklung von Lösungsstrategien durch einzelne geniale Personen gelten, es trifft aber für die Entscheidungs- und Handlungsfähigkeit von menschlichen Gesellschaften zu. Die Suche nach Lösungsansätzen für die Bewältigung der kommenden Herausforderungen darf sich deshalb nicht allein auf funktionale Aspekte beschränken, sie muss auch die Grenzen gesellschaftlicher Entscheidungs- und Umsetzungskapazitäten berücksichtigen.

3 Die menschliche Gesellschaft im Spannungsfeld zwischen Klima und Energie

Wenn man die öffentlichen Diskussionen und politischen Aussagen zu Klima und Energie verfolgt, würde man annehmen, dass entsprechende Lösungen für die Vermeidung von Klimaänderungen und die Bewältigung dabei auftretender Probleme schon längst auf dem Tisch liegen. Gilt es doch nur, den Einsatz von Brennstoffen mit klimaschädlichen Wirkungen, wie Kohle oder Erdöl einzuschränken zugunsten von klimafreundlichen Energiequellen – wie Biomasse, Wind- oder Solarenergie. Zudem wäre eine Erhöhung der Energieeffizienz zu erwarten, vor allem durch Minderung der technologisch bedingten Energieverluste.

Wo sollte es da noch offene Fragen geben – oder gibt es diese vielleicht doch?

3.1 „Emanzipation" aus evolutionären Zwängen

Seit rund eineinhalb Milliarden Jahren beruhen die Evolutionsprozesse überwiegend auf der Zufuhr von Sonnenenergie. Dieser Energiefluss ist für die einzelnen Arten entweder direkt über die Fotosynthese oder indirekt über die, in organischem Material gespeicherte, nutzbare Energie zugänglich. Extrem variabel waren hingegen die Rahmenbedingungen der unbelebten Natur, beispielsweise die Verteilung der Festlandgebiete und Meere oder Klimabedingungen, die als abiotisches terrestrisches System zusammengefasst werden (Abbildung 9). Durch die Evolutionsprozesse verändern sich auch laufend die Arten und damit die biotischen Rahmenbedingungen in den Ökosystemen. Trotz der unterschiedlichen Artenzusammensetzungen sind auf der Ebene der Ökosysteme spezifische emergente Ordnungsmuster identifizierbar[75]. Die Abhängigkeit fast aller Arten von einem Energiefluss führt zwangsläufig zu starken interspezifischen Wechselwirkungen. Wegen der räumlichen und zeitlichen Varianz der Rahmenbedingungen des abiotischen Systems und der Intensität der Sonneneinstrahlung stehen den Organismen örtlich und zeitlich unterschiedliche Energiemengen zur Verfügung. Den damit verbundenen Engpässen und **Unsicherheiten** in der Energie- und Nahrungsversorgung war auch die Menschheit über Jahrtausende unterworfen.

---

75 Solé & Bascompte 2006.

Änderungen dieser Rahmenbedingungen konnten durch die Erschließung neuer Energiequellen erreicht werden (Abbildung 9). In einem ersten Schritt [1] wurden durch die Nutzung von Biomasse für die Verbrennung und den Einsatz von Nutztieren zusätzliche Zugänge zu den nutzbaren Energieflüssen der Ökosysteme eröffnet. Eine erste Entkopplung von den Energieflüssen der biotischen Systeme wurde durch die Nutzung von Wind- und Wasserkraft [2] erreicht. Durch die Erschließung langfristig abgelagerten organischen Materials in Form der fossilen Energieträger [3] stand nutzbare Energie ab dem 19. Jahrhundert weitgehend unabhängig von örtlichen und zeitlichen Bedingungen zur Verfügung. Im 20. Jahrhundert wurde eine weitere, nicht erneuerbare Energiequelle – radioaktives Material – erschlossen [4]. Durch die Entwicklung von solarthermischen und fotovoltaischen Kollektoren [5] eröffneten sich verbesserte Zugänge zur direkten Nutzung der solaren Einstrahlung.

Die Erschließung von Energieflüssen war und ist von der Erschließung neuer Materialien begleitet. Beide Entwicklungen laufen zeitlich nicht parallel, sondern in unregelmäßigen Pendelbewegungen ab, bei denen Entwicklungsschübe in einer Entwicklungslinie von Entwicklungsschüben in der zweiten Entwicklungslinie aufeinander folgen[76]. Durch die Erschließung zusätzlicher Energieflüsse und den Zugang zu neuen Materialien konnten sich in den gesellschaftlichen Systemen neue Ordnungsstrukturen entwickeln. Zur Verdeutlichung der geänderten Eigenschaften werden sie in Abbildung 9 als anthropogene Systeme bezeichnet. Zumindest Teilgruppen der menschlichen Gesellschaft können nicht nur die Nutzung von Energie nach ihren Vorstellungen gestalten, sondern auch die Einflüsse anderer Faktoren durch Artefakte weitgehend reduzieren. In Industriegesellschaften werden die menschlichen Lebensräume und gesellschaftlichen Abläufe durch die Strukturen und Eigenschaften von Artefakten bestimmt. Zeitliche Abläufe orientieren sich nicht mehr nach dem Lauf der Sonne, sondern nach starren Zeitmaßen; Personen und Güter können mit hohen Geschwindigkeiten transportiert werden; Informationen und Geldwerte können praktisch ohne Zeitverzögerung zwischen beliebigen Orten ausgetauscht werden[77].

Diese kurze Auflistung der Veränderungen in den menschlichen Gesellschaften zeigt beispielhaft die emergenten Effekte von Wechselwirkungen in selbstorganisierenden Systemen. Strukturen und Prozesse unterscheiden sich so deutlich von jenen der ökologischen Systeme, dass sie von den Menschen als eigenständige, unabhängige Systeme wahrgenommen werden. Tatsächlich sind aber anthropogene Systeme nach wie vor in die systemischen Hierarchien eingebettet und damit auch von den Leistungen ökologischer Systeme abhängig.

---

76 Knoflacher M. 2008.
77 Castells 2000.

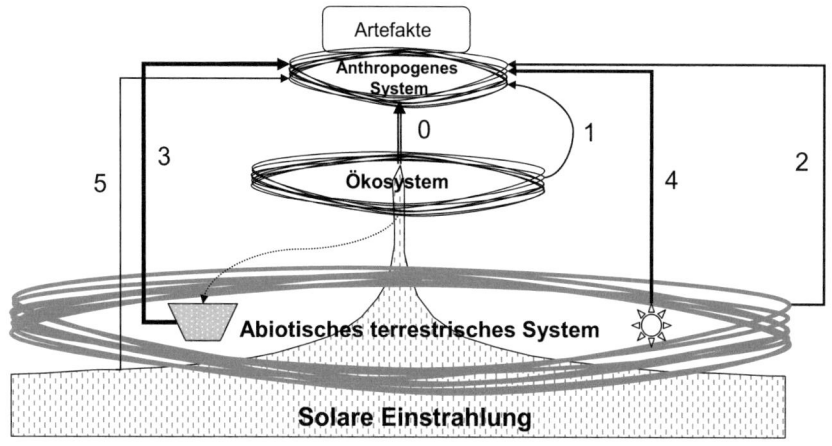

Abbildung 9: Schematische Darstellung der Erschließung unterschiedlicher Energiequellen durch die menschliche Gesellschaft (0 = direkte Abhängigkeit von den Energieflüssen durch die Ökosysteme; 1 = Nutzung von Biomasse und Einsatz von Nutztieren; 2 = Nutzung von Wind- und Wasserkraft; 3 = Nutzung fossiler Energieträger; 4 = Nutzung von nuklearem Material; 5 = direkte Nutzung der solaren Einstrahlung durch Kollektoren oder Fotovoltaik).

Wie bei allen komplexen Systemen führen Änderungen der Energiezufuhr, der Ordnungsprinzipien oder der Rahmenbedingungen auch bei anthropogenen Systemen zu neuen Systemzuständen. Für die menschliche Wahrnehmung sind Änderungen von Systemzuständen keineswegs abstrakte Prozesse, sondern mit tiefsitzenden Emotionen verbunden. Neue strukturelle und funktionelle Differenzierungen der anthropogenen Systeme werden in der Regel als vorteilhaft empfunden und auch rasch übernommen. Jüngste Beispiele dafür sind die Entwicklungen von Computersystemen, elektronischen Zahlsystemen oder Mobiltelefonen. Negativ gewertet werden hingegen Verluste von Strukturen und Funktionen der unmittelbaren Erfahrungswelt, unabhängig von den Ursachen. Beispiele dafür sind der Abbruch eines vertrauten Gebäudes, oder die Fällung eines alten Baumes. Es fiel der menschlichen Gesellschaft in ihrer Geschichte auch immer leichter ständig mehr Energie zu verbrauchen, als die Ansprüche an die aktuell verfügbaren Ressourcen anzupassen. Jede Erschließung einer neuen Energiequelle eröffnete neue Gestaltungsmöglichkeiten und brachte – aus gesellschaftlicher Sicht – eine weitere „Emanzipation" aus den „Zwängen der Natur".

Es ist deshalb wenig verwunderlich, dass Hinweise auf mögliche Struktur- oder Funktionsverluste die meisten Menschen mit Sorge erfüllen. Die durch die Klimadebatte und die Energiedebatte ausgelösten gesellschaftlichen Reaktionen folgen vor allem den menschlichen Verhaltensmustern und weniger der Entscheidungslogik in komplexen Systemen, die in Kapitel 4 näher diskutiert wird.

3.2 Energie und Gesellschaft – ein Wechselspiel

Die Bedeutung der Energieversorgung für die menschliche Gesellschaft wird meist mit physikalischen oder ökonomischen Größen dargestellt. Wie bei allen komplexen Systemen reicht aber eine Perspektive nicht aus, um zumindest erste Vorstellungen über die damit verbundenen Wechselwirkungen im Gesamtsystem zu gewinnen. Energiestatistiken lassen leicht vergessen, dass mit ihnen meist nur ein Teil der von Menschen beeinflussten Energieströme dargestellt wird, nämlich die exosomatische Energie[78,79]. Wissenschaftlich diskutiert werden die Auswirkungen des Gebrauchs von Feuer auf die menschliche Evolution, da aus gebratener und gekochter Nahrung pro Einheit mehr nutzbare Energie aufgenommen werden kann, als aus roher Nahrung[80].

Über lange Abschnitte der Menschheitsgeschichte war die Nahrungsbeschaffung vollständig von den regional vorkommenden Pflanzen- und Tierarten abhängig. Die regional unterschiedlichen Artenzusammensetzungen haben aber nicht nur die Ernährung, sondern auch die Entwicklungsmöglichkeiten der verschiedenen Menschengruppen beeinflusst[81]. Nutztiere für die Fleischgewinnung konnten fast überall domestiziert werden, aber für den Transport von Menschen und Gütern – und damit für die Nutzung exosomatischer Energie – waren nur entsprechend große und kräftige Arten wie Pferde und Rinder einsetzbar. Reitende Steppenvölker konnten große Gebiete erobern, weil Reiter einen größeren Aktionsradius haben als Fußtruppen. Pferde waren langfristig aber nur dort von Vorteil, wo dies Zusammensetzung und Menge der verfügbaren Nahrung erlaubten. Pferde können höhere Leistungen erbringen als Rinder, sie brauchen aber energiehaltigere Nahrung und liefern weniger Milch. In Gebieten mit knappen Nahrungsressourcen war deshalb die Verwendung von Rindern vorteilhafter, da sie als Arbeitstiere und Nahrungsmittellieferanten und keine Nahrungskonkurrenz für Menschen darstellten. Für Steppenvölker waren solche Gesellschaften attraktive Ziele, da sie sich gegen die Angriffe von Reitergruppen nur unzureichend wehren konnten und gleichzeitig lohnende Beute boten.

---

78 Cordain et al. 2000.
79 Ströhle et al. 2009.
80 Wrangham 2009.
81 Diamond 2000.

Bei vorteilhaften Ausgangsbedingungen konnten sich Reitervölker gegenüber anderen Völkern durchsetzen, sie selbst waren aber weiterhin vollständig von den ökologischen Rahmenbedingungen abhängig. Deren Veränderungen führten deshalb auch zu Verschiebungen der Konkurrenzbedingungen zwischen unterschiedlichen Kulturen und zu Zusammenbrüchen einzelner Kulturen. Aufgrund der komplexen Merkmale sozialer Systeme und ihrer Wechselwirkungen mit ökologischen Systemen können solche Zusammenbrüche kaum auf einzelne Ursachen[82] zurückgeführt werden, sondern entstehen in der Regel durch das Zusammenwirken unterschiedlicher Faktoren[83].

Regelmäßig wiederkehrende Veränderungen der ökologischen Bedingungen, wie die jahreszeitlichen Veränderungen in gemäßigten Breiten, lieferten jedoch auch Impulse für die Suche nach zusätzlichen Energiequellen. Durch die Stallhaltung der Nutztiere während der Wintermonate standen den Bauern Düngemittel zur Verfügung, mit denen die Erträge auf den Ackerflächen erhöht und damit zusätzliche Personen ernährt werden konnten[84]. Für die Verarbeitung der größeren Getreidemengen kamen im frühen Mittelalter zunehmend Wind- und Wassermühlen zum Einsatz. Damit waren mehrere systemischen Änderungen verbunden. Durch die Erschließung zusätzlicher Energieflüsse für die Nahrungsmittelproduktion konnte die gesellschaftliche Arbeitsleistung weitgehend unabhängig von menschlicher Arbeitsleistung erhöht werden, wodurch mehr Arbeitskräfte für Aktivitäten außerhalb der Nahrungsmittelproduktion zur Verfügung standen. In Verbindung mit zusätzlichen Einflussfaktoren – wie dem Kapitalbedarf für die Errichtung von Mühlen oder der Entstehung neuer Berufe – wurde damit die weitere Differenzierung der Gesellschaftssysteme gefördert. Auch in den nachfolgenden Jahrhunderten lieferten die Arbeitskraft von Menschen und Tieren sowie Biomasse, Wind und Wasser die energetischen Grundlagen für die gesellschaftliche und technologische Entwicklung. Europäische Kulturen setzten diese Vorteile für ihre globalen Eroberungszüge im fünfzehnten und sechzehnten Jahrhundert ein[85,86]. Während der zunehmende Mangel an menschlichen Arbeitskräften durch die Versklavung anderer Völker kompensiert werden konnte, führte der steigende Bedarf an Biomasse für die Gewinnung von Eisen, Glas und Salz zunehmend zu regionalen Versorgungsproblemen durch die Übernutzung der Wälder[87].

---

82 Diamond 2005.
83 Tainter 2009.
84 Mazoyer & Roudart 1997.
85 Feldbaur & Lehners 2008.
86 Marboe & Obenaus 2009.
87 Hafner 1979.

Wirtschaftstheoretische[88] (wie z.B. jene des schottischen Philosophen Adam Smith (1723-1790)) und naturwissenschaftlichen Abhandlungen lieferten Impulse für neue gesellschaftliche Paradigmen. Individuelles Erfahrungswissen als Grundlage für die Lösung von Aufgabenstellungen wurde abgelöst durch konstruktivistische Vorgangsweisen auf den Grundlagen verallgemeinerbarer mathematischer und physikalischer Prinzipien. Der Übergang zwischen den beiden Paradigmen ist am Beispiel der Diskussionen um die Verbesserungen des für die Bewässerung der Gärten von Versailles eingesetzten Hebewerkes von Marly gut nachvollziehbar[89]. In dieser Zeit begann auch die Entwicklung der noch heute allgemein vorherrschenden Energie-Paradigmen[90]. Die neuen Vorstellungen über Energie und deren effiziente Nutzung blieben nicht allein auf die Gestaltung von Maschinen beschränkt, sondern bildeten auch die Grundlagen für eine technologisch geprägte Weltsicht. Die Bedeutung und der Wert von natürlichen Ressourcen wie auch der menschlichen Arbeitskraft[91] wurde damit an ihrer Nutzbarkeit und Effizienz in funktionell gestalteten Prozessen gemessen.

Diese neuen gesellschaftlichen Ordnungsprinzipien führten im Wechselspiel mit der zunehmenden Verfügbarkeit fossiler Energieträger zu tiefgreifenden Veränderungen der Gesellschafts- und Wirtschaftsstrukturen. Mit dem ausgehenden achtzehnten Jahrhundert begann diese – auch als *Industrielle Revolution* bezeichnete – Entwicklung in England und breitete sich im neunzehnten Jahrhundert auf die Vereinigten Staaten von Amerika sowie die Länder des europäischen Festlandes aus. Bis zum zwanzigsten Jahrhundert wurde fast ausschließlich Kohle für die Energieumwandlung eingesetzt. Trotz der größeren Verunreinigung setzte sich die Verwendung von Kohle gegenüber Holzkohle in den Produktionsprozessen durch, beispielsweise in der Metallgewinnung und der Glaserzeugung. Wegbereiter dafür waren technologische Entwicklungen, mit denen die Nachteile in der Produktion ausgeglichen werden konnten, beispielsweise durch Verkokung – die wiederum Ausgangsprodukte für die „Kohlechemie" lieferte[92]. Durch die Entwicklung der Dampfmaschine konnten Produktions- und Transportvorgänge nach menschlichen Vorstellungen gestaltet und weitgehend unabhängig von den Unregelmäßigkeiten natürlicher Kräfte – wie etwa Wasserkraft – betrieben werden. Die zunehmenden Transportgeschwindigkeiten und -distanzen von Eisenbahnen und Dampfschiffen führten am 1. November 1884 zur globalen Festlegung von Zeitzonen durch die *Internationale Meridiankonfe-*

---

88 Smith 1789.
89 Brandstetter 2008.
90 Coopersmith 2010.
91 Rabinbach 1990.
92 Mähr 2010.

renz in Washington. Damit wurden die Grundlagen für die globale Abstimmung und Gestaltbarkeit von gesellschaftlichen Abläufen gelegt.

Ausgehend von den USA verbreitete sich ab dem Ende des neunzehnten Jahrhunderts der Einsatz von Erdölprodukten und Erdgas. Erdölprodukte, beispielsweise Benzin und Diesel, haben pro Volumseinheit rund 50 % mehr Heizwert als Steinkohle, hinterlassen bei der Verbrennung praktisch keine Asche und sind als flüssige Brennstoffe bei der Verbrennung gut dosierbar. Wegen des relativ großen Bedarfs an Speichervolumen kann Erdgas vor allem dort genutzt werden, wo die Endnutzer direkt an das System von Versorgungsleitungen angeschlossen sind. In Verbrennungsmotoren und Gasturbinen kann die bei der Verbrennung freigesetzte Energie von Kraftstoffen und Erdgas direkt genutzt werden. Die, im Vergleich zu Dampfmaschinen, kleinen und leichten Motoren ermöglichten den zunehmenden Einsatz von fossilen Energieträgern in Straßenfahrzeugen und die Entwicklung von motorisierten Luftfahrzeugen, wie Luftschiffe und Flugzeuge.

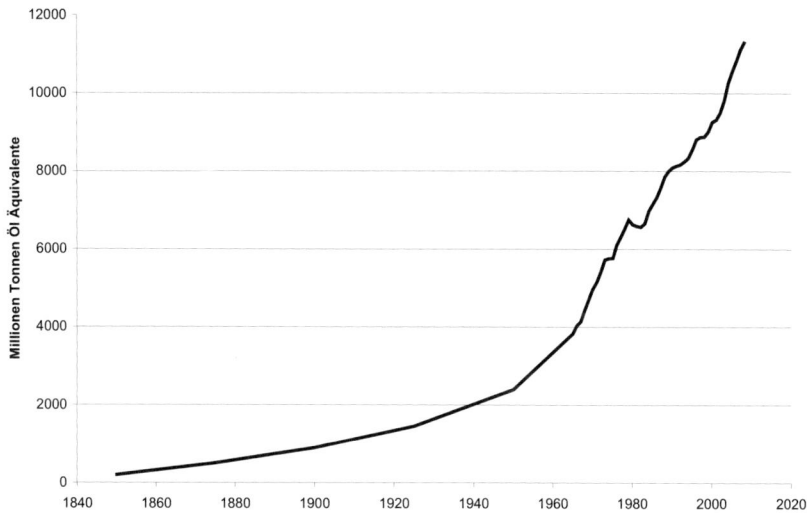

Abbildung 10: Entwicklung des globalen Verbrauchs an Primärenergieträgern seit 1850. Datenquellen: Bis 1965 World Energy Council 2003; ab 1965 BP Statistical Review of World Energy 2009.

Der zunehmende Einsatz fossiler Energieträger in den USA und Europa bestimmte die Entwicklung des „globalen Energieverbrauchs" in der ersten Hälfte des 20. Jahrhunderts (Abbildung 10). In der zweiten Hälfte wurde die Zunahme des Verbrauchs durch die Industrialisierung in Ostasien zusätzlich beschleunigt. Vor allem durch den Energiebedarf der Volksrepublik China übersteigt der

Energieumsatz im asiatischen und pazifischen Raum mittlerweile jenen der USA (Abbildung 11).

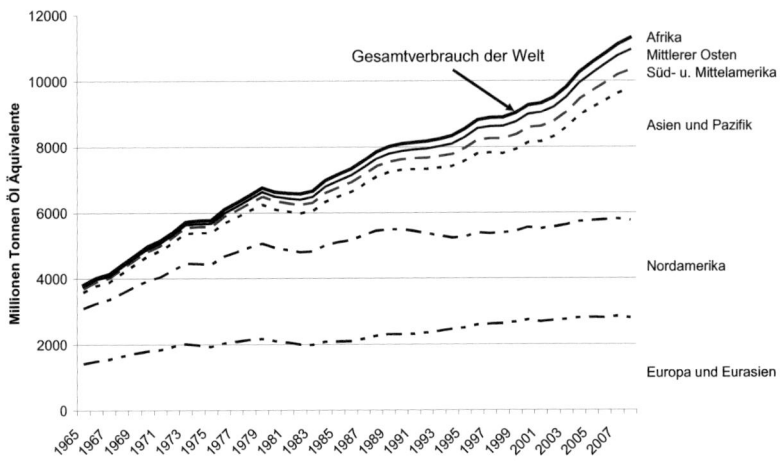

Abbildung 11: Entwicklung des Gesamtverbrauchs an Primärenergieträgern nach Regionen zwischen 1965 und 2008. Datenquelle: BP Statistical Review of World Energy 2009.

Nach wie vor wird im Durchschnitt pro Person in Nordamerika die größte Menge an Primärenergie umgesetzt, gefolgt von Europa und dem Mittleren Osten, Süd- und Mittelamerika, Asien und den Pazifikstaaten sowie Afrika (Abbildung 12). Die Werte einzelner Staaten können aber beträchtlich von den Durchschnittswerten der Regionen abweichen, Beispiele dafür sind Singapur oder Norwegen mit Verbrauchswerten von fast 14, beziehungsweise 10 Tonnen Öläquivalenten pro Person im Jahr 2007. In den Berechnungen ist der Verbrauch aller Primärenergieträger berücksichtigt und auf Tonnen Öläquivalente[93] umgerechnet.

Verglichen mit dem endosomatischen Energieumsatz eines Fabriksarbeiters[94] werden in Nordamerika rund 53-mal mehr exosomatische Energie und in Afrika rund 3-mal mehr exosomatische Energie umgesetzt. Der lineare Vergleich liefert allerdings ein verzerrtes Bild der Verhältnisse, da zusätzliche Faktoren wie Altersverteilungen, Wirtschafts- oder Besiedlungsstrukturen den endosomatischen Energieverbrauch von Staaten und Regionen beeinflussen. Vereinfacht ist aber

---

93 1 Tonne Öläquivalente = 1165 Liter Rohöl = 41,9 Gigajoule.
94 Datengrundlage: Kunsch 1997.

davon auszugehen, dass die Anteile exosomatischer Energie in industrialisierten Regionen über und in schwach industrialisierten Regionen unter den angegebenen Schätzwerten liegen.

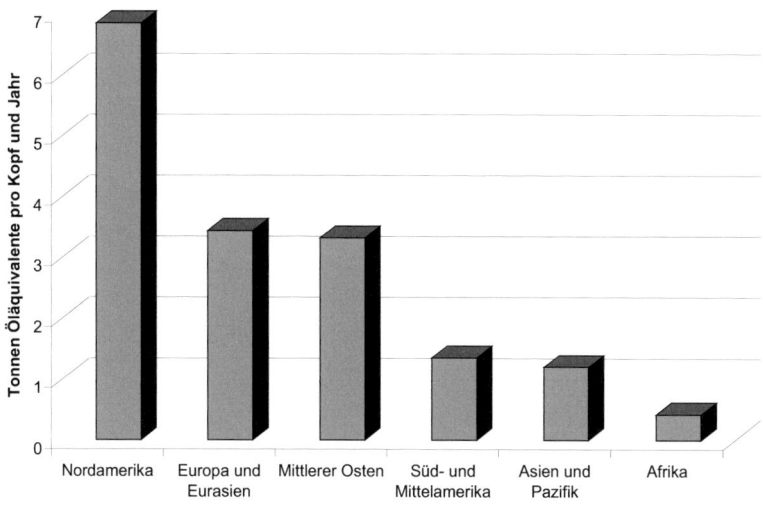

Abbildung 12: Verbrauch an Primärenergieträgern pro Person nach Regionen, berechnet für den Energieverbrauch im Jahr 2007. Datenquellen: BP Statistical Review of World Energy 2009; UN Demographic Yearbook 2007.

Anfänglich wurden nur die Produktionsprozesse und Transportabläufe nach den Prinzipien der neuen Paradigmen gestaltet. Durch die zunehmende Mechanisierung der privaten Haushalte[95] und deren kontinuierliche Versorgung mit Elektrizität wurden in weiterer Folge alle Gesellschaftsabläufe danach ausgerichtet. Nutzbarer elektrischer Strom kann nur bei der Umwandlung in technischen Anlagen gewonnen werden und zählt deshalb zu den Sekundärenergieträgern, wie auch Benzin und Diesel. Anders als Treibstoffe kann elektrischer Strom aus Umwandlungsprozessen mit unterschiedlichsten Primärenergieträgern gewonnen werden, beispielsweise Sonnenstrahlung, Wasserkraft, Windkraft, Biomasse, fossile Energieträger oder Uran. Dies ist einer der Gründe, warum – entgegen theoretischen Vorstellungen – global auch weiterhin Kohle zur Energiegewinnung eingesetzt wird (Abbildung 13). Gleichzeitig kann elektrischer Strom in vielfältigster Weise genutzt werden, beispielsweise für die Wärmegewinnung,

---

93 Giedion 1987.

den Antrieb von Motoren, die Beleuchtung oder die Übertragung und Verarbeitung von Informationen. Seit den Anfängen der Stromgewinnung in den letzten Jahrzehnten des neunzehnten Jahrhunderts sind die Nutzungsbereiche des elektrischen Stroms immer tiefer und vielfältiger in die Produktions- und Lebensbereiche der Industriegesellschaft eingedrungen.

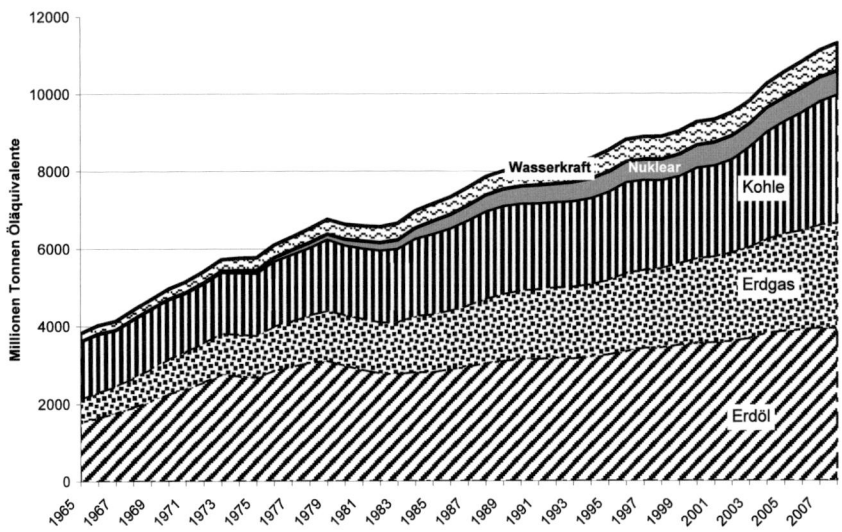

Abbildung 13: Entwicklung des globalen Primärenergieverbrauches nach Energieträgern zwischen 1965 und 2008. Datenquelle: BP Statistical Review of World Energy 2009.

Angaben über den Primärenergieverbrauch liefern nur Vorstellungen über die gesamte Energiemenge, die von der menschlichen Gesellschaft auf der Erde oder in einem bestimmten Staat genutzt werden. Für die Nutzung steht aber davon nur ein Teil zur Verfügung, da bei jeder Umwandlungsstufe oder bei der Energieverteilung Verluste auftreten und die Unternehmen im Energiesektor selbst Energie verbrauchen. Der Anteil nutzbarer Energie am gesamten Primärenergieverbrauch ist nicht konstant, sondern ändert sich auch mit dem Gesamtverbrauch. Der Vergleich zwischen den Jahren 1973 und 2006 (Abbildung 14) zeigt den globalen Rückgang des Nutzenergieanteiles am gesamten Primärenergieverbrauch. Verschiedene Faktoren tragen zu diesen Veränderungen bei, die nur beispielhaft angeführt werden können. Die Erhöhung des Gesamtverbrauches hat eine Ausweitung des Versorgungsnetzes zur Folge, was wiederum zu einem höheren Verteilungsverlust führt. Während der technologische Fortschritt in einzelnen Teilbereichen zur Minderung von Verlusten beiträgt, erhöhen sich die

Verluste durch zunehmende Differenzierung des Versorgungssystems und der damit verbundenen Zunahme an Umwandlungsstufen. Durch den Anstieg des Gesamtverbrauches nimmt aber auch der Eigenverbrauch im Energiesektor zu.

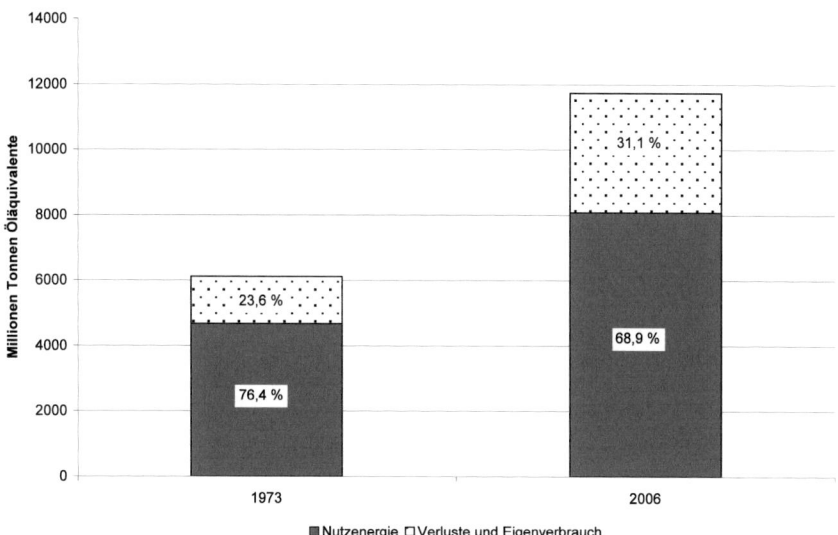

Abbildung 14: Vergleich der Nutzenergieanteile am globalen Primärenergieverbrauch zwischen den Jahren 2006 und 1973. Datenquelle IEA 2008.

Wie bereits erwähnt, wird die Nutzenergie in unterschiedlichen Bereichen verwendet. Globale Energiestatistiken[96] weisen den Verbrauch nach den Sektoren „Industrie" für den produzierendem Bereich, „Verkehr" für den Energieverbrauch aller Verkehrsarten und „Sonstige" für den Energieverbrauch in Haushalten, für Dienstleistungen sowie für Fischerei, Land- und Forstwirtschaft aus. Zusätzlich wird in der Gruppe „Produkte" jene Energiemenge ausgewiesen, die in Produkten aus Primärenergieträgern enthalten ist, beispielsweise Pharmazeutika, Farbstoffe oder Kunststoffe. Der Vergleich in Abbildung 15 der Jahre 1973 und 2006 zeigt die unterschiedliche Entwicklung des Nutzenergieverbrauches in den einzelnen Sektoren. Im Vergleichszeitraum sind folgende Zunahmen in den einzelnen Gruppen festzustellen

---

[96] IEA 2008.

Gruppe	Zunahmen zwischen 1973 und 2006 in %
Produkte	160,7
Verkehr	100,2
Sonstige	66,5
Industrie	41,1

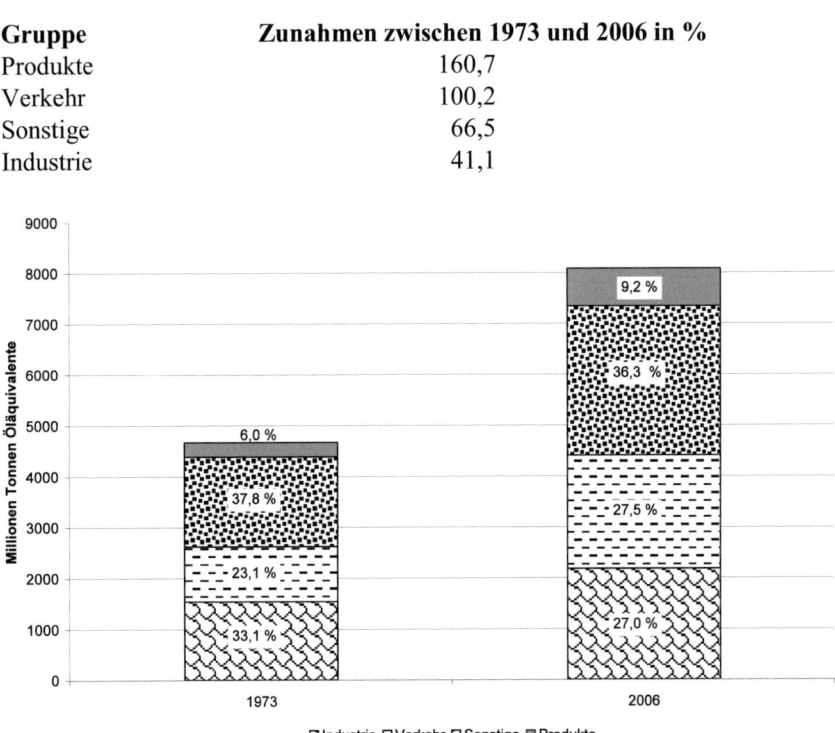

Abbildung 15: Veränderung der globalen Nutzenergieverwendung in den Sektoren Industrie, Verkehr, Sonstige (Haushalte und Dienstleistungen) und für die Herstellung von Produkten aus Energieträgern. Datenquelle: IEA 2008.

Hinter den Zahlen werden strukturelle Veränderungen im Gesellschaftssystem sichtbar. Im Jahr 1973 wurden pro in der Produktion eingesetzter Energieeinheit noch 0,7 Energieeinheiten für den Verkehr eingesetzt, 2006 schon 1,02 Einheiten. Weltweit wurde also im Jahr 2006 schon mehr Energie im Bereich Transport umgesetzt als in der industriellen Produktion. Die Herstellung von Produkten nimmt sich in den Darstellungen des Energieverbrauchs relativ bescheiden aus. In einzelnen Bereichen hat die Nutzung von Erdölderivaten als Ausgangsstoffe von Produkten zu tiefgreifenden Veränderungen geführt, wie es das Beispiel der Faserproduktion für die Herstellung von Textilien zeigt (Abbildung 16). Von 1975 auf 2008 hat die Produktion von synthetisch hergestellten Fasern um über 500% zugenommen – im Vergleich dazu nimmt sich die Zunahme der Produktion von Baumwollfasern mit 200% relativ bescheiden aus. Trotzdem war die Ausweitung der Baumwollproduktion mit schwerwiegenden und nachteiligen

Folgewirkungen für die Umwelt – beispielsweise der Austrocknung des Aralsees und der Vergiftung von Böden und Gewässern durch Pestizide – verbunden[97].

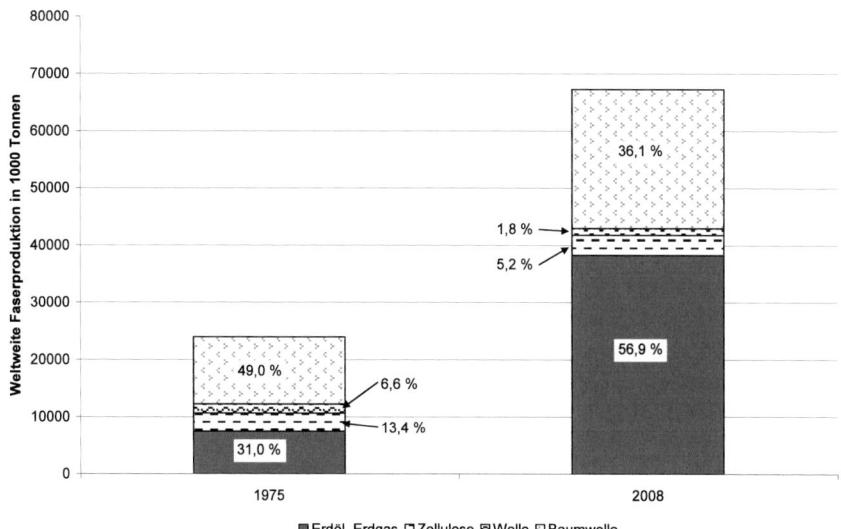

Abbildung 16: Anteile unterschiedlicher Ausgangsprodukte für die weltweite Herstellung von Fasern in den Jahren 1975 und 2008. Datenquelle: www.ivc-ev.de/live/index.php?page_id=87

Die Entwicklung der Energiegewinnung hat die Gesellschaft nicht nur durch die Zunahme von verfügbarer Energie und von Produkten, sondern auch in ihren gesellschaftlichen Interaktionen beeinflusst. Durch die flächendeckende Stromversorgung in den Industriegesellschaften konnten sich Technologien zur weltweiten Übertragung von Informationen und zur Daten- und Informationsverarbeitung durch Computer rasend schnell entwickeln. Damit verbunden sind tiefgreifende Veränderungen in den Gesellschaftssystemen. Jeder und jede ist fast überall und jederzeit erreichbar, eine unüberschaubare Menge ständig „upgedateter" – also sich ständig ändernder – Informationen ist rund um die Uhr abrufbar. Geldwerte können in Lichtgeschwindigkeit verschoben und Börsengeschäfte in Bruchteilen von Sekunden abgewickelt werden. Die Geschwindigkeiten und Kapazitäten von EDV-Systemen, Informationen aufzunehmen und zu verarbeiten, liegen weit jenseits der menschlichen Aufnahme- und Verarbeitungskapazitäten. Damit können die Prozesse der Informationsverarbeitung nur durch Programme in den Systemen beeinflusst und kontrolliert werden. Diese wirken wiederum auf

---

[97] Létolle & Mainguet 1996.

das gesamte Gesellschaftssystem zurück, da mit ihnen die Auswahl und Darstellung von Informationen beeinflusst werden. Von den Nutzern der Systeme kann in der Regel nur die Plausibilität der gelieferten Informationen geprüft werden, während die Abläufe der Informationsverarbeitung verborgen bleiben. Nicht quantifizierbare Kenngrößen – die sowohl in zwischenmenschlichen Beziehungen als auch in ökologischen Prozessen von großer Bedeutung sind – verlieren zunehmend an Bedeutung bei gesellschaftlichen Entscheidungen. Damit wandern neue Ordnungsprinzipien – vor allem aus dem Bereich der Kybernetik[98] – in die essentiellen gesellschaftlichen Austauschprozesse von Informationen ein und verändern so die strukturellen Merkmale der Gesellschaftssysteme[99].

Getragen durch die die freie Verfügbarkeit von Energie in Form von Kohle oder Erdöl konnten sich in Europa und den USA Kulturen entwickeln, deren Erscheinungsbild und Denkmuster vom Glauben an die freie, von Zwängen befreite Entfaltungsmöglichkeit der Menschen geprägt ist. Die Faszination der neuen Möglichkeiten hat mittlerweile die gesamte Menschheit erfasst. Dabei werden die damit einhergehende Zunahme der Abhängigkeiten von technischen Rahmenbedingungen und Kontrollmöglichkeiten, der jeder einzelne ausgesetzt ist, nicht bedacht.

Damit stellt sich aber auch die Frage, ob die neu gewonnenen Freiheiten von der Gesellschaft auch zum Ausgleich der ökologisch bedingten Unterschiede[100] genutzt wurden. Eine, von der Weltbank geförderte, Forschungsarbeit[101] liefert dazu sehr deutliche Aussagen. Unter Verwendung zahlreicher Datenquellen wurde die globale Entwicklung der Einkommensunterschiede zwischen 1820 und 2002 unter Verwendung zweier statistischer Ungleichheitsmaße (*Gini Koeffizient* und *Theil Koeffizient*) berechnet. Beide Berechnungen lieferten ähnliche Ergebnisse, aus Gründen der Übersichtlichkeit werden hier nur die Ergebnisse der Berechnungen mit dem Gini Koeffizienten dargestellt (Abbildung 17). Für jeden Koeffizienten wurde die Entwicklung der Ungleichheiten in den Einkommensverteilungen ohne und mit Berücksichtigung von administrativen Einheiten (Staaten) durchgeführt. Beide Berechnungen zeigen von 1820 bis 2002, also parallel mit der zunehmenden Verwendung fossiler Energieträger, auch Zunahmen der Einkommensunterschiede. Dabei nehmen aber die Einkommensunterschiede zwischen den Staaten rascher zu, als die globalen Einkommensunterschiede zwischen Individuen.

---

98 Laux 1980.
99 Castells 2000.
100 Diamond 2000.
101 Milanovic 2009.

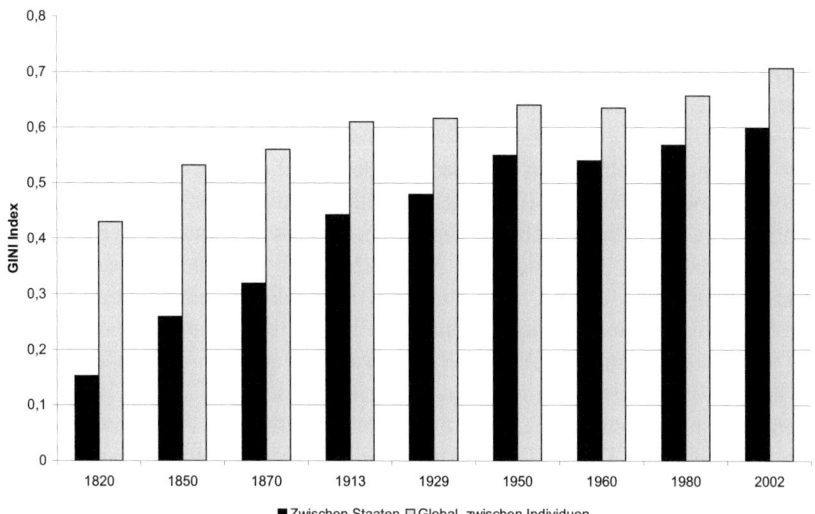

Abbildung 17: Veränderung der globalen Einkommensverteilung, berechnet ohne administrative Differenzierung (Global) und mit Berücksichtigung der Einkommensunterschiede zwischen den Staaten von 1820 bis 2002 unter Verwendung des Gini-Koeffizienten. Datenquelle: Milanovic, 2009.

Tragischerweise werden durch die zunehmenden technischen Möglichkeiten die bestehenden Unterschiede zusätzlich verstärkt und nicht ausgeglichen, wie es Medienberichte und politische Meldungen gerne suggerieren. Aufmerksamkeit erweckt dabei die neue strukturelle Qualität der Ungleichverteilung. Unter den begrenzten Transportkapazitäten der früheren Menschheitsgeschichte konnten sich zwar – wie auch jetzt – die Einkommensunterschiede zwischen unterschiedlichen sozialen Gruppen in oft schwer vorstellbarem Ausmaß entwickeln. Zwischen unterschiedlichen Territorien blieben die Einkommensunterschiede wegen der Abhängigkeiten von den regional verfügbaren Ressourcen begrenzt. Mit dem Zugang zu fossilen und nuklearen Energieträgern entfielen die einschränkenden Rahmenbedingungen. Staaten mit ausreichenden Zugriffsmöglichkeiten auf Energieressourcen konnten sich dadurch zu Lasten anderer Staaten beträchtliche Wohlstandsvorteile verschaffen. Die Vorteile wurden über verschiedene Wege umgesetzt, zur Ausbeutung von Rohstofflagern kamen die Verdrängung der einheimischen Bevölkerung von produktiven landwirtschaftlichen Flächen – beispielsweise durch die Sicherung von Farmland für die Kolonisten in Afrika. Getreide wurde trotz Dürreperioden in die Heimatländer exportiert und damit Hungerkatastrophen in den Kolonien hingenommen – wie im 19. Jahrhundert in Indien[102]. Hunger ist aber kein historisches Phänomen, sondern – für über eine Milliarde Menschen – bittere Realität[103].

Die Einflüsse menschlichen Handelns auf diese Entwicklungen werden noch deutlicher, wenn weitere Entkopplungen von ökologischen Faktoren berücksichtigt werden. Durch die Erfindung des Mikroskops ab dem sechzehnten Jahrhundert wurden die technischen Voraussetzungen für die Untersuchungen von Mikroorganismen geschaffen. Erst durch die Entwicklung einer wirksamen Schutzimpfung gegen Pocken durch den englischen Landarzt Edward Jenner gegen Ende des achtzehnten Jahrhunderts[104] entwickelte sich auch das Wissen über die Bekämpfung von Seuchen. Im Laufe des neunzehnten Jahrhunderts konnten durch Impfungen und Hygienemaßnahmen im medizinischen Bereich sowie in der Wasserversorgung und Abwasserentsorgung die meisten der großen Seuchen bekämpft werden. Bis dahin hatten wiederkehrende Pest- oder Choleraepidemien, aber auch weniger bekannte Infektionen wesentlichen Anteil an den hohen Sterblichkeitsraten. Durch die Verbesserung von Hygiene und Behandlungsmethoden sind in den industrialisierten Regionen die Todesfälle durch Infektionskrankheiten langfristig zurückgegangen. Unzureichende Hygienemaßnahmen und medizinische Versorgung in Kriegen oder Krisenzeiten können aber auch in industrialisierten Ländern wieder zu einem Anstieg der Infektionen führen[105].

Anders ist die Situation außerhalb der Industriestaaten; unzureichende medizinische Versorgung, unzureichende Hygienemaßnahmen oder unzureichende Behandlungsmethoden führen dort nach wie vor zu hohen Sterblichkeitsraten[106].

Aus systemischer Perspektive sind diese Entwicklungen nachvollziehbar, weil einzelne Personen aber auch Staaten technologische Entwicklungen zur Erhöhung ihrer Konkurrenzfähigkeit nutzen. Nachdenklich stimmt aber der kulturelle Umgang mit diesen Gegebenheiten. In der öffentlichen Meinung, aber auch in wissenschaftlichen wird vielfach die Ansicht vertreten, dass die bestehenden Unterschiede leicht – vor allem durch „vermehrte Anstrengungen" – zu überwinden seien. Negiert, oder als „Biologismus" gezielt diskriminiert werden hingegen Hinweise, dass die sozialen Unterschiede vor allem durch unsere evolutionär erworbenen Verhaltensmuster bedingt sind. Sie werden durch pseudorationelle Begründungen zusätzlich verstärkt – beispielsweise des gegenwärtig vorherrschenden Neoliberalismus.

---

102 Davis 2005.
103 FAO 2009.
104 Winkle 1997.
105 Winkle 1997.
106 World Health Organization 2008.

Grundlegende Verhaltensmuster der Menschen[107] haben sich im Laufe der Evolution über Millionen von Jahren[108] in Wechselwirkung mit den Umweltbedingungen entwickelt und bewährt. Eine wichtige Rolle für das Überleben spielte dabei immer die Durchsetzung einzelner Menschengruppen in der innerartlichen Konkurrenz um Nahrungsressourcen. Dazu gehört aber auch die Abgrenzung – von Ablehnung bis zum Kampf – gegenüber anderen Gruppen oder deren Mitgliedern[109]. Die Existenz und Wirkungsmacht dieser Verhaltensmuster kann in der Gegenwart an den Erfolgen nationalistischer Bewegungen, an den Aktivitäten allgemein anerkannter politischer Strömungen – beispielsweise bei fremdenpolizeilichen Regelungen – oder an Auseinandersetzungen zwischen gesellschaftlichen Gruppen beobachtet werden. Der Einsatz von zusätzlicher Energie und besseren Technologien ermöglicht die Ausweitung und Verstärkung der Wirkung dieser Verhaltensmuster. Gleichzeitig sind solche Aktivitäten gegenüber den Mitgliedern des eigenen Staates durch Hinweise auf die notwendige Sicherung von Lebensgrundlagen leicht zu rechtfertigen. Das verstärkt wiederum gesellschaftliche Erwartungen an die freie Verfügbarkeit von Energie und materiellen Ressourcen. Durch die Rückkoppelungen zwischen Erwartungen und Handlungen verselbständigen sich diese Entwicklungen, die nur durch Änderungen der äußeren Faktoren, beispielsweise durch die Erschöpfung fossiler Energiequellen, oder durch grundlegende strukturelle Änderungen innerhalb der gesellschaftlichen Systeme, geändert werden könnten. Beides würde zu Änderungen innerhalb des gesellschaftlichen Systems führen, die Ängste und Befürchtungen auslösen würden. Aus diesem Grund tendieren Entscheidungsträger zu einfachen und systemerhaltenden Lösungen. Beispiele dafür sind die Suche nach Energieträgern mit ähnlichen Eigenschaften wie die bisher eingesetzten oder Bestrebungen zur Erhöhung der Nutzungseffizienz.

Die Schwierigkeiten bei der Entwicklung von Lösungen liegen aber nicht alleine bei den Entscheidungsträgern, sondern weitaus tiefer in den Ordnungsprinzipien der Industriegesellschaften. Wie bereits erwähnt, baut der Erfolg dieser Kulturen auf Paradigmen der Funktionalität und Effizienz auf. Besonders deutlich wird dies in dem in den Naturwissenschaften herrschenden Kausalitätsprinzip, das sich vorzüglich zur Erklärung und Beherrschung von Teilbereichen abiotischer Systeme eignet, aber für Anwendungen in komplexen Systemen nur im begrenzten Ausmaß einsetzbar ist. Lösungen nach dem Kausalitätsprinzip bauen auf der kontrollierbare Beobachtung der Zusammenhänge zwischen einer auslösenden und einer reagierenden Größe auf. Solche Beobachtungen erfordern

---

107 Eibl-Eibesfeldt 1984.
108 Facchini 2006.
109 Eibl-Eibesfeldt 1984.

den Ausschluss aller Veränderungen von externen Faktoren und finden deshalb de facto in geschlossenen Systemen statt. Die Übertragung der Ergebnisse solcher Beobachtungen auf offene Systeme, wie Gesellschaftssysteme oder Ökosysteme, ist problematisch, da sie immer mit unvorhersehbaren Auswirkungen verbunden ist zumal sie die Variabilität der Wechselwirkungen mit externen Faktoren nicht berücksichtigt. Die nicht vorhersehbaren Auswirkungen können in unterschiedlicher Weise, in unterschiedlichem Ausmaß und nach unterschiedlich langen Zeiträumen eintreten. Beispiele solcher Auswirkungen im anthropogenen System sind das Auftreten von Pflanzenkrankheiten[110] oder Schäden durch bisher nicht beobachtete Hochwasserereignisse[111]. Beispiele unvorhersehbarer Ereignisse im Umweltsystem sind die globale Ausbreitung von Pestiziden in den Nahrungsketten[112] oder die Faunen- und Florenveränderungen durch die Freisetzung von ursprünglich nicht vorkommenden Tier- und Pflanzenarten[113]. Solche Veränderungen können in überschaubaren Systemen, bei ausreichender Verfügbarkeit von Ressourcen und Energie sowie entsprechender gesellschaftlicher Bereitschaft, ausgeglichen werden[114]. Fehlt nur eine dieser Voraussetzungen, so kommt es zu nachhaltigen Systemveränderungen[115].

Damit sind aber weitreichende Anforderungen an die Entwicklung von Lösungen verbunden. Wie schon mehrfach erwähnt, muss bei zukünftigen Entwicklungen immer mit unvorhersehbaren Ereignissen gerechnet werden. Einfach, weil ihr Auftreten bisher noch nie beobachtet wurde oder weil sie bisher von der Gesellschaft ignoriert wurden. Bei unvorhersehbaren Ereignissen sind weder die Art des Ereignisses noch die Wahrscheinlichkeit ihres Eintritts bekannt. Davon zu unterscheiden sind nicht vorhersagbare Ereignisse, bei denen die Art des Ereignisses bekannt ist aber das Ausmaß und die Wahrscheinlichkeit des Ereigniseintritts nicht bestimmbar sind. Beispiele solcher Ereignisse sind Erdbeben oder Vulkanausbrüche[116].

Beide Typen von Ereignissen führen nur dann nicht zu nachhaltigen Systemveränderungen, wenn die Systeme ausreichende Redundanzen und Resilienzen aufweisen. Redundanzen, also mehrfache Besetzungen identer Funktionen oder Wiederholungen von Systemstrukturen, erhöhen die Wahrscheinlichkeit, dass unvorhersehbare oder nicht vorhersagbare Ereignisse nicht zu Totalausfällen bestimmter Systemleistungen führen. Redundanzen bestimmen also die Empfind-

---

110 Binimelis et al. 2008.
111 Wigley et al. 1985.
112 Catalan et al. 2004.
113 Baur & Schmidlin 2008.
114 Oßenbrügge 1993.
115 Létolle & Mainguet 1996.
116 Castro & Dingwell 2009.

lichkeit oder Vulnerabilität von Systemen. Mit einem anderen Begriff, der Resilienz, wird die Fähigkeit zur Wiederherstellung von Systemen nach Störungen bezeichnet. Resilienz erfordert die Erhaltung von Ordnungsprinzipien und ausreichenden Ressourcen bei Störungen. Im nächsten Kapitel sollen diese Indikatoren für die Untersuchung des Gesellschaftssystems unter den Bedingungen der gegenwärtigen Energieversorgung herangezogen werden.

3.3 Energie und Gesellschaft – eine Risikogemeinschaft?

Für Außenstehende schwer nachvollziehbar finden bei Diskussionen über die Zukunft der Energieversorgung mit großer Regelmäßigkeit heftige Debatten um die „Reichweiten" der fossilen Energiereserven statt. Naturwissenschaftlich ausgebildete Personen neigen zur möglichst genauen Berechnung der Zeiträume bis zur endgültigen Erschöpfung der noch vorhandenen Reserven an Erdöl, Erdgas, Kohle oder Uran. Ökonomisch ausgebildete Personen argumentieren hingegen mit der Regelungskraft des Marktes und postulieren die unendliche Verfügbarkeit der Reserven, weil bei ihren Grenzwertberechnungen die letzten Tonnen Öl so teuer werden, dass sie niemand mehr kaufen will. Beide Aussagen sind im Rahmen ihrer Annahmen richtig, in ihrer isolierten Form aber für die Übertragung auf komplexe Systeme wenig hilfreich. Die Erschöpfung fossiler Energieressourcen gehört zu den nicht vorhersagbaren Ereignissen, bei denen die Art des Ereignisses bekannt, die genaue Eintrittszeit und die damit verbundenen Auswirkungen aber unbekannt sind. Berechnungen über die Zeitspannen bis zur Erschöpfung der Vorräte gehen von zahlreichen Annahmen aus. Alleine das Ausmaß der noch vorhandenen Vorräte kann über sehr unterschiedliche Wege geschätzt werden. Aus geologischer Perspektive kann es sich dabei um gesichert erfasste, erfasste aber quantitativ noch nicht untersuchte oder um erwartete, aber bisher noch nicht gefundene Lagerstätten handeln. Aus technologischer Perspektive können die Lagerstätten mit bereits verwendeten oder mit noch zu entwickelnden Technologien ausgebeutet werden. Aus ökonomischer Sicht spielen vor allem die Förderkosten pro geförderte Einheit, sowie die Kosten für Transport und Aufbereitung eine wesentliche Rolle. So können beispielsweise die Vorräte für Erdöl alleine in drei Varianten für klassische Lagerstätten geschätzt werden, es können aber zu den Berechnungen noch die Vorräte in Ölschiefern oder Ölsanden hinzugezählt werden. Eine Beispielsrechnung unter Verwendung des globalen Verbrauches im Jahre 2005 und der bekannten Reserven ergibt eine Zeitspanne von 41 Jahren, unter zusätzlicher Berücksichtigung der unkonventionellen Ölreserven hingegen 340 Jahre. Ähnlich vielfältig sind die möglichen Annahmen der Verbrauchswerte. Im einfachsten Fall werden die Verbrauchswerte eines bestimmten Bezugsjahres für die Berechnungen herangezogen. Beispielsweise ergeben die Berechnungen der zeitlichen Reichweite von Uran auf der Basis des Verbrauches von 2005 unter Bezug auf erfasste Ressourcen 85 Jahre, unter Bezug auf erfasste und erhoffte Ressourcen 270 Jahre und unter Bezug auf nicht konventionelle Ressourcen 675 Jahre[117]. Da aber die Verbrauchswerte nicht konstant bleiben, können für die zu erwartenden Änderungen wiederum unterschiedliche Annahmen getroffen werden. Beispielsweise können die Verbrauchswerte allein mit den Bevölkerungsprognosen oder zusätzlich mit Veränderungen des spezifischen Energieverbrauches pro Person hochgerechnet werden. Weiters können abmindernd wirkende Einflüsse von technologischen Veränderungen berücksichtigt werden. Gesichert ist die Aussage, dass unter Berücksichtigung des gegenwärtigen Trends des globalen Energieverbrauches die Vorräte an fossilen[118] und nuklearen[119] Energieträgern in Zeiträumen von wenigen Generationen erschöpft sein werden. Diese systemischen Eigenschaften können auch nicht durch ausgefeilte methodische Vorgangsweisen überwunden werden, wie es zwei Beispiele zur globalen Wirtschaftskrise von 2008 zeigen. So finden sich in einem 2003 veröffentlichten, ausführlichen und methodisch ausgearbeiteten Ausblick der OECD[120] auf die Risiken des 21. Jahrhunderts (!) keine Hinweise auf die Wirtschaftskrise von 2008. Nach der Wirtschaftskrise werden im Jahr 2009 in der Studie des Ökonomischen Weltforums[121] ökonomische Krisen in die höchsten Risikokategorien eingestuft.

Deutliche Hinweise auf die Komplexität der Wechselwirkungen und die begrenzten Abschätzungsmöglichkeiten zukünftiger Entwicklungen liefert eine Studie der französischen Akademie für Technologie[122]. Hinsichtlich der zu erwartenden Entwicklungen wird festgestellt, dass mit hoher Wahrscheinlichkeit Ölkrisen zu erwarten sind, auch wenn optimistische Annahmen über Reserven oder technologische Entwicklungen getroffen werden. Die Problematik der Energieversorgung ist keineswegs alleine auf Erdöl beschränkt, sondern betrifft alle Energieträger. Die Energiefrage kann nie isoliert, ohne Berücksichtigung der Auswirkungen auf andere Bereiche, beispielsweise Wasserversorgung oder Landwirtschaft, behandelt werden.

Nicht minder spannend ist die Frage, wo und wie die Gesellschaft mit dem gegenwärtigen Energieversorgungssystem verflochten ist. Es geht dabei nicht nur um den Aspekt des Energieverbrauches, sondern auch um strukturelle

---

117 World Energy Council 2007.
118 Aleklett & Campbell 2003.
119 World Energy Council 2007.
120 OECD 2003.
121 World Economic Forum 2009.
122 Babusiaux & Bauquis 2007.

Aspekte – etwa physischer oder logistischer Art – die wesentlich die Verflechtungen der Systeme bestimmen. Durch die physischen Verflechtungen werden die Beziehungen zwischen dem Energieversorgungssystem und dem gesellschaftlichen System durch die Energie- und Stoffflüsse dargestellt (Abbildung 18). In der Abbildung sind nur die Energie- und Stoffflüsse für den Betrieb in den Nutzungsbereichen dargestellt, nicht berücksichtigt sind die Energieflüsse

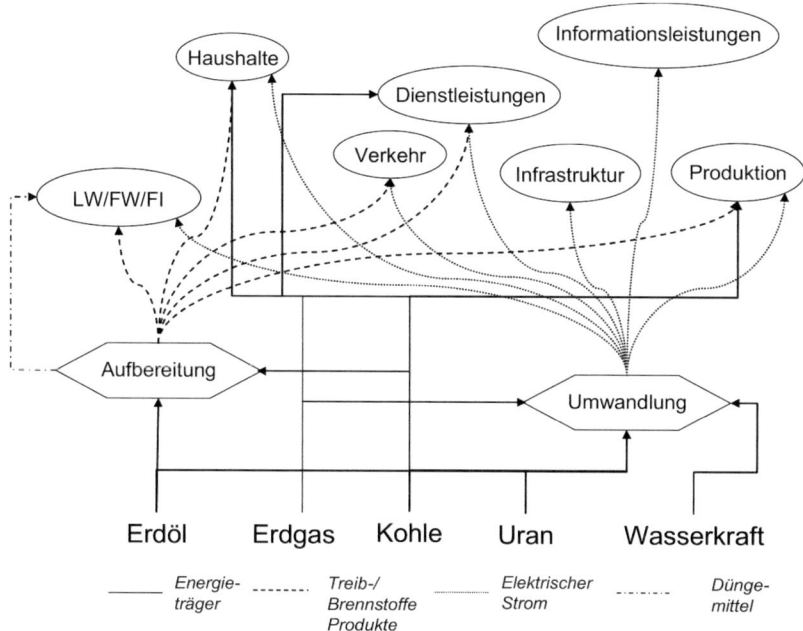

Abbildung 18: Stark vereinfachtes Schema der Energie- und Stoffflüsse von den global dominanten Primärenergieträgern zu den gesellschaftlichen Nutzungsbereichen. Abkürzungen: LW/FW/FI = Landwirtschaft, Forstwirtschaft und Fischerei.

für die Errichtung und Erhaltung von Anlagen. Auch in der stark vereinfachten Darstellung ist die Dominanz des elektrischen Stroms in den strukturellen Verflechtungen zu erkennen. Der Betrieb von zwei Nutzungsbereichen, Infrastruktur und Informationsleistungen, ist ausschließlich von der Versorgung mit elektrischem Strom abhängig. Elektrischer Strom wird in Kraftwerken durch die Umwandlung mechanischer Energie aus Wasserkraft, durch die direkte Umwandlung von Verbrennungsenergie aus Erdgas und indirekt durch die Zwischenschaltung einer Verdampfungsstufe aus Erdölprodukten, Kohle oder Uran gewonnen. Etwas schwächer sind die Verflechtungen mit Energieträgern und Produkten aus der Aufbereitung von Erdöl in Raffinerien. Sie dominieren aber die gesamten Transportprozesse mit Verbrennungskraftmaschinen im Bereich Verkehr und die maschinellen Ernteprozesse in der Land- und Forstwirtschaft sowie der Fischerei (LW/FW/FI). Direkt thermisch genutzt werden Erdgas und Kohle in Produktionsprozessen, Haushalten und im Dienstleistungsbereich. Von spezieller Bedeutung für den Landwirtschaftsbereich ist die Gewinnung von Synthesegas für die Stickstoffdüngerproduktion aus Erdgas, Erdöl oder Kohle[123].

Die kontinuierliche Verfügbarkeit fossiler Energieträger lässt leicht vergessen, dass ihre Vorkommen auf der Erde keineswegs gleichmäßig verteilt sind. So liegen rund 60% der weltweiten Kohlevorräte in den USA, Russland und China; rund 60% der Erdölvorräte liegen im Nahen Osten; rund 27% der Erdgasvorräte liegen in Russland und rund 37% im Nahen Osten[124]. Knapp ein Viertel der weltweiten Uranvorräte liegen in Australien, sowie jeweils rund 17% in Kasachstan und Nordamerika. Bei allen globalen Vorräten an fossilen Energieträgern, Uran, aber auch den technisch ausbaubaren Reserven an Wasserkraft liegen über 50% in jeweils nur 5 Ländern (Abbildung 19).

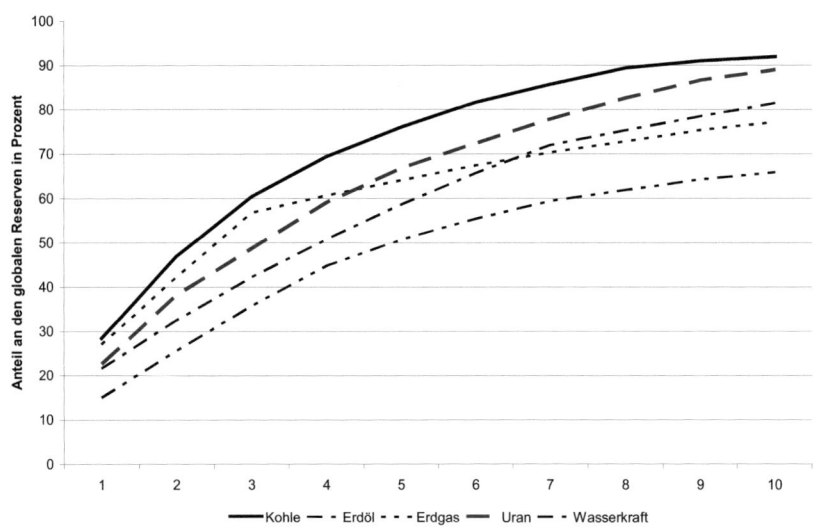

Abbildung 19: Summative Verteilungen der globalen Vorräte von Kohle, Erdöl, Erdgas, Uran und der technisch ausbaufähigen Reserven an Wasserkraft nach den zehn Ländern der jeweiligen Hauptvorkommen. Datenquelle: World Energy Council 2007.

---

123 Baerns et al. 2006.
124 World Energy Council 2007.

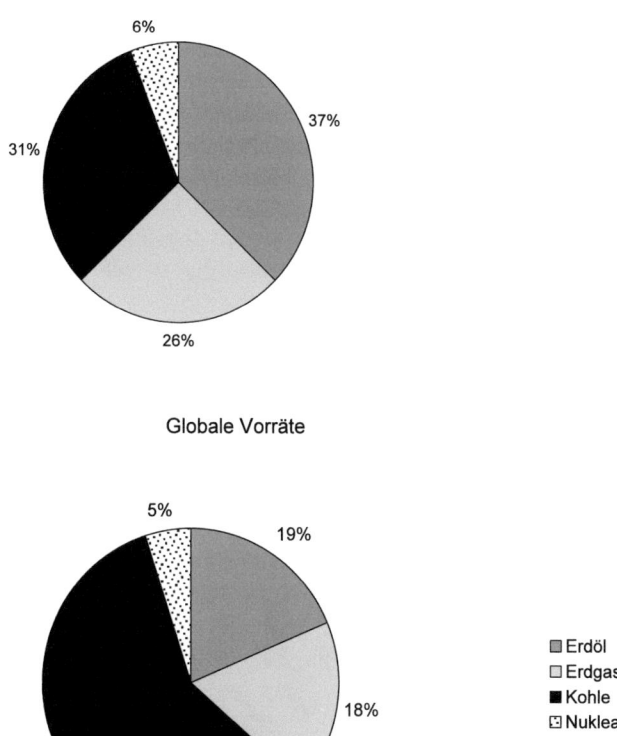

Abbildung 22: Vergleich der Anteile fossiler Energieträger und von Uran an den globalen Energievorräten und der globalen Primärenergieumwandlung im Jahr 2008. Datenquellen: World Energy Council 2008; BP Statistical Review of World Energy 2009.

Bevölkerungswachstum, Urbanisierung oder Ausweitungen der Produktion erhöhen deutlich den Energiebedarf eines Staates, da diese Veränderungen mit energieintensiven Prozessen – beispielsweise der Herstellung von Baumaterial oder Stahl – verbunden sind. Eine gegenläufige Wirkung entfalten technologische Verbesserungen zur Erhöhung der Energieeffizienz oder Zunahmen des

Dienstleistungsbereiches, womit auch Änderungen der gesellschaftlichen Wertvorstellungen verbunden sind. In der Frühphase der wirtschaftlichen Entwicklung eines Staates (oder einer Gesellschaft) wird jede Form der Energieversorgung akzeptiert und positiv bewertet. Diese Einstellung illustrieren vor allem Bilder aus der Frühzeit der europäischen Industrialisierung mit rauchenden Fabrikschloten. Mit zunehmender Erhöhung des Lebensstandards steigt zwar der individuelle Energiebedarf, auf gesellschaftlicher Ebene aber wird ein Ausbau des Energieversorgungssystems, beispielsweise durch Kraftwerke oder Transportleitungen, mehr und mehr abgelehnt.

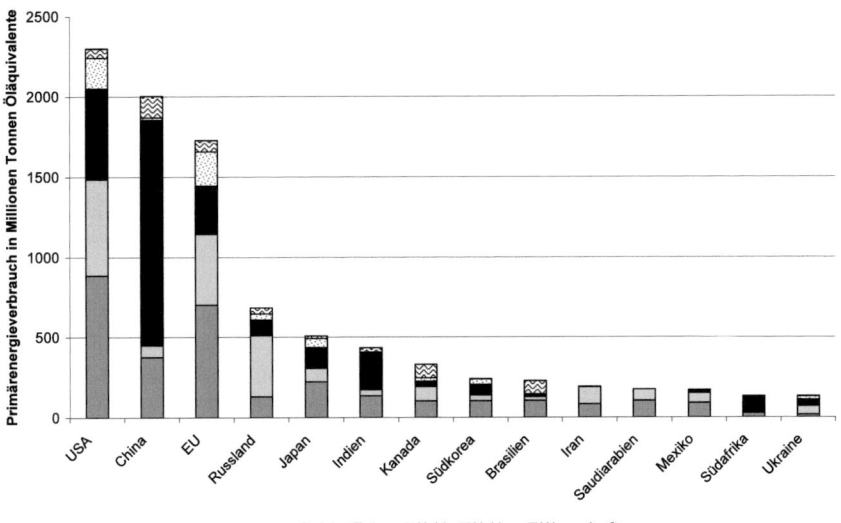

Abbildung 23: Anteile der fossilen Energieträger, von nuklearen Brennstoffen und Wasserkraft an der Primärenergieproduktion der Länder und Regionen mit dem höchsten Energieverbrauch im Jahr 2008. Datenquelle: BP Statistical Review of World Energy 2009.

Die Zunahme des individuellen Energiebedarfs geht mit Änderungen in der Auswahl der Energieträger einher. Mit manueller Arbeit und Schmutz verbundene Energieträger, beispielsweise Holz oder Kohle, werden zunehmend durch „komfortable" Energieträger wie Strom, Gas oder Erdölprodukte bevorzugt. So ist auch der Erfolg von Pellets nicht nur auf eine geänderte Einstellung zur Umwelt, sondern auch auf den Bedienungskomfort der Heizungen zurückzuführen.

Die Änderungen der wirtschaftlichen Rahmenbedingungen und der Lebensstile beeinflussen auch indirekt den Energieverbrauch der Gesellschaft. Höhere Einkommen ermöglichen größere Ausgaben für Urlaube, meist verbunden mit

Flugreisen zu Feriendomizilen mit hohem Komfort, aber auch großem Energie- und Ressourcenverbrauch. Zunehmende Anteile von Einpersonenhaushalten erfordern mehr Wohnraum und verstärken damit die Ausdehnung von Siedlungsflächen. Kleine Haushalte und größere Flexibilität im Beruf unterstützen Änderungen in den Ernährungsgewohnheiten hin zu Fertig- und Halbfertigprodukten.

Im Energieversorgungssystem wird die langfristige Entwicklung durch die Überlagerung unterschiedlicher Interessen beeinflusst. Wie bereits in Abbildung 19 dargestellt, liegen die großen Vorräte an fossilen Energieträgern konzentriert in wenigen Staaten. Damit hängt der Zugang zu den Ressourcen nicht nur von den wirtschaftlichen Bedingungen, sondern auch von den politischen Beziehungen zwischen Förder- und Verbraucherländern ab. Im geschichtlichen Ablauf konnten sich Ölgesellschaften und ihre Heimatstaaten durch politische Vereinbarungen schon frühzeitig die Zugänge zu den großen Ölvorkommen im Bereich des Persischen Golfs sichern[126]. Durch die Änderung der politischen Verhältnisse im Nahen Osten erlangten die Förderländer größere Spielräume bei der Gestaltung der Förderpläne und der Marktpreise durch die Gründung der Organisation erdöl-exportierender Staaten (OPEC). Deutlich bemerkbar wurden die Veränderungen durch den raschen Anstieg der Ölpreise und die Versorgungsengpässe im Jahr 1973. Aber auch politische Auseinandersetzungen wie der Krieg zwischen Irak und Iran in den Jahren 1980 bis 1988 oder zwischen Russland und der Ukraine in den Jahren 2007 und 2008 führten zu Versorgungsengpässen bei Erdöl beziehungsweise Erdgas.

Durch die rasche wirtschaftliche Entwicklung Chinas und den damit verbundenen Anstieg des Energiebedarfs verstärkt sich die Konkurrenz zwischen den Verbraucherländern sowie den Unternehmen der Energiewirtschaft. Wie alle Wirtschaftsbetriebe müssen auch diese Unternehmen Gewinne erzielen. Je nach Position in den physischen Energieversorgungsketten müssen die Unternehmen in ihren Planungen in unterschiedlich großen Zeiträumen rechnen. Investitionen in die Exploration und Förderung oder in Transportanlagen und Raffinerien erfordern Planungszeiträume von Jahrzehnten. Wegen der langen Lebensdauer der Anlagen und entsprechend langen Amortisationszeiten sind die Unternehmen an der Sicherung des langfristigen Absatzes ihrer Produkte und Absatzwege interessiert. Ähnliches gilt auch für Unternehmen im Bereich der Stromversorgung.

Das wirtschaftliche Interesse an der Stabilisierung der Energiemärkte wirkt auch als Attraktor für die Hersteller von energie-verbrauchenden Geräten und Fahrzeugen. Durch die langfristigen Entwicklungsmöglichkeiten der Technologien gewinnen sie ausreichend Spielraum für die Gestaltung ihrer Produkte nach den Wünschen und Anforderungen der Endkunden. In Kombination mit unter-

---

126 World Energy Council 2003.

stützenden Rahmenbedingungen, beispielsweise attraktiven Infrastrukturangeboten, münden solche Systeme in sich selbst verstärkende Prozesse, die bis zum Zusammenbruch einzelner Systemkomponenten kontinuierlich weiterlaufen (Abbildung 24). Damit geraten sie in den Zustand der Selbstorganisierten Kritikalität (SOC)[127], bei dem Strukturen und Abläufe eines Systems auf eine Rahmenbedingung ausgerichtet und optimiert werden – bis es schließlich zu Zusammenbruch der Systeme kommt.

Ansätze zur Vermeidung der kritischen Entwicklungen durch die Erhöhung der Effizienz führen zu keiner Lösung, da damit die grundsätzlichen Wirkungszusammenhänge nicht geändert und die Orientierung auf die bestimmende Systemkomponente verstärkt[128] wird. Effizienzverbesserungen führen in der Regel zu niedrigeren spezifischen Kosten und ermöglichen so einen stärkeren Verbrauch des jeweiligen Gutes oder Energieträgers. Dieser Effekt wird in der Literatur entweder nach dem Erstbeschreiber **Jevon's Effect** oder als **Rebound Effekt** behandelt. Er lässt sich in unterschiedlicher Intensität bei verschiedenen Effizienzverbesserungen nachweisen[129]. Beispielsweise werden in Deutschland mit – mit staatlicher Förderung angeschafften – emissionsärmeren Pkws pro Jahr mehr Kilometer zurückgelegt als mit weniger „umweltfreundlichen" Fahrzeugen[130]. Die Gründe für die Diskussionen über die Wirkungen des Rebound Effekts liegen vor allem in den komplexen Wechselwirkungen der Einflussfaktoren für Konsumentscheidungen[131]. Aus dem Vergleich der Publikationen zum Rebound Effekt lässt sich schließen, dass er besonders deutlich bei allein technokratisch festgelegten Maßnahmen zu Tage tritt. Abschwächend wirken hingegen Maßnahmen, die Handlungskontexte der Zielgruppen explizit berücksichtigen.

Im Zusammenhang mit der Versorgung durch fossile Energieträger entwickelt sich ein kritischer Zustand durch die zunehmende Orientierung aller gesellschaftlichen Prozesse und baulichen Einrichtungen an der gegenwärtigen Energieversorgung. Zusammenbrüche der Energieversorgung – aus welchen Gründen immer – führen damit auch zu Zusammenbrüchen im gesellschaftlichen System. Nicht abschätzbar sind die Folgen der Zusammenbrüche – beispielsweise soziale Unruhen, militärische Auseinandersetzungen, wirtschaftliche Zusammenbrüche oder Hungersnöte.

Theoretisch könnten negative Entwicklungen durch legitimierte Vertreterinnen und Vertreter der Gesellschaft (in Abbildung 24 durch Politik und Verwaltung symbolisiert) über ausgeglichene Interventionen an unterschiedlichsten

---

[127] Bak 1996.
[128] Polimeni et al. 2008.
[129] Ruzzenteli & Basosi 2008; Erhardt-Martinez 2010; Maxwell et al. 2011.
[130] Matiaske et al. 2012.
[131] Schettkat 2009.

Stellen des Gesamtsystems vermieden werden. In der Praxis werden diese Möglichkeiten aber nicht oder nur unzureichend wahrgenommen – unter anderem wegen der befürchteten Steuereinbußen und weil politische Handlungen vom Wunsch nach Erhaltung der erreichten Machtposition bestimmt werden. Ein wichtiges Entscheidungsmoment ist aber auch die selbst verstärkende Eigenschaft des Systems an sich, die für die „Ankurbelung der Wirtschaft" genutzt wird. Beispiele dafür liefert die jüngste Wirtschaftskrise, in der – auch von zahlreichen Wissenschaftern – die verstärkte öffentliche Finanzierung von Infrastrukturausbauten zur raschen Überwindung der aufgetretenen Probleme gefordert wird.

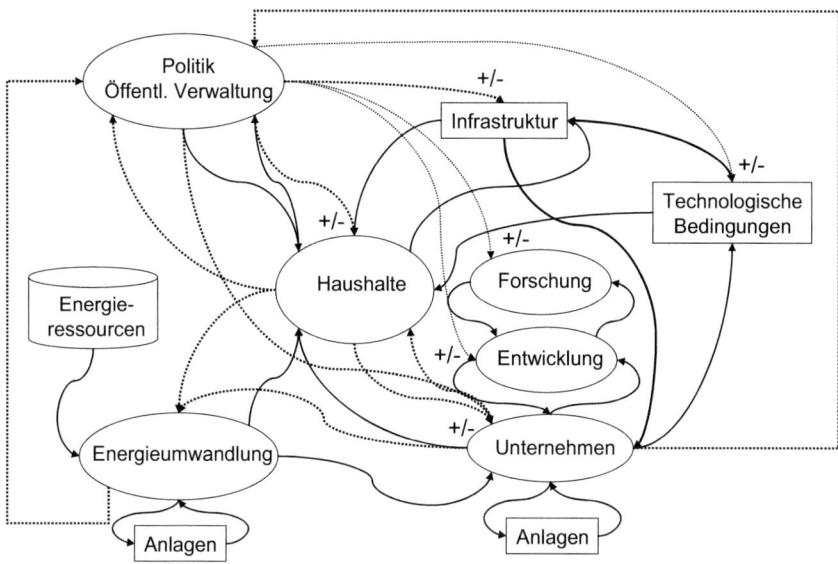

Abbildung 24: Schematische Darstellung der selbst verstärkenden Strukturentwicklung in Gesellschaftssystemen auf der Grundlage von kontinuierlich verfügbaren Energieressourcen. (Zahlungsflüsse durch punktierte Linien symbolisiert).

Trotz vieler Warnungen vor den problematischen Auswirkungen solcher Entwicklungen – vor allem im Verkehrsbereich[132], die unter anderem auch von meinem Bruder[133] laufend wiederholt werden – finden die involvierten Akteure selbst keinen Ausweg aus diesen systemischen Verstrickungen. Die betroffenen Akteure – von Einzelpersonen bis hinein in die Führungsebenen von Wirt-

---

132 Wolf 2007.
133 Knoflacher H. 2009.

schaftskonzernen und Politik – empfinden solche Warnungen meist als weltfremde Nörgeleien. Machen sie aus ihrer Sicht doch immer nur das Richtige und Passende. Für die Bewohner von Einfamilienhäusern am Lande ist es logisch, ein Zweitauto zu besitzen, da die öffentlichen Verkehrsmittel nicht ihre Ansprüche erfüllen können. Weil das Wetter veränderlich ist, wird zur Sicherheit gleich ein SUV angeschafft. Für Autohersteller ist es logisch, die Leistung und Ausstattung der angebotenen Modelle laufend zu erhöhen, weil sonst die Kunden zur Konkurrenz abwandern. Den unangenehmen Forderungen nach Beschränkungen der Abgasemissionen kann durch technologische Maßnahmen begegnet werden – aber nur solange die damit verbundenen Kosten nicht die Konkurrenzfähigkeit der Modelle beeinträchtigen. Für Energiekonzerne wiederum ist es logisch, den Absatz ihrer Produkte zu fördern, da sonst Gewinneinbußen eintreten könnten. Grundlegende Änderungen der Produktpalette können aus ökonomischen Gründen bestenfalls nach ausreichend langen Amortisationszeiten der Investitionen in Anlagen erfolgen. Für Bürgerinitiativen ist es logisch, Umfahrungsstrassen zu fordern, weil die Anrainer unter dem ständigen Lärm und Gestank der Fahrzeuge leiden. Somit ist es auch für Politiker logisch, den Ausbau neuer Strassen zu fördern, weil der Verkehr laufend zunimmt.

Ähnliche selbstverstärkende Prozesse haben auch die zunehmende Abhängigkeit der Haushalte von der kontinuierlichen Energieversorgung gefördert. Wie hoch diese Abhängigkeit ist, illustriert ein praktisches Experiment: Schalten Sie einfach den Schutzschalter ihrer Stromversorgung aus und notieren Sie, was sich unter diesen Bedingungen alles im Haushalt und in Ihrer Lebensweise ändern würde. Vor diesem Experiment prüfen Sie aber bitte, ob durch die Unterbrechung der Stromversorgung eventuell Gesundheit oder Leben anderer Personen oder Tieren gefährdet ist, oder ob wirtschaftlicher Schaden entstehen könnte. Sollte das der Fall sein, so unterlassen Sie das praktische Experiment und führen Sie stattdessen ein theoretisches Experiment durch: Erstellen Sie einfach eine Liste jener Geräte, die ohne Strom nicht mehr funktionieren (vergessen Sie dabei auch nicht die Steuerungen ihrer Heizung oder Sicherheitsanlage) und entwerfen Sie ein schriftliches Szenario, wie Ihr Leben ohne elektrischen Strom ausschauen würde.

Mit diesen Vorschlägen soll keinesfalls Angst und Panik vor einer kalten und dunklen Welt ausgelöst, sondern zum Nachdenken angeregt werden. War hier bisher von Systemen und Wechselwirkungen zu lesen, so sollte mit diesem Experiment bewusst werden, dass wir alle selbst Teil verschiedener Systeme – aber diesen nicht völlig hilflos ausgeliefert – sind. Wir stehen auf der Autobahn nicht im Stau, sondern sind mit unserem Fahrzeug selbst ein Teil des Staus. Wir können deshalb in vielfacher Weise zur Vermeidung von Staus beitragen. Am einfachsten können wir das, indem wir unser Leben etwas besser planen und nicht zu jedem Anlass das Auto in Betrieb nehmen. Wir können einen Wohnort im Nahbereich von Haltestellen öffentlicher Verkehrsmittel wählen. Wir können andere Verkehrsmittel – beispielsweise das Rad – benutzen oder Routen mit weniger Verkehr wählen oder kritische Tageszeiten vermeiden.

Wir können aber auch im so genannten Individualverkehr ausreichend Abstand zu den vor uns fahrenden Fahrzeugen einhalten und so zu einem gleichmäßigen Verkehrsfluss beitragen. Individuelle Beiträge zur Änderung von Systembedingungen sind fast in allen Lebensbereichen möglich, und zahlreiche Publikationen und Beratungsstellen liefern dazu Anregungen.

Wir müssen erkennen, dass Systemänderungen oft langsam und kaum merklich ablaufen, und durch das Zusammenwirken vieler verschiedener Maßnahmen zu erreichen sind. Menschen, die einfache Lösungen anbieten, üben besonders in schwierigen Zeiten eine magische Anziehungskraft aus. Dabei wird verschwiegen, dass systemrelevante Lösungen nur durch die Beteiligung und die Beiträge aller (in das System eingebundenen Personen) erreicht werden können. Gesellschaftliche Ordnungen entstehen nicht per Dekret, sondern entwickeln sich evolutionär[134] über „Aushandlungsprozesse" zwischen allen gesellschaftlichen Akteuren. Aushandlungsprozesse sind für die Bewältigung der zukünftigen Herausforderungen in der Energieversorgung notwendig, da technologische Lösungen alleine nicht ausreichen. Ohne ausreichende Berücksichtigung der Zusammenhänge zwischen Systemen und Energieflüssen können keine langfristig tragfähigen Ergebnisse erwartet werden – oder doch? Im nächsten Abschnitt wollen wir uns näher mit der Frage befassen ob und wie weit der – scheinbar so einleuchtende – Lösungsvorschlag umsetzbar ist.

---

[134] Patzelt 2007.

4 Komplexität – an den Grenzen menschlicher Erkenntnisfähigkeit

4.1 Unbequeme Fragen

Warum stoßen wir bei näherer Betrachtung von menschlichen Entscheidungen immer wieder auf Spuren von Verdrängung und Vereinfachung? Wäre es nicht vernünftiger, Entscheidungen im Sinne „ganzheitlichen Denkens" gründlich vorzubereiten und mit Bedacht zu fällen?

Antworten auf diese Fragen werden sehr unterschiedlich ausfallen – je nach persönlichem Standpunkt und Werthaltung. Auch mit verständnislosen Gegenfragen ist – wie „Wo sind Zusammenhänge zwischen Energie und Erkenntnis zu sehen?" – ist zu rechnen. Wo die Zusammenhänge liegen, ist sicher nicht auf den ersten Blick erkennbar, weil in den industrialisierten Ländern die Verwendung unterschiedlichster Energieformen alltäglich und selbstverständlich ist. So selbstverständlich, dass auch in den Zukunftsvisionen von Expertinnen und Experten kaum differenzierte Vorstellungen über Änderungen unserer Lebensbedingungen zu finden sind. Wer gegenwärtig sowohl in Expertengremien zur Vermeidung von Klimaänderungen als auch zur Zukunft der Energieversorgung arbeitet, wird eine gesellschaftliche Schizophrenie beobachten. Expertengremien zur Vermeidung von Klimaänderungen gehen davon aus, dass ihre Empfehlungen und Vorschläge zur Vermeidung von Treibhausgasemissionen von der Gesellschaft auch weitgehend umgesetzt werden. Expertengremien zur Zukunft der Energieversorgung neigen hingegen zu den Annahmen, dass in den nächsten Jahrzehnten kaum Änderungen des Nutzungsverhaltens zu erwarten sind. Zudem können beide Gruppen ihre Annahmen oft wissenschaftlich solide untermauern. Wenn wir annehmen, dass in beiden Gruppen Menschen mit ähnlichen intellektuellen Fähigkeiten vertreten sind stellt sich die Frage wieso es zu so unterschiedlichen Annahmen kommt.

Hier wird ein für Menschen unangenehmer und schwer akzeptierbarer Widerspruch zu einem zentralen wissenschaftlichen Paradigma sichtbar. Hat doch der Gedanke des Französischen Philosophen René Descartes (1596 – 1650), wonach dass ein Ganzes erst durch die Zerlegung in seine Grundelemente verständlich wird[135] – in unzähligen wissenschaftlichen Erkenntnissen und Erfindungen seine

---

135 Descartes 1637.

Bestätigung gefunden. Falsch ist dieser Gedanke, wenn grundlegende Ganzheitskategorien – beispielsweise Leben, Gesellschaft oder Ökosysteme – aus ihren Teilen erklärt werden sollen[136]. Auch als Reaktion auf diese Probleme werden neue Formen der Wissenschaft vorgeschlagen – am weitesten verbreitet ist das Mode 2 Konzept[137]. Durch eine transdisziplinäre Herangehensweise sollen wissenschaftliche Arbeiten – vor allem bei umweltbezogenen Fragestellungen – besser auf die aktuellen Bedürfnisse der Menschen ausgerichtet werden. Abgesehen von der Frage, ob die angestrebten Ziele tatsächlich erreicht werden[138], wird auch bei den alternativen Ansätzen eine grundlegende Grenze unserer Erkenntnisfähigkeit übersehen. Wir scheitern hier schlicht deshalb, weil wir Systeme erklären wollen, denen wir unsere Existenz verdanken. Innerhalb der Systeme können wir Teilbereiche verstehen und davon auch einige beherrschen – wir können aber die Systeme nie von außen betrachten. Genauso wenig wie in der Mathematik vollständige Beweise möglich sind[139].

Die Versuchung ist groß hier von einer „Cartesianischen Falle" zu sprechen in der sich die Menschheit befindet. Durch die konsequente Umsetzung des Gedankens von Descartes hat konnten Ursachen von Krankheiten erkannt und bekämpft, Agrarerträge und industrielle Produktion und damit der materielle Wohlstand in den Industriestaaten gesteigert werden. Begleitet waren diese Erfolge unter anderem von einer raschen Zunahme der Weltbevölkerung, von schweren Umweltschäden sowie einem rasant steigenden Energieverbrauch. Mit den Erfolgen der Wissenschaft können die Gesellschaft und auch Einzelne in Systemdimensionen eingreifen, die wir weder verstehen noch jemals beherrschen werden. Beschränkt sich dabei der Blick allein auf die vorteilhaften Effekte, fällt es schwer, kritische Argumente zu akzeptieren. Ab bestimmten zeitlichen und räumlichen Dimensionen sowie der Zahl von Wechselwirkungen zwischen unterschiedlichen Einflussfaktoren wird es – gerade mit wissenschaftlichen Methoden – unmöglich, endgültige Beweise für die Richtigkeit der einen oder anderen Argumentation zu liefern. Es gibt offenbar Grenzen der wissenschaftlichen Beweisbarkeit aber auch der menschlichen Erkenntnisfähigkeit. Hilfreich bei der Suche nach den Grenzen gesellschaftlicher Erkenntnisfähigkeit ist ein kurzer Blick auf seit Jahrtausenden erfolgreiche Strategien der menschlichen Gesellschaft zur Bewältigung komplexer Herausforderungen und die Grenzen ihrer Anwendbarkeit.

---

136 Dorit 2011.
137 Gibbons et al. 1994.
138 Hessels & van Lente 2008.
139 Gödel 1931; Goldstein 2006.

4.2 Verdrängung

Menschliche Gesellschaften zeigen erstaunliche Fähigkeiten zur Verdrängung negativer Erfahrungen – selbst nach katastrophalen Ereignissen mit großen Verlusten an Menschenleben und materiellen Werten[140]. Immer wieder werden Handlungen mit potenziell fatalen Konsequenzen gesetzt oder Siedlungen in nachweislich durch Erdbeben oder Hochwasser gefährdeten Gebieten errichtet. Diese – zumindest merkwürdigen – Verhaltensmuster einer Art, die vernunftgetragenes Handeln für sich beansprucht, ergeben im Kontext evolutionärer Prozesse durchaus Sinn. Im Laufe der Erdgeschichte wurden und werden Lebensräume immer wieder durch abiotische Prozesse zerstört – seien es Vulkanausbrüche, Meteoriteneinschläge, Brände oder Flutwellen. Sofern es die Rahmenbedingungen zulassen, werden die frei gewordenen Räume immer wieder von unterschiedlichsten Organismen neu besiedelt und damit die Chancen für die Fortführung des Lebens wahrgenommen. Die Zufallsprozesse der Zerstörung und Wiederbesiedlung stehen auch in engen funktionellen Zusammenhängen mit den biologischen Prozessen der Evolution[141]. Wir Menschen teilen das Bestreben zur Wiederbesiedlung frei gewordener Lebensräume mit allen anderen Organismen – ohne allzu große Ängste vor Wiederholungen der zerstörerischen Ereignisse. Genauso wie wir in der längsten Zeit unseres Lebens die Gewissheit über das Ende jedes – auch unseres eigenen – Lebens verdrängen. Kritisch wird aber die Fähigkeit zur individuellen und kollektiven Verdrängung von schädlichen oder letalen Auswirkungen aber überall dort, wo wir durch selbst gestaltetes Handeln solche Konsequenzen für große Teile der Menschheit in Kauf nehmen.

Die prominentesten Beispiele für diese unverantwortliche Verdrängung liefert der Umgang mit Nukleartechnologie. Wissenschaftliche Erkenntnisse über die Eigenschaften und Potenziale nuklearer Materialien wurden aus reinem Machtinteresse sehr bald für die Entwicklung von Massenvernichtungswaffen eingesetzt. Während die – aus Kernwaffenversuchen und Szenarioberechnungen – gewonnenen Erkenntnisse über die für alle Seiten fatalen Konsequenzen des Kernwaffeneinsatzes zu Selbstbeschränkungen bei den führenden Nuklearmächten führten, wird die „friedliche" Nutzung der Kernenergie weiterhin propagiert und gefördert. Verdrängt werden dabei ungelöste Fragen – wie die langfristige Lagerung radioaktiver Rückstände aus der Kernenergieproduktion und die weitreichenden Konsequenzen von Störfällen in Kernkraftwerken oder beim Umgang mit radioaktiven Materialien. Die allgemeinen gesellschaftlichen Verdrängungsprozesse werden dabei aktiv durch Wissenschaft und Interessensträger verstärkt.

---

140 Oßenbrügge 1991; Geipel 1992.
141 Knoflacher M. 2011.

Durch schwer nachvollziehbare Modellberechnungen wird die Tatsache verdrängt, dass Nuklearanlagen nicht überschau und kontrollierbar in geschlossenen Laborgefäßen operieren. Wie aktiv dieses Bild gepflegt wird, zeigten vor einigen Jahren ganzseitige Werbeeinschaltungen der Atomindustrie, die – mit dem Bild einer blitzsauberen, winzigen Nuklearanlage unter einer Käseglocke im pflanzenbewachsenen Inneren eines Glashauses mit dem Spruch „There is only one green plant in the greenhouse" – für den Einsatz von Kernenergie zur Verhinderung des Klimawandels warben.

In der Wissenschaft erfolgt Verdrängung viel subtiler – durch komplizierte Berechnungsmethoden und aufwändige Berechnungen mit leistungsfähigen Rechenanlagen. Die Verfahren lassen leicht vergessen, dass die dabei gewonnenen Aussagen bestenfalls unter den getroffenen Annahmen gültig sind. Für Systeme mit komplexen Eigenschaften muss auch das nicht mehr gelten. Egal, ob hier Prognoseberechnungen, Szenario- oder Foresightmethoden für die Bestimmung ihrer zukünftigen Entwicklung eingesetzt werden, bleiben die Ergebnisse nur Bilder unserer gegenwärtigen Kenntnisse und Wünsche. Diese Methoden können für überschaubare Teilsysteme und angenommene Rahmenbedingungen die Vorbereitung geeigneter Maßnahmen unterstützen – sofern nicht Interessen oder Wünsche den Entscheidungsprozess überlagern – aber niemals die Entwicklungen der Gesamtsysteme vorhersagen. Musterbeispiele fortgesetzter systematischer Verdrängung und der daraus resultierenden katastrophalen Folgen liefern die Vorgeschichte und der Umgang mit der Nuklearkatastrophe im japanischen Kernkraftwerk Fukushima nach dem schweren Erdbeben und Tsunami vom 11. März 2011:

- Mangelhafte Risikoeinschätzung: Risiko wird als Produkt aus Eintrittswahrscheinlichkeit und Schadensdimension ermittelt. Bei potenziell großen Schadensdimensionen wird der Ansatz sinnlos, weil der Verursacher nie für die Folgekosten aufkommen kann. Der Schaden geht voll zu Lasten der Betroffenen sowie der Allgemeinheit. Während Versicherungen für solche Fälle keine Verträge abschließen, wird das Risiko bei politischen Genehmigungsverfahren über einen möglichst niedrigen Wahrscheinlichkeitsfaktor „klein gerechnet".
- Mangelhafte Modellberechnungen: Nachuntersuchungen des Erdbebens und des Tsunamis vom 11. März 2011 zeigen große Unterschiede zwischen den bisherigen Modellberechnungen und den tatsächlichen Ereignissen[142]. In den

---

142 Normile 2011.

Modellen wurde sowohl die Lage des Epizentrums, als auch die Intensität des Bebens nicht richtig eingeschätzt.
- Mangelhafte Informationspolitik: Die Information der Öffentlichkeit nach der Nuklearkatastrophe unterschied sich nur soweit von jener nach dem Supergau im Kernkraftwerk von Tschernobyl in der heutigen Ukraine (am 16. April 1986), als auf Japan kein nachbarstaatlicher Druck ausgeübt wurde, die tatsächlichen Schäden offenzulegen. Trotz der in den Medien veröffentlichten Bilder von Schäden an den Reaktorblöcken wurden die Ereignisse – auch von Experten – klein geredet und erst im Mai 2011 die Kernschmelze in einigen Reaktorblöcken von den Kraftwerksbetreibern zugegeben.

Wie empfindlich Interessensträger auf kritische Hinweise reagieren, konnte ich selbst bei meinem ersten und zugleich letzten Auftritt bei der Internationalen Atomenergiebehörde erleben. Als Experte für die integrierte Bewertung von Energiesystemen durfte ich an einem internationalen Arbeitstreffen zur Verbesserung der Vergleichbarkeit unterschiedlicher Bewertungsverfahren teilnehmen. Arbeitsgruppen aus unterschiedlichen Ländern präsentierten ihre Bewertungsverfahren, die in der Regel auf computergestützten Modellen der so genannten Lebenszyklen der einzelnen Energiesysteme aufbauten. Für die Kernenergieversorgung lieferten die Modelle auch Ergebnisse über die gesamte physikalische Abklingzeit des nuklearen Materials von rund zehntausend Jahren – mit allen Details der dafür notwendigen Lagerverwaltung. Meine Frage nach der Berechenbarkeit von gesellschaftlichen Entwicklungen wurde zuerst als Kritik am Modellalgorithmus missverstanden. Als ich zur Verdeutlichung des Problems fragte, wer von den anwesenden Personen altägyptische Hieroglyphen fließend lesen und ihre Bedeutung verstehen könne – wo doch seit ihrer Niederschrift erst weniger als zehntausend Jahre vergangen seien – wurde meine fundamentale Unbrauchbarkeit als Experte erkannt und ich nie wieder zu einer ähnlichen Arbeitssitzung eingeladen.

Beispiele verantwortungsloser Verdrängung lassen sich aber auch in einem zunächst unverdächtig erscheinenden Bereich der Energienutzung finden – der Nutzung von organischem Material für die Energiegewinnung. Die aktuelle Sammelbezeichnung „Bioenergie" suggeriert in Verbindung mit dem Begriff „erneuerbar" Bilder von nie versiegenden Energiequellen, frei von nachteiligen Wirkungen. Steht doch auch bei Nahrungsmitteln der Begriff „Bio" für Schadstofffreiheit und umweltschonende Produktionswege. Vor ihrem – durch die Aufwinde der Klimadebatte getragenen – Höhenflug wurden Kraftstoffe aus organischen Materialen noch als „alternative Treibstoffe" und Brennholz je nach Aufbereitungszustand und Größe als Scheitholz oder Hackgut bezeichnet. Über Jahrtausende wurde und wird organisches Material zum Kochen, Heizen oder als

Futter für Zugtiere verwendet. Nicht nur in Lobpreisungen von Interessensverbänden oder politischen Maßnahmen, wie dem Biomasseaktionsplan[143], sondern auch in zahlreichen wissenschaftlichen Arbeiten wird verdrängt, auf welch schmalem Grat zwischen Konkurrenz zur Nahrungsmittelproduktion und Umweltschädigung sich die energetische Nutzung von Biomasse bewegt.

Schon lange vor dem Beginn der industriellen Produktion im neunzehnten Jahrhundert wurde über regional massive Umweltveränderungen durch die Übernutzung von Wäldern zur Gewinnung von Brennholz für die Eisenproduktion und Salzgewinnung berichtet[144]. Mit allen Mitteln wissenschaftlicher Argumentation wird das Faktum verdrängt, dass bei manchen Produktionsketten von Kraftstoffen aus Biomasse mehr Energie eingesetzt werden muss als im Endprodukt zur Verfügung steht. Zur Verbesserung des Gesamtbildes werden die bei der Produktion freigesetzten Treibhausgasemissionen in den amtlichen Statistiken nicht dem Verkehrssektor, sondern dem Produktionssektor angelastet.

Dabei sind die energetischen und systemischen Problembereiche der Kraftstoffproduktion aus Biomasse nicht erst in jüngerer Zeit bekannt geworden[145]. Zu ähnlichen Ergebnissen gelangte ich mit einer Projektgruppe bei Lebenszyklusanalysen von Treibstoffen aus organischen Materialien vor mehr als zwei Jahrzehnten[146]. Vielleicht wären die Ergebnisse für uns weniger überraschend gewesen, wenn wir damals noch frühere Arbeiten über die Verhältnisse zwischen Energieeinsatz bei der Gewinnung und Herstellung von Lebensmitteln und der nutzbaren Energie von Nahrungsmitteln gekannt hätten[147]. So war beispielsweise im Jahr 1970 die nutzbare Energie in einem Maiskorn rund 2,5 mal so hoch wie die für die Produktion und Ernte eingesetzte Energie, während in Großbritannien für Lebensmittel im Durchschnitt rund 5 mal und für den Fang von Fischen zwischen 20 und 100 mal mehr Energie aufgewendet werden musste (Abbildung 25). Da Menschen unterschiedliche Nahrungsbestandteile für die Erhaltung ihrer Lebensfunktionen benötigen, liefern diese Kennzahlen zwar Hinweise auf den Primärenergiebedarf unterschiedlicher Produktionszweige aber keine Entscheidungsgrundlagen für mögliche Optimierungen der Nahrungsmittelversorgung.

---

143 EU 2005a
144 Hafner 1979; Kurlansky 2002.
145 Zach et al. (2007).
146 Knoflacher M. et al. (1991).
147 Leach 1976; Pimentel et al. 1989.

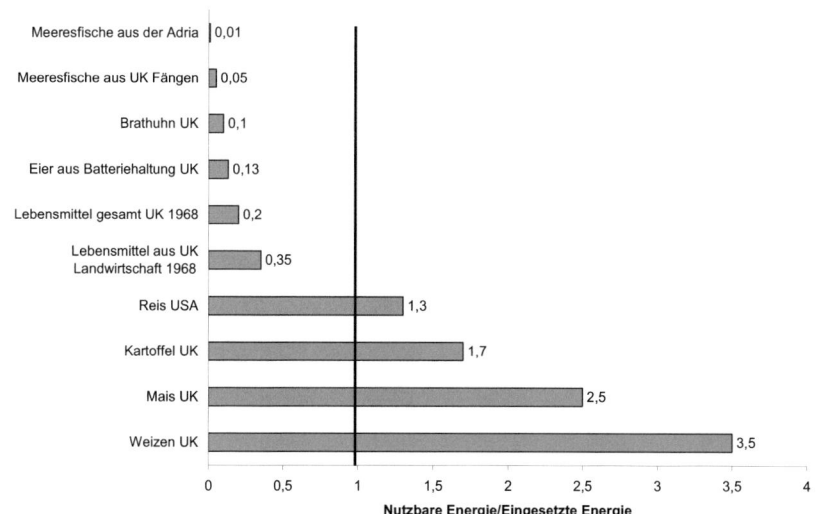

Abbildung 25: Beispiele der Relationen zwischen nutzbarer Energie und eingesetzter Energie bei der Produktion von Lebensmitteln um 1970. Bei Werten unter 1 (senkrechte Linie) ist der Energieeinsatz höher als die nutzbare Energie. Nach Leach 1976.

Kritische Geister werden hier anmerken, dass sich die Relationen zwischen nutzbarer Energie und eingesetzter Energie durch technologische Innovationen sicher verbessert haben. Dem ist entgegenzuhalten, dass hier nicht unterschiedliche Wirkungsebenen durcheinander gebracht werden sollen. Effizienzverbesserungen sind dort zu erwarten, wo unter Anpassung an die jeweiligen Rahmenbedingungen innerhalb des beeinflussbaren Systems optimiert wird. So wurde beispielsweise der Energieaufwand bei der Eisengewinnung durch die technologischen Entwicklungen von 300 Gigajoule[148] pro Tonne um 1700 auf rund 13 Gigajoule/Tonne im Jahr 2000 vermindert[149]. Durch den Einsatz von zusätzlichen Geräten und Zunahme der Verarbeitungsschritte kommt es hingegen zu Erhöhungen des notwendigen Energieaufwandes und damit zu Verschlechterungen der energetischen Einsatz/Ertragsrelationen. Ein Beispiel dafür liefern die Vergleiche zwischen den Werten der Maisproduktion in Vereinigten Staaten vor und nach dem Zweiten Weltkrieg (Abbildung 26).

---

148 Zum besseren Verständnis der Einheit: Für eine Tonne Rohöl wird mit einem Heizwert von 41,9 Gigajoule gerechnet.
149 Smil 2008.

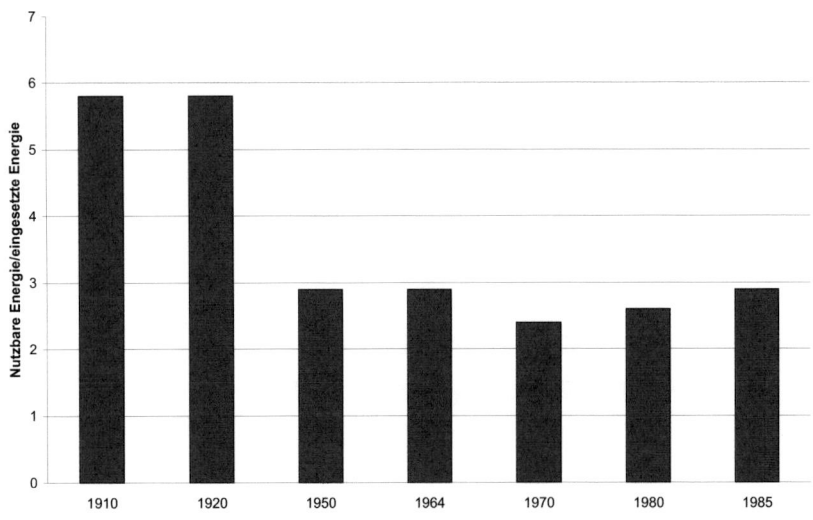

Abbildung 26: Veränderungen der Relationen zwischen nutzbarer Energie und eingesetzter Energie in der Maisproduktion der USA zwischen 1910 und 1985. Datenquelle: Pimentel et al. 1989.

Die Unterschiede zwischen den Werten sind primär durch den weitreichenden Einsatz von Maschinen für Anbau und Ernte sowie den damit verbundenen Einsatz von mineralischen Düngemitteln und Pestiziden bedingt. Noch deutlicher sind die Auswirkungen der systemischen Veränderungen in der chinesischen Getreideproduktion[150]. So ging das Verhältnis von nutzbarer Energie zu eingesetzter Energie von 107 in der traditionellen Landwirtschaft auf 2,3 in den Staatsfarmen zurück. Hier ist anzumerken, dass in China die Umstellungsprozesse noch immer laufen (Abbildung 27) und in Verbindung mit der zunehmenden Industrialisierung erst in den nächsten Jahrzehnten in ihrer vollen Tragweite erkennbar werden – ein Aspekt, der in den öffentlichen Diskussionen über die Entwicklung Chinas nicht vorkommt.

Während Weizenmehl, Maiskörner oder Sonnenblumenöl von Menschen direkt als Nahrung verwertet werden können, sind sie in dieser Form für den Betrieb von Motoren ungeeignet. Stärke- oder zuckerhältige Materialien können erst nach der Umwandlung in Alkohole und ölhaltige Materialien erst nach

---

150 Dazhong & Pimentel 1989.

nicht vorhersagbar (Abbildung 28). Vorhersehbar sind hingegen Fehlschläge, wenn qualitative Anforderungen an Nebenprodukte nicht berücksichtigt werden. Rückstände oder Verunreinigungen aus den Verarbeitungsprozessen können zu vollständigen Wertverlusten von Nebenprodukten führen. Ein Beispiel dafür ist das bei der Produktion von Methylestern anfallende Glycerin, welches wegen der minderen Qualität nur zu minimalen Preisen abgenommen wird oder einfach entsorgt werden muss – obwohl es als Reinsubstanz zu hohen Preisen gehandelt wird. Solche Aussagen fehlen in vielen Expertengutachten ebenso wie nachvollziehbare Angaben über die getroffenen Annahmen der Rahmenbedingungen oder die Berücksichtigung unterschiedlicher Eingangs- und Ausganggrößen.

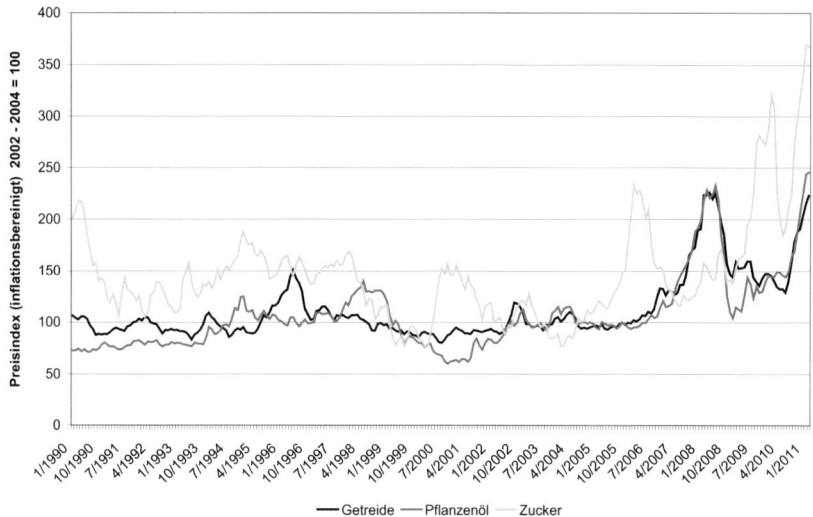

Abbildung 28: Preisentwicklungen sind langfristig nicht vorhersagbar, dargestellt an den inflationsbereinigten globalen Preisindices von Getreide, Pflanzenöl und Zucker zwischen 1990 und 2011. Datenquelle: FAO, 2011.

Mit zunehmender Berücksichtigung von relevanten Einflussfaktoren und Auswirkungen der energetischen Nutzung von organischem Material[153] werden rasch die grundlegenden Zusammenhänge zwischen Produktionsketten und nutzbarer Energie erkennbar. Mit steigender Anzahl der Umwandlungsschritte und dem dafür nötigen Energieaufwand nimmt der Anteil an Nutzenergie ab. Unter Berücksichtigung des gesamten Primärenergieeinsatzes – einschließlich der in den

---

153 WBGU 2009.

pflanzlichen Rohstoffen gespeicherten Energie – stehen deshalb bei der Produktion so genannter Biotreibstoffe über den Weg der Alkoholgewinnung nur rund 10% und bei der Methylesterproduktion rund 10 – 23% für den Antrieb eines PKW's zur Verfügung[154] (Abbildung 29).

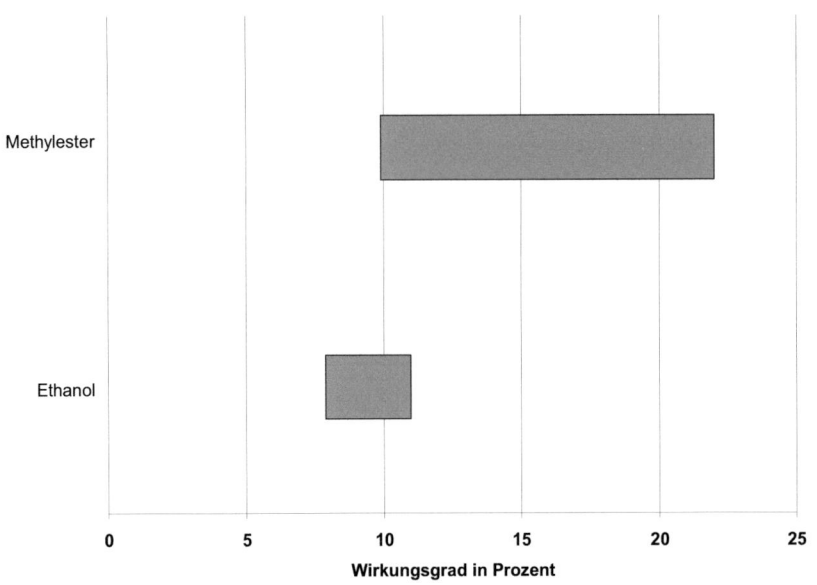

Abbildung 29: Bandbreiten der energetischen Wirkungsgrade in den Produktions- und Nutzungsketten von Methylester und Ethanol als Treibstoffe in PKW's. Datenquelle: WBGU 2009.

Noch ernüchternder sind die Ergebnisse der Treibhausgasbilanzen – einem der Hauptargumente für die Förderung von so genannten Biotreibstoffen. Im Vergleich zur Nutzung fossiler Treibstoffe sind nur bei der Produktion von Alkoholen oder Methylestern aus Reststoffen von anderen Nutzungswegen ausreichende Minderungen der klimawirksamen Emissionen zu erreichen. Bei der Verwendung von Rohstoffpflanzen hängen die erzielbaren Emissionsminderungen wesentlich von den damit verbundenen Veränderungen der Flächennutzungen ab. Emissionsminderungen sind nur erzielbar, wenn durch den Anbau der Rohstoffpflanzen keine zusätzlichen Emissionen freigesetzt werden. Dies ist jedoch der Fall, wenn zur Ertragssteigerung mineralische Düngemittel eingesetzt oder für die Ausweitung der Anbauflächen natürliche Vegetationsbestände gerodet

---

154 WBGU 2009.

werden. Speziell durch den Einsatz von Stickstoffdünger erhöht sich die Wahrscheinlichkeit der besonders klimawirksamen Lachgasemissionen (N_2O)[155], durch die Rodung natürlicher Vegetationsbestände wird der Abbau von langfristig in den Böden gespeichertem Kohlenstoff in Gang gesetzt – mit der Konsequenz zusätzlicher Kohlendioxidemissionen[156].

4.3 Vereinfachung

Selbst die aufwändigsten Berechnungen in den Computermodellen können die Komplexität realer Handlungen und Abläufe nur vereinfacht wiedergeben. Doch selbst die vereinfachten Darstellungen in den Computermodellen bleiben unbrauchbar, wenn ihre Berechnungsergebnisse nicht in übersichtlicher Form für Menschen lesbar und verständlich gemacht werden. Erst nachvollziehbar aufbereitete Informationen liefern die Grundlage für gesellschaftliche Diskussionen und Entscheidungsprozesse. Nur wenigen ist bewusst, dass die Genauigkeit der Informationen über komplexe Systeme nicht beliebig erhöht werden kann. Vereinfacht lässt sich dies an den Einflüssen zweier gegenläufiger Fehlerfunktionen darstellen[157] (Abbildung 30). Die Wiedergabe eines realen Systems in einem dynamischen Modell[158] nähert sich umso stärker dem Vorbild, je mehr Details in dem Modell berücksichtigt werden. Dadurch wird auch das Modell zunehmend komplexer und systemische Fehler nehmen ab. Für die Darstellung eines realen Systems in einem Modell werden Messungen von Kenngrößen des realen Systems benötigt. Solange nur wenige Kenngrößen zu erfassen sind, kann – durch ausreichend große Messreihen – der statistische Fehler der Messungen klein gehalten werden. Mit zunehmender Detailgenauigkeit des Modells steigt der Messaufwand rasch an, weil immer mehr Kenngrößen erfasst werden müssen. Aufgrund begrenzter finanzieller Mittel und unterschiedlicher Paradigmen der beteiligten wissenschaftlichen Disziplinen werden systemisch zusammenhängende Prozesse vielfach zu unterschiedlichen Zeiten mit nicht kompatiblen Methoden untersucht. Damit nehmen auch die Erfassungs- und Messfehler zu. Wie im bekannten Gleichnis von den blinden Männern und dem Elefanten – die Blinden beschreiben jeweils einen Körperteil des Elefanten und gelangen zu jeweils völ-

---

155 Crutzen et al. 2007.
156 Zah et al. 2007; WBGU 2009.
157 Wissel 1989.
158 Dynamische Modelle dienen zur Berechnung zeitlich veränderlicher Auswirkungen von unterschiedlichen Einflussfaktoren auf ausgewählte Zielgrößen – beispielsweise zur Berechnung der globalen Temperaturänderungen durch Änderungen der Gaszusammensetzung in der Atmosphäre.

lig unterschiedliche Vorstellungen von dem Tier – erfassen jedoch nicht das Ganze.

Der Einsatz von statistischen Methoden zur Extraktion der „wahren" Größen aus den oft unstrukturierten Wolken der Messdaten ist zwar wissenschaftlich anerkannt, trägt aber kaum zur Lösung des grundlegenden Komplexitätsproblems bei. Weitaus größer ist dabei die Gefahr von falschen Rückschlüssen und Irrtümern[159]. Durch die Abhängigkeit des Gesamtfehlers von beiden Fehlerfunktionen – systemischer Fehler und Erfassungsfehler – sind bei Modellen mit mittleren Komplexitätsgraden die niedrigsten Gesamtfehler zu erwarten.

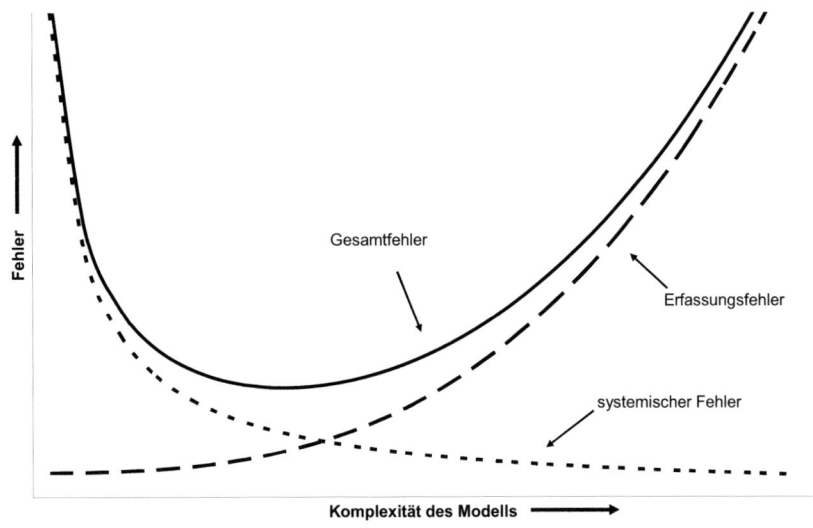

Abbildung 30: Beeinflussung des Gesamtfehlers bei der dynamischen Modellierung komplexer Systeme durch systemische Fehler und statistische Fehler. Abbildung nach Wissel 1989.

Vereinfachung ist also nicht nur eine wichtige Voraussetzung für unser alltägliches Erkennen, sondern auch für Untersuchungen von Systemeigenschaften mithilfe von Modellen. Nun gibt es verschiedene Möglichkeiten der Vereinfachung, beispielsweise durch Reduktion auf Aspekte, die für eine bestimmte Behauptung oder Aussage gerade benötigt werden – eine beliebte Methode von Populisten und Demagogen. Eine andere Möglichkeit der Vereinfachung besteht in der Annahme oder Festlegung aller erkannten und wesentlichen Größen bis auf ein oder zwei veränderliche Einflussfaktoren und die zu untersuchende Auswirkungsgrö-

---

159 Ziliak & McCloskey 2008.

ße – ein Standardverfahren in wissenschaftlichen Untersuchungen. Beide Vorgangsweisen sind für die Untersuchung von komplexem Systemen unbrauchbar, willkürliches Weglassen führt zu willkürlichen Aussagen und Einschränkungen auf ganz bestimmte Systemzustände liefern nur Antworten für die jeweils untersuchten Spezialfälle.

Ein – speziell im Zeitalter der elektronischen Datenverarbeitung – oft genutzter Ausweg aus dieser Problematik besteht in der Beschränkung auf die Verarbeitung von quantitativen Daten. Berücksichtigt werden nur jene Kenngrößen, für die quantitative Daten vorliegen. Alle Kenngrößen, die nicht quantifiziert werden können, bleiben unberücksichtigt. Entscheidend für die Berücksichtigung der Kenngrößen ist die Verarbeitbarkeit ihrer Daten in den leistungsfähigen – und meist vorgefertigten – Computerprogrammen. Trotz der großen Suggestionskraft der dabei gewonnenen und grafisch ansprechend gestalteten Ergebnisse weist dieser Lösungsansatz entscheidende Schwachstellen auf. Eine Schwachstelle liegt in der fehlenden Berücksichtigung von Zusammenhängen zwischen der Messung von Kenngrößen und ihren Wirkungen in den realen Systemen. Meist werden Kenngrößen gemessen, weil sie von wissenschaftlichen oder gesellschaftlichen Gesichtspunkten aus als wichtig erachtet werden. Ihre Bedeutung kann im engen Kontext der weiter oben dargestellten Sichtweisen durchaus gerechtfertigt sein, im Kontext komplexer Systeme kann sie hingegen rasch verloren gehen. Weitere Schwachstellen liegen in den fehlenden Abstimmungen der Messungen verschiedener Beobachtungsgrößen in inhaltlicher und zeitlicher Hinsicht. So ergeben sich beispielsweise große Unterschiede in den Auswertungsmöglichkeiten, wenn bei einem kalorischen Kraftwerk für unterschiedliche Brennstoffe die eingesetzte Primärenergie nur als Summenwert oder differenziert nach den einzelnen Energieträgern gemessen wird. Während im ersten Fall die Mengen der unterschiedlichen Abgase bestenfalls geschätzt werden können, sind im zweiten Fall genauere Berechnungen möglich. Bildlich kann die Orientierung an vorhandenen Messdaten mit der Suche nach dem verlorenen Wohnungsschlüssel in den Lichtkegeln von Straßenlaternen verglichen werden.

Die Aufstellung und technische Ausgestaltung von Straßenlaternen erfolgt in der Regel nach durchaus sinnvollen Gesichtspunkten der öffentlichen Sicherheit. Der Weg, auf dem der Schlüssel verloren ging, muss jedoch nicht zwangsläufig in direkter Beziehung zur Laternenaufstellung stehen – der Schlüssel kann also auch irgendwo im Dunkeln liegen (Abbildung 31). Bezogen auf die Messmethode kann das Beispiel durch die Verwendung einer Taschenlampe erweitert werden. Laternen und Taschenlampe liefern Licht, aber nur letztere unterstützt sinnvoll die Suche nach dem Schlüssel.

Licht und Lampen stehen auch im Zentrum eines Beispiels von fragwürdiger Vereinfachung durch Einrichtungen der Europäischen Union. Vielleicht wissen

Sie es oder haben sich einfach gewundert, dass plötzlich Glühbirnen mit einer bestimmten Wattzahl und alle Glühbirnen mit mattiertem Glas aus den Geschäften verschwunden sind. Stattdessen sind nur mehr so genannte Energiesparlampen oder LED-Leuchtkörper[160] zu haben, von denen viele einer Mustersammlung für geschmackloses Design entstammen könnten. Eine Reihe von Personen hat sich auf die Suche nach den Gründen für diese Veränderungen begeben und ihre Ergebnisse in einem Buch und einem Film dokumentiert[161].

Abbildung 31: Die notwendige Vereinfachung bei der Untersuchung von komplexen Systemen mit verfügbaren quantitativen Daten gleicht oft der Suche nach dem verlorenen Schlüssel in den Lichtkegeln von Straßenlaternen – der gesuchte Gegenstand muss keineswegs nur dort zu finden sein.

Der formale Grund der Veränderungen, die so genannte „Glühlampenverordnung"[162] der Europäischen Union war rasch gefunden, umso abenteuerlicher war die Suche nach den Begleiterscheinungen der Verordnung[163]. Dabei trat zu Tage,

---

160 LED = Light Emitting Diodes.
161 Berz et al 2011.
162 EU 2009a.
163 Gieselmann 2011.

dass allein die geringe Lichtausbeute herkömmlicher Glühlampen[164] als Begründung für diese Verordnung herangezogen wurde. Nachteilige Auswirkungen von Energiesparlampen auf Umwelt und Gesundheit wurden hingegen nicht oder nicht ausreichend untersucht, beispielsweise die Freisetzung von Quecksilber bei der Herstellung und Entsorgung, die Abstrahlung von Ultraschall oder die potenzielle Schädigung der menschlichen Sehkraft. Wichtig war nur das positive Ergebnis einer Überprüfung nach der „Methode für Ökodesign von Energie verbrauchenden Produkten (MEEuP)", womit vor allem technische und wirtschaftliche Aspekte der neu einzuführenden Produkte sowie Optionen zur weiteren technischen Verbesserung der Produkte untersucht werden. Dementsprechend fehlen auch Vergleiche zwischen den zu ersetzenden Produkten – also der herkömmlichen Glühlampe – und den neu einzuführenden Produkten – der Energiesparlampen hinsichtlich ihrer Auswirkungen auf die Umwelt. Im Bericht findet sich nur ein summativer Vergleich der Umweltauswirkungen zwischen zwei technischen Varianten der neu einzuführenden Leuchtkörper[165]. Nicht diskutiert werden dabei die Umweltrisiken durch die Freisetzung toxischer Substanzen wie Quecksilber bei unsachgemäßer Entsorgung der Energiesparlampen. So können vollmundige Formulierungen in Gesetzen auch interpretiert werden, wenn Interessen mächtiger Gruppen genauso wie fachliche Fakten behandelt werden. Entstammt doch die „Glühlampenverordnung" – im Matroschka-System der EU Regelungen – den Grundgedanken und Rahmendefinitionen der „Ökodesign Richtlinie" oder – näher an der amtlichen Formulierung – der „Richtlinie zur Schaffung eines Rahmens für die Festlegung von Anforderungen an die umweltgerechte Gestaltung energiebetriebener Produkte"[166]. Sowohl in ihrem Titel, als auch in ihren Inhalten versprechen die Formulierungen die vorbeugende umweltgerechte Gestaltung von Produkten. Allein, die Schilderungen der katastrophalen Umweltbedingungen bei der Produktion in China und der Aufarbeitung von Energiesparlampen in Indien[167] zeigen einen erschreckenden Kontrast zwischen den programmatischen Gesetzestexten und den tatsächlichen Folgen ihrer Umsetzung.

Der entscheidende und kritische Schwachpunkt bei den Gestaltungsprozessen der Europäischen Union liegt in der Missachtung grundlegender Wirkungshierarchien[168]. Durch die gleichwertige Berücksichtigung von „Stakeholder Interessen" und fachlichen Fakten kommt möglichen Gewinneinbußen von Unter-

---

164 Herkömmliche Glühlampen wandeln nur rund 5% in Licht um, der Rest wird als Wärme abgestrahlt.
165 VITO 2009.
166 EU 2005b.
167 Gieselmann 2011.
168 Knoflacher M. 2011.

nehmen die gleiche Bedeutung zu wie der langfristigen Kontamination der Umwelt durch Quecksilber. Eine wahrhaft zynische Handhabung des Begriffes „nachhaltig", der in der „Ökodesign Richtlinie" zwölfmal in unterschiedlichen Kombinationen vorkommt. Hier wird systematisch verdrängt, dass eine wesentliche Rolle von umweltbezogenen Gesetzen im Schutz der Gesellschaft vor nachteiligen Umweltwirkungen und in der Gestaltung gleichwertiger Rahmenbedingungen für gesellschaftliches und wirtschaftliches Handeln besteht. Solche – gesellschaftlich akzeptierten – Verzerrungen von grundlegenden Wirkungshierarchien sind durch wissenschaftliche und fachliche Methoden nicht korrigierbar!

Fehlendes Verständnis für grundlegende Wirkungshierarchien zeigt auch die Diskussion über eine geplante, EU-weit geltende Verpflichtung zum Fahren mit Licht bei Tag. In nördlichen Breiten sind solche Regeln wegen der längeren Dämmerungsphasen und des flacheren Einfalls der Sonnenstrahlen durchaus sinnvoll. In Mittel- und Südeuropa hingegen, wo die Einstrahlungswinkel der Sonne höher sind, verschlechtern solche Regeln die Sichtbarkeit von einspurigen Fahrzeugen, für die solche Regeln schon vor längerer Zeit eingeführt worden sind. Auch wenn Richtlinien der Europäischen Union im Allgemeinen für alle Mitgliedstaaten gelten sollen, kann daraus nicht abgeleitet werden, dass die Erde eine Scheibe ist.

Die Nachteile der alleinigen Orientierung an quantitativen Größen können durch eine vorgeschaltete qualitative Modellierung weitgehend vermieden werden. Grundlagen dafür liefern bekannte und ausreichend dokumentierte Informationen über Prozesse und Kenngrößen, die im Zusammenhang mit dem zu untersuchenden Systemausschnitt relevant sein können. Nachdem in realen Systemen keine eindeutigen Grenzen von Teilsystemen bestehen, hängen die Dimensionen des Systemausschnitts alleine von den willkürlich zu wählenden Systemgrenzen ab. Eine Orientierungshilfe für die Definition der Systemgrenzen bieten die in Abbildung 30 dargestellten Zusammenhänge. Zu enge Systemgrenzen (Abbildung 32, a) liefern unzureichende Ergebnisse über Wirkungszusammenhänge. Zu weit gesetzte Systemgrenzen (Abbildung 32, b) erfordern einen hohen Aufwand für die Erfassung aller Kenngrößen, verbunden mit großen Unsicherheiten bei der Datenerfassung.

Das Idealbild einer „vollständigen" Lebenszyklusanalyse[169] – unter dem Schlagwort „der Wiege bis zum Grab" – von Produkten kann nur annähernd erfüllt werden, weil weder die Wiege noch das Grab eindeutig bestimmbar sind. Wo lässt sich beispielsweise die Wiege von Treibstoffen aus organischen Materialien finden? Wenn die Produktionsanlagen der Treibstoffe als „Wiege" ange-

---

169 Englisch: Life Cycle Analysis (LCA).

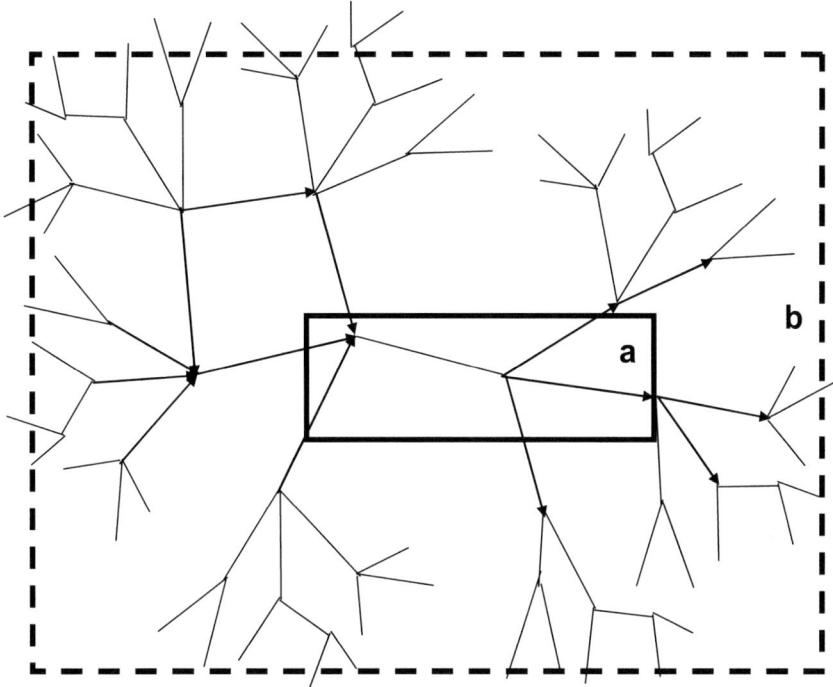

Abbildung 32: Schematische Darstellung der Zusammenhänge zwischen den Definitionen von Systemgrenzen und der Erfassung von Systemeigenschaften; Erläuterungen im Text.

nommen werden, bleiben in den Bilanzen alle Auswirkungen der Pflanzenproduktion und Aufbereitung des Pflanzenmaterials für die Weiterverarbeitung unberücksichtigt[170]. Diese Faktoren können in den Bilanzen erfasst werden, wenn die „Wiege" auf den Anbauflächen steht. Damit steigt einerseits der Aufwand für die Erfassung der unterschiedlichen Herkünfte der jeweils verarbeiteten Materialien und der verschiedenen Produktionsweisen auf den unterschiedlichen Anbauflächen. So kann Pflanzenöl von unterschiedlichen Pflanzen und Anbauflächen stammen. Die globale Pflanzenölproduktion hat sich im Jahr 2009 aus 32% Palmöl, 25% Sojaöl, 15% Rapsöl und sonstigen Ölen zusammengesetzt[171]. Palmöl wurde überwiegend in Asien (88%) produziert, vor allem in Indonesien und Malaysia. Anbauflächen finden sich in den tropischen und subtropischen Gebie-

---

170 Saidur et al. 2012.
171 Kongsager & Reenberg 2012.

ten von Afrika, Lateinamerika und Ozeanien[172]. Alkohol wird in den USA vorwiegend aus Mais, in Brasilien hingegen aus Zuckerrohr gewonnen. Da der Energieaufwand für die Produktion von mineralischem Stickstoffdünger relativ hoch ist[173], ergeben sich dabei trotzdem Verzerrungen bei der Verwendung von Rohstoffpflanzen mit hohem und niedrigem Stickstoffbedarf sowie zwischen Produktionsweisen mit hohem und niedrigem Einsatz von mineralischen Düngemitteln. Zur Vermeidung all dieser Fehler muss also die Wiege in die Produktionsanlagen von Düngemitteln „gestellt" werden. Es ergibt jedoch wenig Sinn, auch den Energieaufwand für die Errichtung und Erhaltung dieser Produktionsanlagen zu erfassen, weil es sich – bezogen auf das Produkt Treibstoff – um marginale Größen handelt, die nur mit unverhältnismäßig großem Aufwand und großen Unsicherheiten erfasst werden können.

Deutliche Unterschiede in den Energiebilanzen ergeben sich auch bei der Produktion von Treibstoffen aus Algen. Wird in die Berechnungen auch der gesamte Energieaufwand für die Wasserversorgung und Pflege der Anlagen und auch für die Gewinnung der Rohstoffe aus den Algensuspensionen berücksichtigt, so liegt die erreichbare Energieausbeute zwischen 10 und maximal 50% der eingesetzten Energie[174].

Wie sich unterschiedliche Systemgrenzen auch auf wissenschaftliche Schlussfolgerungen auswirken zeigen die Diskussionen um Methanemissionen aus der Rinderhaltung[175]. Im Brennpunkt der Diskussionen stehen die globale Zunahme und die zunehmende Konzentration der Nutztierbestände, im Speziellen der Rinderhaltung für die Nahrungsmittelproduktion. Ermöglicht wird dies durch den steigenden Einsatz von mineralischem Dünger und fossilen Treibstoffen in der Futtermittelproduktion[176], den globalen Handel mit Agrarprodukten[177] und die Züchtung von Hochleistungsrassen[178]. Angetrieben wird die Produktion durch die steigende Nachfrage nach Nahrungsmittel aus tierischen Produkten[179]. Durch die Ausweitung der Rinderbestände steigen unter anderem auch die unerwünschten Methanemissionen aus den Verdauungsvorgängen dieser Tiere an. Zur Verringerung des Problems empfehlen besonders naive Wissenschafter weitere Maßnahmen zur Leistungserhöhung bei Rindern, sei es durch Züchtung oder durch gentechnische Eingriffe. Die Aussagen beruhen auf der ausschließli-

---

172 Kongsager & Reenberg 2012.
173 Smil 2008.
174 Murphy & Allen 2011.
175 FAO 2006; Koneswaran & Nierenberg 2008; Idel 2011.
176 Fischer et al. 2002.
177 Galloway et al. 2007; FAO 2010.
178 Idel 2011.
179 Braun 2007.

chen Berücksichtigung der Milchproduktion und einer simplen Milchmädchenrechnung: Jede Kuh braucht einen Teil der Nahrung für die Erhaltung ihrer Körperfunktionen und kann deshalb nur einen weiteren Teil der Nahrung für die Milchproduktion nutzen. Wird bei den getroffenen Annahmen die höhere Milchproduktion allein durch die Leistungssteigerung einer Kuh erreicht, so nehmen die zusätzlichen Methanemissionen damit auch proportional zu. Wird hingegen die erforderliche Milchmenge durch den Einsatz einer zweiten Kuh erzeugt, so steigen die rechnerischen Methanemissionen zusätzlich um den Nahrungsbedarf für die Erhaltung der Körperfunktionen der zweiten Kuh an. Bei dieser beschränkten Sichtweise wird nicht berücksichtigt, dass Leistungssteigerungen bei Kühen mit einem deutlichen Rückgang der Lebensdauer einhergehen. Da Kühe erst in einem Lebensalter von rund 28 Monaten Milch produzieren, führt die Verkürzung der Lebensdauer von „Hochleistungskühen" zur Erhöhung des Gesamtbestandes und damit auch zu einer entsprechenden Erhöhung der Methanemissionen[180]. Nicht berücksichtigt werden bei diesen Diskussionen die Auswirkungen auf die globale Futtermittelproduktion und die psychischen und physischen Leiden der Tiere in Massenhaltungen[181].

Sinnvolle Systemgrenzen können deshalb nicht von einem einmaligen „Götterblick" erwartet werden, sondern nur durch eine sorgfältige Erfassung des Kenntnisstandes und durch eine iterative Annäherung an den Optimalbereich mit einem minimalen Gesamtfehler. Damit werden auch die entscheidenden Voraussetzungen für eine konsistent vereinfachte Erfassung des realen Systems in den Berechnungsmodellen geschaffen.

Durch den pragmatischen Ansatz ist diese Methode allerdings sensibel gegenüber hohem Zeit- oder Kostendruck bei der Datenerfassung und der Datenanalyse. Unter solchen Bedingungen erhöhen sich die Tendenzen zu vereinfachten Recherchen und zur Verwendung nicht ausreichend überprüfter Daten und damit auch zur Vergrößerung des Gesamtfehlers.

4.4 Strukturen und Überschaubarkeit

Prozesse laufen in realen Systemen nur selten so überschaubar ab wie es im vorigen Kapitel dargestellt wurde. Nur wenige Wechselwirkungen treten dauerhaft und so direkt in Erscheinung wie es die Abbildung 32 suggerieren mag. Weitaus häufiger verlaufen die Wirkungen von Systemveränderungen über viele Umwege, Wechselwirkungen werden nur unter bestimmten Bedingungen wirksam oder

---

180 Benbrook et al. 2010.
181 Idel 2011.

bestehen oft nur für kurze Zeit. So können im Zeitablauf abwechselnd unterschiedliche Gruppen von Systemelementen untereinander in engen Wechselwirkungen stehen. Solche Zusammenhänge sind nur schwer erfassbar, oft nur durch Kombinationen unterschiedlicher Nachweismethoden. Nicht unmittelbar mit der Materie befassten Personen bleiben komplexe Zusammenhänge meist verborgen. Sei es, weil sie sich unter dem Druck des Alltags nicht mit solchen Fragestellungen beschäftigen können, weil sie die Sache nicht interessiert oder weil ihnen die notwendigen Voraussetzungen für eine fundierte Auseinandersetzung mit der spezifischen Thematik fehlen. Werden sie trotzdem in Diskussionen oder durch Medien mit so komplexen Themenstellungen konfrontiert, so entspringen ihre Einschätzungen vor allem der persönlichen Werthaltung und dem Erfahrungshintergrund. Ein Beispiel dafür liefert die Untersuchung des Zusammenhanges zwischen persönlicher Haltung zum Klimawandel und politischer Orientierung in den USA[182] zwischen 2001 und 2010. Demnach glauben vorwiegend Liberale und Demokraten den wissenschaftlichen Berichten über den Klimawandel, während Konservative und Republikaner diesen Szenarien skeptisch gegenüber stehen.

Dieses Beispiel macht deutlich, dass wir die Welt nicht wahrnehmen wie sie ist, sondern so, wie wir sie wahrnehmen wollen. Dieses – in zahlreichen philosophischen Abhandlungen[183] diskutierte – Phänomen liefert letztlich wieder einen deutlichen Hinweis auf unsere biologischen Wurzeln. Wie alle Organismen können wir nie die Gesamtheit aller Vorgänge erfassen, die um und in uns ablaufen[184] und von denen die meisten weder Vor- noch Nachteile bringen und manche nachteilig und manche vorteilhaft sind. Im Laufe der Evolution war das Überleben von Organismen immer davon abhängig, ob sie ausreichend rasch nachteilige und vorteilhafte Vorgänge erfassen und damit die für sie günstigen Entscheidungen treffen konnten. Eine intensive Befassung mit wirkungsneutralen Vorgängen war vielleicht erbaulich, hat aber die Überlebenswahrscheinlichkeit deutlich reduziert. Sinneswahrnehmungen und die Verarbeitung von Informationen trugen immer dann zum evolutionären Erfolg bei, wenn sie aus der unüberschaubaren Vielfalt von Vorgängen rasch die lebensnotwendigen herausfiltern und verarbeiten konnten. Organismen einer langfristig überlebenden Art benötigten deshalb immer ein – mit ihren sonstigen physiologischen Merkmalen und den vorherrschenden Bedingungen der Umgebung abgestimmtes – vorgefasstes Bild ihrer Umwelt. Diese prospektive Grundausstattung kann – je nach

---

182 McCright A.M. & Dunlap R.E. 2011.
183 Riedl & Bonet 1987; Kutschera 1993; Basieux 1995; Popper 1995; Watzlawick 1998; Foerster 1999; Gumin & Meier 2006; Searle 2011.
184 Knoflacher M. 2011.

von vorhandenem Anpassungsvermögen des endogenen Informationsverarbeitungssystems – im Laufe der Lebenszeit durch Informationen aus wahrgenommenen Ereignissen in unterschiedlichem Ausmaß ergänzt und modifiziert werden.

In der menschlichen Gesellschaft werden diese biologischen Grundlagen durch Lernen im Rahmen einer Ausbildung und durch die Einbindung technischer Hilfsmittel in die Erfassungs- und Entscheidungsvorgänge überlagert. Dadurch wurde zwar die Gewichtung von Vorgängen verändert, geblieben ist aber der konstruktivistische Ablauf von Wahrnehmung und Entscheidung. Verändert haben sich gleichzeitig auch die Dimensionen der von Menschen ausgelösten und auslösbaren Veränderungen. Mittlerweile bevölkern sieben Milliarden Menschen die Erde. Durch arbeitsteilige Organisationen und technische Hilfsmittel können so leicht Veränderungen mit globalen Auswirkungen in Gang gesetzt werden.

Arbeitsteilige Gesellschaften sind durch ihre Spezialisierung und die dadurch geförderten Fähigkeiten zur Entwicklung wirkungsvoller Technologien im Konkurrenzkampf nicht arbeitsteiligen Gesellschaften überlegen. Im Laufe der Geschichte hat sich bisher jedoch noch keine arbeitsteilige menschliche Gesellschaft langfristig erhalten. Die Zusammenbrüche sind nicht auf einzelne Ursachen zurückzuführen, sondern durch auf das Zusammenspiel unterschiedlichster Einflüsse[185].

Diese Befunde sind deshalb bemerkenswert, weil im Laufe der Evolution einige – langfristig erfolgreiche – arbeitsteilige Sozialstrukturen entstanden sind, die alle im Insektenreich zu finden sind, beispielsweise Ameisen, Termiten oder Bienen[186]. In ihrem gemeinsamen Zusammenwirken erbringen arbeitsteilig hochdifferenzierte Insektenvölker erstaunliche Leistungen, welche die Fähigkeiten eines einzelnen Individuums weit übersteigen. Als Beispiele seien hier nur die klimatischen Regelungen von Termitenbauten[187] und die Nahrungsproduktion bei Blattschneiderameisen[188] angeführt.

In systemischer Hinsicht ist hier – wie bei menschlichen Gesellschaften – durch die Arbeitsteilung ein emergenter Effekt zu beobachten. Die einzelnen Mitglieder der Gemeinschaft tragen mit ihren spezifischen Einzelleistungen zur Gesamtwirkung der Gemeinschaft bei, obwohl sie nur Ausschnitte der Wirkungszusammenhänge überblicken. Neben dieser Gemeinsamkeit fällt aber ein gravierender Unterschied zwischen den arbeitsteiligen Sozialsystemen der In-

---

185 Tainter 2009.
186 Hölldobler & Wilson 1990; Grimaldi & Engel 2005.
187 Turner 2000.
188 Hölldobler & Wilson 1990.

sekten und der Menschen auf: Insektenvölkern ist es im Laufe der Evolution nie gelungen, dauerhaft die Grenzen der lokal verfügbaren Ressourcen und Energiequellen zu überschreiten. In systemischer Hinsicht wird die Größe der Völker durch negative Rückkopplungen – mit begrenzten Ressourcen, Insektenfresser, Krankheiten und Parasiten – reguliert. Arbeitsteilige menschliche Gesellschaften haben erfolgreich die regulierenden Rückkopplungen durchbrochen und im Laufe ihrer Entwicklung zunehmend Ressourcen und Energiequellen von entfernten Regionen beansprucht. Damit ging die unmittelbare Wahrnehmung von begrenzenden Faktoren sowie die Anpassungsfähigkeit der gesellschaftlichen Systeme zugunsten ihrer Expansionsfähigkeit verloren. Da auch die Kapazitäten globaler Ressourcen endlich sind, erhöht sich damit das Risiko des Zusammenbruchs als Folge von Ressourcenknappheit.

Offenbar überschreiten die komplexen Anforderungen einer ausgewogenen Abstimmung interner und externer Systembedingungen langfristig die menschlichen Fähigkeiten zu Regulationen im sozialen Kontext. Wir erleben gegenwärtig eine Periode, in der diese Hypothese durch die Globalisierung der Wirtschaft scheinbar widerlegt wird. Wie begründet sich also diese Hypothese? Ein erstes Argument betrifft den Zeitfaktor. Die Globalisierung in der gegenwärtigen Form konnte sich erst seit dem Zusammenbruch des Ostblocks – also seit rund zwei Jahrzehnten – unter günstigen Rahmenbedingungen entfalten. Neben den ressourcenreichen Ländern in Afrika und Südamerika standen plötzlich auch in Osteuropa und Asien Länder mit relativ gut ausgebildeten Fachkräften und niedrigem Lohnniveau offen. Durch die Senkung, bzw. den Wegfall von Zöllen und geringere Zeitverluste beim Überqueren von Ländergrenzen wurde der weltweite Transport von Gütern und Waren wesentlich erleichtert und beschleunigt. Ohne nennenswerte Hindernisse können international agierende Unternehmen die Produktionskosten durch Verlagerung ihrer Firmenstandorte in Niedriglohnländer senken. Durch den Verkauf der Produkte in den – noch – wohlhabenden Ländern können so höhere Gewinne lukriert werden. Zusätzlich erhöht werden die Gewinne durch eine – zumindest temporäre – Entbindung von Abgaben und durch die Möglichkeit einer steuerschonenden Verrechnung von Gewinnen und Verlusten zwischen Unternehmensstandorten in Ländern mit unterschiedlichen Steuergesetzgebungen.

Öffentliche Gelder sind im Sinne des Neokapitalismus zu Geldquellen geworden, die so weit wie möglich zum Vorteil des eigenen Unternehmens ausgeschöpft werden[189]. Erhöht werden damit die Verluste der betroffenen Staaten, die für die Errichtung und den Betrieb der – von den Unternehmen beanspruchten – Infrastruktur sowie für die Sozialleistungen an die Arbeitnehmer aufkommen

---

189 Zetter 2008.

müssen. Damit eröffnen sich zusätzliche Geschäftsmöglichkeiten für Banken, die an die Staaten Kredite für die Finanzierung ihrer Investitionen – in Infrastruktur oder in Waffensysteme – vergeben. Letztendlich nehmen Staaten mit dem Volksvermögen am weltweiten Pyramidenspiel der Geschäfte mit Aktien, Bonds, Finanzderivaten oder Devisen teil und liefern sich dort den Spielregeln der privaten Ratingagenturen aus. In diesen Spielen wissen nur wenige Personen, wie das aktuelle Spielgeld mit realen Werten verbunden ist und wann der günstigste Zeitpunkt zum Rücktausch in reale Werte gekommen ist. Durch die einheitliche Darstellung in Zahlen verschwimmen dabei die Grenzen zwischen tatsächlich durch Produktion oder Dienstleistung geschaffenen Werten und den allein durch Erwartungen getragenen Umsätzen, die im Jahr 2010 rund fünfzehnmal höher waren als die weltweite Summe der Bruttoinlandsprodukte[190]. Diese enormen Zahlen und das Auftreten der bestimmenden Personen lassen leicht vergessen, dass diese auf derselben Stufe stehen wie Sozialhilfebezieher. Beide Gruppen leben auf Kosten der Gesellschaften – nur mit dem Unterschied, dass die „großen" Akteure der Pyramidenspiele mit der Herabsetzung der Kreditwürdigkeit eines Staates gezielt ganze Volkswirtschaften plündern können. In der kurzen Zeit des „Siegeszuges" der Globalisierung haben bereits zahlreiche Industriestaaten Schuldenstände erreicht, die in den letzten Jahrzehnten nur von nicht industrialisierten Staaten bekannt waren. Letztendlich bestimmen nicht mehr die Wähler die Politik, sondern Banken[191] und Ratingagenturen[192]. Selbst in Medien, in denen bisher immer für die Beseitigung möglichst aller gesetzlichen Regelungen eingetreten wurde, ertönt nun wieder der Ruf nach einem verstärkten Engagement der Politik[193].

Ein anderer Weg zur Unterminierung der innerstaatlichen Rechtssysteme gewinnt in Ländern mit fruchtbaren Landflächen zunehmend and Bedeutung – der Landkauf oder die langfristige Landpacht durch ausländische Investoren. Angetrieben wird dieser Prozess durch die zunehmende Knappheit der Anbauflächen für die Nahrungsmittelproduktion in Ländern wie China, Japan oder den Staaten im arabischen und nordafrikanischen Wüstengürtel sowie durch Spekulationen von Investmentgesellschaften auf Gewinne aus der steigenden Nachfrage nach so genannten „Biotreibstoffen". Langfristige Verträge räumen den Investoren umfangreiche Privilegien gegenüber dem jeweiligen Staat und vor allem gegenüber der einheimischen Bevölkerung ein[194]. Der – auch als „land grab" bezeichnete[195]

---

190 Spiegel 2011 Nr. 34.
191 Kurbjuweit 2011.
192 Gärtner et al. 2012.
193 Economist 2011.
194 Smaller & Mann 2009.
195 Cotula et al. 2009.

– Aufkauf von Landnutzungsrechten beschränkt nicht nur den Zugang der heimischen Bevölkerung zu landwirtschaftlichen Flächen, sondern ermöglicht den Investoren auch den Zugriff auf Wasserrechte, die Umgehung von sozialen Grundrechten und Umweltschutzregelungen. Nach traditionellem – vielfach nicht festgeschriebenem – Recht tätige Kleinbauern werden von ihren Anbauflächen vertrieben und zur Rodung bisher nicht genutzter Flächen gezwungen. In einzelnen Staaten, beispielsweise der Demokratischen Republik Kongo, besitzen ausländische Investoren bereits rund die Hälfte der verfügbaren Ackerflächen[196]. Die damit verbundenen sozialen Verwerfungen sind weitreichender als die – durch die so genannte „Grüne Revolution" – ausgelösten sozialen Probleme in Indien[197].

Der Verlust von Grund und Boden für einheimische Kleinbauern beschleunigt zusätzlich die Zerstörung natürlicher Lebensräume und die Zerstörung von Wäldern. Bei ihrer Suche nach neuen Lebensgrundlagen weichen die mittellosen Bevölkerungsschichten in bisher nicht bewirtschaftete Gebiete aus und gewinnen Anbauflächen durch Brandrodung von Wäldern sowie Nahrung und Handelswaren durch illegale Entnahmen von Wildtieren und –pflanzen. Unzureichende Kenntnis von nachhaltigen Bewirtschaftungsweisen gepaart mit fehlenden finanziellen Mitteln für den Zukauf von Düngemittel zur Kompensation von Nährstoffverlusten führt nach wenigen Jahren zur Erschöpfung der neu gewonnenen Anbauflächen. Damit eröffnen sich neue und lukrative Optionen für kapitalkräftige Investoren. Sie können sich mit minimalem Kapitalaufwand die Rechte an solchen Flächen sichern und zusätzliche Einnahmen über den Handel mit Emissionszertifikaten im Rahmen des so genannten *Clean-Development-Mechanismus* (CDM) erzielen, da es sich bei den erworbenen Flächen um „Brachland" oder „degradierte Flächen" handelt, auf denen die Errichtung von Plantagen – für die Produktion von „Bioenergie"-Rohstoffen für die Industrieländer – über die Emissionszertifikate verrechnet werden kann[198]. Industrieländer können im Ausmaß der angekauften Emissionszertifikate zusätzlich Treibhausgase freisetzen und damit politisch unangenehme Maßnahmen zur Senkung ihrer Emissionen vermeiden.

Hier tritt die Perversität des Bewertungs- und Fördersystems in aller Deutlichkeit zu Tage. Wirtschaftlich nutzbare „degradierte Flächen" oder „Brachflächen" entstehen nur durch ungeeignete Bewirtschaftungsweisen. Im Regelfall durch die – bereits erwähnte – vorangegangene Verdrängung wirtschaftlich schwacher Bevölkerungsschichten in ursprünglich nicht genutzte Gebiete. Werden also die ersten Schritte zur Verdrängung einheimischer Landwirte gesetzt, so

---

196 Friis & Reenberg 2010.
197 Shiva 2002.
198 UN 1998; UNFCCC 2006a; UNFCCC 2006b; Lohmann 2006.

beginnt ein fataler Zyklus: Rodung neuer Flächen – unzureichende Bewirtschaftung – geförderte Verdrängung durch zertifizierte Plantagen – Rodung neuer Flächen – usw. Regional unterschiedlich sind dabei nur die Hauptprodukte der Plantagen[199], in Südostasien ist es die Tropenholzproduktion, in Indonesien und Malaysien die Palmölproduktion und in Südamerika die Soja- und Zuckerrohrproduktion sowie die Rinderzucht. Damit werden – mit aktiver Unterstützung der Politik in den Industrieländern – selbstverstärkende Prozesse der Zerstörung von Ökosystemen in subtropischen und tropischen Regionen unter dem Titel „klimaschonende Wirtschaftsweisen" gefördert.

4.5 Komplexität und gesellschaftliche Verantwortung

Gesellschaftliche Auseinandersetzungen mit Komplexität erfordern den bewussten und offenen Umgang mit den Grenzen menschlicher Erkenntnismöglichkeiten. Dies betrifft sowohl die Organisation gesellschaftlicher Strukturen als auch die Suche nach neuen Erkenntnissen und den Umgang mit den dabei entwickelten Handlungsmöglichkeiten. Aus evolutionärer Sicht hängen die langfristigen Überlebenschancen der menschlichen Gesellschaft von der Berücksichtigung systemischer Wirkungshierarchien ab[200]. So können technische Artefakte zwar gesellschaftliche Prozesse beeinflussen, aber nie die Verantwortung der Menschen für die Gestaltung gesellschaftlicher Prozesse substituieren.

Auch wenn es für Menschen in industrialisierten Ländern seltsam klingen mag, wir Menschen sind nicht in der Lage, unsere Lebensgrundlagen völlig autonom zu erhalten. Ein überzeugendes Beispiel dafür hat „Biosphere 2" geliefert, der gescheiterte Versuch, einen völlig unabhängigen Lebensraum zu schaffen. Heute werden die riesigen „Biosphere"-Glashäuser für wissenschaftliche Experimente genutzt[201].

Wie wenig wir über die Prozesse in den Ökosystemen und die Auswirkungen menschlichen Handelns auf diese Systeme wissen, zeigen die aktuellen Debatten über die Entwicklung der globalen Methanemissionen[202]. Von einer Autorengruppe werden die – seit rund dreißig Jahren beobachteten – langsamer als erwartet zunehmenden Methanemissionen den Änderungen der Emissionen bei der Verbrennung fossiler Brennstoffe zugeschrieben[203]. Von einer zweiten Autoren-

---

199 Boucher ate al. 2011.
200 Knoflacher M. 2011.
201 www.b2science.org
202 Heimann 2011.
203 Kai et al. 2011.

gruppe hingegen den Änderungen mikrobieller Aktivitäten als Folge von anthropogenen Änderungen in der Landnutzung[204].

Damit wird Unbestimmbarkeit von entscheidungsrelevanter Bedeutung – sofern der Begriff „Nachhaltigkeit" nicht zur reinen Worthülse degenerieren sollte. Unbestimmbar ist nicht zu verwechseln mit ungenau. Unbestimmbar sind die Folgewirkungen von Eingriffen in Systeme mit hoher Komplexität – in Abbildung 30 durch die rechte ansteigende Kurve des Gesamtfehlers dargestellt – oder in Bereiche, die der menschlichen Erkenntnis nicht zugänglich sind wie die großtechnische Nutzung von radioaktivem Material oder großräumige Eingriffe in Ökosysteme. Ungenau sind hingegen Kenntnisse, die durch intensivere Untersuchungen und Messungen verbessert werden können – in Abbildung 30 der linke, absteigende Ast des Gesamtfehlers.

Damit soll aber weder eine Wissenschafts- noch eine Technikfeindlichkeit begründet werden. Zur Vermeidung von Fehlentwicklungen sind aber die Abklärung der langfristig nutzbringenden Einsatzbereiche und Grenzen der Ergebnisse von Forschung und Entwicklung notwendig. An dieser Stelle soll wieder an Descartes erinnert werden, der auch die ständige kritische Überprüfung bestehender Lehrmeinungen gefordert hat[205]. Es ist sinnlos und gesellschaftlich unverantwortlich, dort wissenschaftliche Beweise einzufordern, wo diese aus Gründen der Unbestimmbarkeit nicht erbracht werden können. Es ist ebenso unverantwortlich wissenschaftliche Beweise anzubieten, wenn solche aus den genannten Gründen nicht erbracht werden können.

Es gilt, auch die Unwägbarkeiten zukünftiger Entwicklungen bei Entscheidungen zu berücksichtigen. Gesellschaften in industrialisierten Ländern werden zunehmend von den vorhersehbaren Reaktionen technischer Artefakte geprägt und sind immer wieder überrascht von unerwartet auftretenden Störungen, seien es Naturkatastrophen oder gesellschaftliche Umbrüche. In konsequenter Fortsetzung des deterministischen Denkens werden solche Störungen gleich zu Weltuntergangsszenarien extrapoliert, so wie auch unter günstigen Bedingungen unbegrenztes Wachstum angenommen wird. Die fehlende Vorhersagbarkeit zukünftiger Entwicklungen ist immanent in natürlichen und gesellschaftlichen Systemen.

Unvorhersehbarkeit wurde in der Evolution immer durch Vielfalt und **Redundanz** – durch Übererfüllung bestimmter Systemleistungen – bewältigt. Die Evolutionsprozesse waren immer **effektiv** in der Erhaltung organischen Lebens, aber nur in begrenztem Ausmaß **effizient**. Das Redundanzprinzip steht dem in der gegenwärtigen industrialisierten menschlichen Gesellschaft vorherrschenden

---

204 Aydin et al. 2011.
205 Descartes 1637.

Effizienzprinzip diametral gegenüber. Das Effizienzprinzip kann in kleinskaligen Dimensionen durchaus Vorteile bringen, beispielsweise im Konkurrenzkampf zwischen weitgehend gleichwertigen Einheiten – seien es Arten oder Unternehmen. In größeren Dimensionen werden hingegen Systemzusammenbrüche durch unvorhergesehene Ereignisse nur durch Vielfalt und Redundanz vermieden. Dies gilt sowohl für die Organisation gesellschaftlicher Strukturen, als auch für die Infrastrukturausstattungen und vor allem für die Energieversorgung. Diese sollte jedoch umfassender gesehen werden als allgemein üblich. Es geht hier nicht nur um elektrischen Strom für Haushalte oder Treibstoff für Fahrzeuge, jeder Organismus braucht für die Aufrechterhaltung seiner Lebensfunktionen Energie. Und damit wird auch Energie für die Erhaltung unserer generellen Lebensgrundlagen benötigt, die auf so genannten Ökosystemfunktionen und damit letztendlich auf dem Zusammenspiel der Leistungen unterschiedlichster Organismen beruhen.

5 Energie, Entropie und Exergie – die treibenden Kräfte des Lebens

5.1 Was ist Energie?

Wir begegnen dem Begriff „Energie" in unterschiedlichsten Zusammenhängen im Alltagsleben. Voll Energie wird ein Werk begonnen, nach Erledigung anspruchsvoller Aufgaben sammeln wir wieder Energie in unserer Freizeit – oder ärgern uns, weil die Energiepreise wieder gestiegen sind. Beim Fitnesstraining „verbrennen" wir Energie, während unser Auto Treibstoff „verbraucht". Obwohl es sich genau umgekehrt verhält – während unseres Lebens verbrauchen wir laufend die Energiereserven unseres Körpers, verbrannt wird hingegen der Treibstoff in Benzin- oder Dieselmotoren.

In Massenmedien oder Fachvorträgen wird über erneuerbare und fossile Energie – und seit einiger Zeit auch über „Bioenergie" berichtet. Rasch entwickeln sich dabei klare und überschaubare Bilder. Hier die endliche und dort die unendlich verfügbare, hier die schädliche und dort die harmlose, vielleicht sogar gesunde, Energie. Leicht vergessen wir dabei, dass es sich um „unsere" Wertungen handelt – die zudem auf einer sehr selektiven Sicht- und Denkweisen beruhen. Dazu im Folgenden zwei Denkanstöße (Abbildung 33 und Abbildung 34):

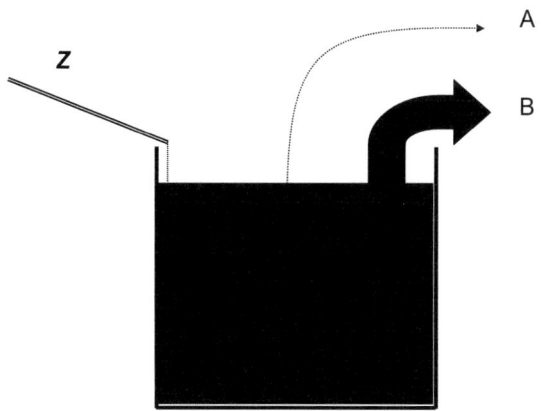

Abbildung 33: Schematische Darstellung der unterschiedlichen Nutzungsmöglichkeiten begrenzt vorhandener Ressourcen. Erläuterungen siehe Text.

Die Lagerstätten fossiler Energieträger würden noch über Jahrmillionen erhalten bleiben – wenn wir Menschen sie nicht ausbeuten würden. Wie lange einzelne Energieträger verfügbar sein werden, hängt also vor allem von der Ausbeutungsmenge pro Zeiteinheit ab. Bei geringen Mengen pro Zeiteinheit (A in Abbildung 33) werden die Lagerstätten deutlich länger verfügbar sein als bei großen Mengen pro Zeiteinheit (B in Abbildung 33).

Nicht berücksichtigt sind dabei mögliche Neubildungsraten (Z), die beispielsweise im Falle des Torfabbaus zu heftigen Diskussionen führen. Bei ausreichenden Niederschlägen und geeigneten Standortbedingungen wächst Torf langsam aber messbar nach. Mit der Begründung, dass der Zuwachs (Z) größer ist als die Entnahme, wird beispielsweise in Finnland Torf den erneuerbaren Energieträgern[206] zugerechnet, in den internationalen Regeln zur Berechnung von Treibhausgasemissionen hingegen zu den fossilen Energieträgern[207]. Diese Position berücksichtigt besser die globalen Veränderungen der Torfbestände. Da in vielen Gebieten der Erde die Moorflächen durch Forstplantagen, die Ausweitung landwirtschaftlicher Flächen, sowie durch den Abbau für Brennmaterial oder Pflanzsubstrat für Berufs- und Hobbygärtner deutlich zurückgehen, werden von Naturschutzverbänden verstärkte Schutzmaßnahmen für Moore gefordert[208].

Zum Nachdenken über den Begriff „erneuerbar" soll folgende Geschichte anregen: An einem See – der von einem Fluss durchströmt wird – lebt eine Gesellschaft, die sich vorwiegend von den Fischen des Sees ernährt (Abbildung 34 I). Um das Leben angenehmer und schöner zu gestalten, wird die Errichtung einer Siedlung mit plätschernden Springbrunnen beschlossen. Da die Bewohner nachhaltig handeln, entnehmen sie dafür nicht mehr Wasser aus dem Fluss als jeweils nachfließt. Und eines Tages bricht eine Hungersnot aus, weil alle Fische aus dem See verschwunden sind (Abbildung 34 II). Was ist da wohl passiert? Wir werden später noch auf diese Frage zurückkommen.

Mit dem Begriff „erneuerbar" wird der Eindruck vermittelt, dass „gebrauchte" Energie in einer Werkstätte erneuert und danach wieder verwendet werden kann oder – noch besser – sich selbst immer wieder erneuert. Eine sehr vorteilhafte Eigenschaft, die sich in realen Systemen leider nicht nachweisen lässt. Obwohl überall genügend Energie in unterschiedlichsten Formen vorhanden ist, sind immer nur Energiepotenziale und Energieflüsse durch Umwandlung nutzbar. Energie kann dabei auch nicht zerstört oder erzeugt werden[209]. Bei jeder Umwand-

---

206 So wird beispielsweise das thermoelektrische Kraftwerk Pietarsaari – in dem rund 50% der Energie aus Torf umgewandelt wird – als das größte Biomassekraftwerk bezeichnet (Kerr 2007).
207 Holmgren et al. 2008.
208 Parish et al. 2008.
209 1. Hauptsatz der Thermodynamik.

lung wird ein Teil der Energie für weitere Nutzungen „unbrauchbar". Physikalisch nimmt bei jeder Umwandlung der Anteil an **Entropie**[210] – vereinfacht die Unordnung in den Systemen – zu. Damit nimmt die Wahrscheinlichkeit für weitere Umwandlungen der Energie ab.

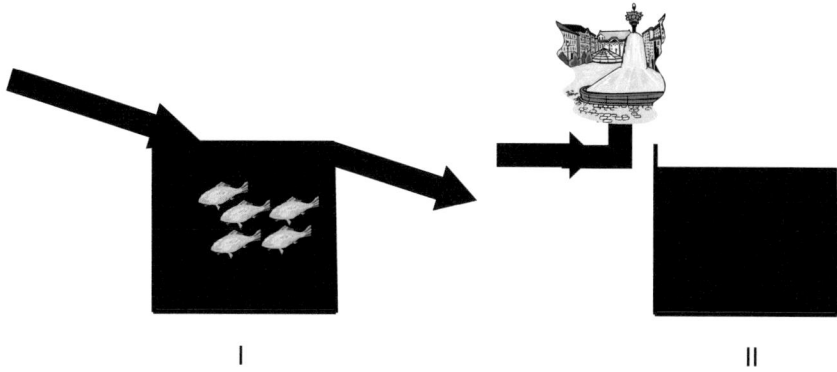

Abbildung 34: Wie erneuerbar ist erneuerbar? Erläuterungen im Text.

Umwandlungen von Energieformen können nicht beliebig stattfinden – auch wenn sie physikalisch gleiche Energiegehalte ausweisen mögen. So kann eine Handvoll Zucker bei der Nutzung durch Menschen zur weiteren Erhöhung des Körpergewichtes beitragen, bei der Nutzung im Verbrennungsmotor hingegen zu einem Motorschaden. Dass selbst relativ ähnliche Brennstoffe wie Benzin und Diesel nur in den jeweils dafür konstruierten Motoren genutzt werden können, bestätigt jede Verwechslung der Zapfhähne beim Tanken. Ein Solarkollektor auf dem Dach wird – im Gegensatz zu einer Solarzelle – immer nur Wärme liefern, obwohl beide derselben Sonnenstrahlung ausgesetzt sind. In den Ökosystemen können nur grüne Pflanzen und bestimmte Mikroorganismen die Strahlungsenergie der Sonne in chemische Energie umwandeln, eine Fähigkeit, die anderen Organismen fehlt. In den angeführten Beispielen sind nur Umwandlungen in deutlich abgegrenzten Systemen – Organismen oder technische Geräte – er-

---

210 2. Hauptsatz der Thermodynamik. Neben der hier verwendeten Interpretation der Entropie kann sie auch als energetische Zustandsfunktion oder Zustandsgröße interpretiert werden (Gerthsen et al. 1974). Zusätzlich wird der Begriff auch als Wahrscheinlichkeitsfunktion in der Informationstheorie verwendet (Shannon 1948). Es ist deshalb ratsam, die in Publikationen oder Diskussionen jeweils verwendete Interpretation zu hinterfragen. Was nicht immer leicht gelingt, da die verwendeten Interpretationen nicht immer dargelegt oder manchmal „Verschnitte" der unterschiedlichen Interpretationen (Jørgensen 1992) verwendet werden.

wähnt. Umwandlungen zwischen unterschiedlichen Energieformen finden in weitaus größeren Dimensionen in weniger deutlich abgegrenzten Systemen – sei es in den Meeren, der Atmosphäre oder der Geosphäre – statt[211] (siehe auch Abbildung 4). Gemeinsam ist allen Umwandlungen, dass nur ein Teil – die **Exergie**[212] – in die neue Energieform umgewandelt werden kann, der restliche Teil – die **Anergie**[213] – hingegen nicht:

Energie = Exergie + Anergie

In allen realen Umwandlungsprozessen kann die theoretisch verfügbare Exergie – wegen der immer auftretenden Umwandlungsverluste – nie vollständig umgewandelt werden, der Rest erhöht die Entropie. Dieser Anteil wird umso höher, je weniger ein Umwandlungssystem an die Eigenschaften der umzuwandelnden Exergie angepasst ist.

Wie schon erwähnt, ist Energie allgegenwärtig[214], deshalb laufen auch unterschiedlichste Umwandlungsvorgänge ab. Nicht alle sind nutzbar und manche sind tödlich, beispielsweise die kinetische Energie von Erdbeben, Tsunamis, Hochwässern und Wirbelstürmen oder die elektrische Energie von Blitzen. Nutzbar sind beispielsweise die Strahlungsexergie der Sonne oder die kinetische Exergie von Wasser- und Luftströmungen. Viele nehmen wir nicht wahr, obwohl davon unsere Existenz abhängt.

5.2 Abseits des Gleichgewichts – Ökosysteme

Bei umweltbewussten Personen wird die Kapitelüberschrift vermutlich heftigen Widerspruch auslösen. Bauen doch die Grundgedanken des Umweltschutzes oder – moderner – der Nachhaltigkeit auf der Vorstellung von harmonischen Ökosystemen auf, deren Gleichgewicht durch die Handlungen der Menschen ge-

---

211 White et al. 1992.
212 Das Konzept der Exergie wurde von Rant im Jahr 1953 zur leichteren Beschreibung der nutzbaren Anteile eines Energieflusses entwickelt. Exergie ist jener Teil der Energie, der sich unter den Bedingungen einer vorgegebenen Umgebung in jede andere Energieform umwandeln lässt (Baehr & Kabelac 2012). Das Konzept ist auf physikalische und chemische Prozesse anwendbar. Von Odum (1986) wurde die Exergie auf eine einheitliche Bezugsgröße bezogen und mit dem Begriff „Emergie" bezeichnet. In der aktuellen Definition (Odum 2000) dient als Bezugsgröße die solare Einstrahlung, sinngemäß werden die Einheiten in „solaren emjoule" (sej) angegeben.
213 In verschiedenen Publikationen wird an Stelle von Anergie die Interpretation der Entropie als Zustandsfunktion verwendet (z.B. Garby & Larsen 2008).
214 Hermann 2005.

fährdet wird. Vom Standpunkt der Thermodynamik aus bedeutet jedoch das absolute Gleichgewicht das Ende allen Lebens, eine strukturlose Ansammlung von Atomen ohne Bewegung.

5.2.1 Exergieumwandlung

Leben konnte sich erst durch Strukturierung und Differenzierung gegenüber der abiotischen Umwelt entwickeln. Die dafür notwendige Absenkung der Entropie innerhalb der Zellen kann nur durch die geregelte Umwandlung von Umgebungsenergie – verbunden mit dem laufenden Export von Entropie – in die Umgebung erreicht werden[215]. Damit stellt sich zwangsläufig die Frage, warum es dabei zur Evolution so vieler unterschiedlicher Lebensformen kommen konnte. Auf eine umfassende Beantwortung dieser Frage muss hier verzichtet werden – aber Entropie und Exergie haben dabei eine wesentliche Rolle gespielt.

Erste Hinweise darauf liefert die soweit bekannte Evolutionsgeschichte. Nach den bisher vorliegenden Belegen ist die vielfältige Differenzierung von mehrzelligen Organismen erst nach der Reduktion der primären Energieumwandlung auf die Fotosynthese eingetreten[216]. Viele Formen einzelliger Organismen nutzen – chemoautotroph – eine Vielzahl von chemischen Verbindungen, beispielsweise Schwefel-, Stickstoff- und Metallverbindungen, Wasserstoff oder Methan[217] als chemische Exergiequellen. Jede Zelle gewinnt Exergie durch komplexe chemische Umwandlungsprozesse im wässrigen intrazellulären Milieu. Für die chemischen Reaktionen und deren Regulation werden jeweils spezifische Kombinationen chemischer Elemente aus den Lösungen der unmittelbaren Umgebung entnommen. Alle biologischen Prozesse der Exergieumwandlung sind deshalb von der Verfügbarkeit von Wasser und spezifischen Spektren chemischer Elemente abhängig[218]. Nach Schätzungen[219] erreicht die Gesamtmasse der gegenwärtig auf der Erde vorkommenden Mikroorganismen 60 bis 100% der Gesamtmasse aller Pflanzen. Allein deshalb wäre eine zumindest gleich große Vielfalt unterschiedlicher Arten in chemoautotrophen Nahrungsketten zu erwarten.

Die Entwicklung differenzierter Nahrungsketten auf den Grundlagen chemischer Energiequellen wird durch mehrere Einflussgrößen eingeschränkt:

---

215 Davies et al. 2013.
216 Knoflacher M. 2011.
217 Kim & Gadd 2008.
218 Naeem et al. 2000; Cherif & Loreau 2007; Loladze & Elser 2011; Kempes et al. 2012.
219 Whitman et al. 1998.

(1) Die räumliche Verbreitung sowie langfristige Verfügbarkeit der Primärenergiequellen: Während die Sonnenstrahlung an den Oberflächen von Gewässern und des Festlandes ubiquitär[220] verfügbar ist, kommen chemische Energiequellen räumlich sowie zeitlich begrenzt und vielfach unter extremen Umweltbedingungen[221] vor. Unter unvorhersehbaren und sich rasch ändernden Rahmenbedingungen können nur Organismen langfristig existieren, die ihren Stoffwechsel schnell anpassen oder langfristig reduzieren können – wie Archaea oder Bakterien. In marinen Sedimenten und Böden leben – je nach Schätzung – zwischen 85%[222] bis 50%[223] aller Mikroorganismen. Selbst in oberirdischen Salzseen sind entlang der Konzentrationsgradienten bei Bakterien andere räumliche Verteilungen zu beobachten als bei mehrzelligen Organismen[224]. Mehrzellige Organismen, die chemolitotrophe Mikroorganismen – beispielsweise bei hydrothermalen Quellen[225] – als Nahrungsquelle nutzen, weisen aus diesen Gründen hoch spezialisierte Stoffwechselsysteme und physiologische Merkmale[226] auf.
(2) Durch die Fotosynthese werden in den überwiegenden Teilen der von Organismen bewohnbaren Lebensräume ausreichend hohe Sauerstoffkonzentrationen gesichert. Damit können alle mehrzelligen Organismen die energetisch günstigeren aeroben[227] Stoffwechselprozesse nutzen.
(3) Die bei Einzellern vielfach vorkommenden anaeroben[228] Stoffwechselprozesse sind im Vergleich dazu um den Faktor 16 weniger effizient[229]. Damit kann in anaeroben Nahrungsketten auch weniger Exergie in lebende Biomasse umgewandelt werden.

Die größere Effizienz aerober Stoffwechselprozesse erleichtert den arbeitsteiligen Zusammenschluss vieler Zellen zu mehrzelligen Organismen. Durch die Differenzierung von Zellleistungen in Geweben können Pflanzen getrennte Organe für die Umwandlung der solaren Strahlungsenergie sowie für die Erschließung von Wasser und stoffwechselrelevanten chemischen Elementen („Nährstoffen") entwickeln. Unabhängig von der Gesamtgröße und Differenzierung einer Pflanze bleibt dabei die Abhängigkeit jeder einzelnen lebenden Zelle vom Zugang zu

---

220 Allerdings in unterschiedlichen Intensitäten zwischen dem Äquator und den Polen.
221 Scearce 2006.
222 Whitman et al. 1998.
223 Kallmeyer et al. 2012.
224 Wang et al. 2011.
225 Jørgensen & Boetius 2007.
226 Arndt et al. 1998; Karasov & Martínez del Rio 2007; Thurber et al. 2011.
227 Unter Beteiligung von Sauerstoff.
228 Unter Ausschluss von Sauerstoff.
229 Sessions et al. 2009.

Exergie und vom Export von Entropie. Abgesehen von den fotosynthetisch aktiven Zellen wandeln alle Zellen die Exergie in wässriger Lösung aus chemischen Verbindungen um. Wie Mikroorganismen sind auch Pflanzen bei der Exergieumwandlung auf die Verfügbarkeit von Wasser und spezifischen Kombinationen von chemischen Elementen angewiesen[230]. Anders als bei einzelligen Organismen sind bei mehrzelligen Pflanzen die Bereiche der Exergieumwandlung und der Wasser- sowie Nährstoffaufnahme räumlich getrennt. Unzureichende Versorgung mit Wasser oder vom Bedarfsspektrum abweichende Zusammensetzungen der notwendigen Elemente mindern ebenso die Exergieumwandlung wie unzureichende Einstrahlung. Anders als bei technischen Geräten müssen sich mehrzellige Organismen immer – innerhalb des Rahmens der jeweils verfügbaren Exergie[231] – selbst „konstruieren" und dabei ein niedriges inneres Entropieniveau aufrechterhalten (Abbildung 35). Mit zunehmender Größe des Individuums nimmt der gesamte Exergiebedarf nicht linear zu, weil dabei der spezifische Exergiebedarf pro Einheit Biomasse sinkt[232]. Dafür hat sich das Prinzip der inkrementalen Vergrößerung durch Zellteilung und Zelldifferenzierung seit Jahrmillionen[233] bewährt. Die Abbildung macht aber auch deutlich, dass die **Exergieumwandlung durch Organismen** unter den Rahmenbedingungen der offenen Ökosysteme **nie unbegrenzt** sein kann.

Die großräumige Verfügbarkeit der photoautotroph produzierten Biomasse[234] ist gleichzeitig ein Exergiepotenzial für heterotrophe[235] Organismen wie Mikroorganismen, Pilze und Tiere. Die Prozesse der Exergieumwandlung laufen bei Pilzen und Tieren unterschiedlich ab. Heterotrophe Organismen sind energetisch von der Primärproduktion autotropher Organismen abhängig und beeinflussen gleichzeitig deren Entwicklung durch das Ausmaß und die Geschwindigkeit der Aufschließung geeigneter Nährstoffkombinationen[236].

Pilze schließen das genutzte organische Material außerhalb ihres Körpergewebes (exosomatisch) mit Pilzfäden (Hyphen) auf, die in Form von artspezifischen Netzen (Myzelien) organisiert sind. Die räumliche Ausdehnung der Myzelien wird durch die genetische Ausstattung der einzelnen Arten und durch die

---

230 Sterner et al. 2008; Quigg et al. 2011.
231 Speziell für Pflanzen ist anzumerken, dass die maximal nutzbare Exergie vor allem durch die Kombination relevanter Standortfaktoren bestimmt wird (Kreeb 1974; Walter & Breckle 1983).
232 Enquist et al. 2003.
233 Willis & McElwain 2002.
234 Darunter wird die von Blaualgen, Algen und Pflanzen pro Zeit- und Flächeneinheit durch die Umwandlung von Strahlungsenergie der Sonne produzierte organische Trockenmasse zusammengefasst.
235 Organismen, die Exergie aus organischen Substanzen umwandeln.
236 Sterner & Elser 2002.

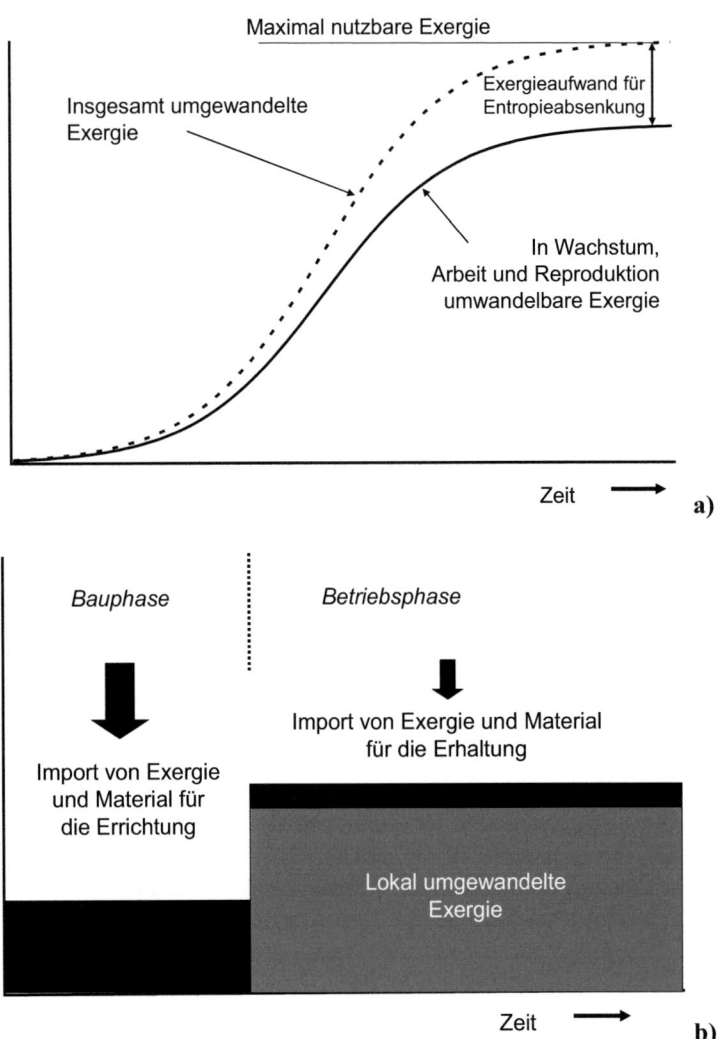

Abbildung 35: Schematische Darstellung des ansteigenden Exergiebedarfs beim Wachstum von Organismen und des damit verbundenen Exergiebedarfs für die Absenkung der inneren Entropie (a) im Vergleich zur Abhängigkeit technischer Anlagen von Exergie und Material bei Bau und Betrieb (b).

Umgebungsbedingungen bestimmt. Die Pilzmyzele der verschiedenen Arten zeigen große Unterschiede in ihren räumlichen Ausdehnungen – von Mikrometern bis zu Kilometern. Das größte bekannte Myzel eines Pilzes erstreckt sich über eine Fläche von 965 ha[237]. Innerhalb der genetisch determinierten Entwicklungsmöglichkeiten werden die Größe und räumliche Verteilung der Myzelien flexibel an die jeweiligen Lebensbedingungen angepasst. Pflanzen weisen ähnliche Anpassungsfähigkeiten bei den – für die Erschließung von mineralischen Nährstoffen und Bodenwasser – wichtigen Feinwurzeln auf[238]. Durch Symbiosen mit Pilzen im Wurzelbereich (Mykorrhizen) wird für Pflanzen der Zugang und die Aufschließung von Nährstoffen in Böden erleichtert[239].

Tiere schließen das organische Material überwiegend innerhalb ihres Körpers (endosomatisch) auf. Ihre Nahrungsaufschließungs- und Verdauungsorgane sind genetisch festgelegt und nicht flexibel an variable Umweltbedingungen adaptierbar. Zusätzlich ist ihre Körpergröße genetisch weitgehend festgelegt und nur in der Wachstumsphase – innerhalb relativ enger Grenzen – an unterschiedliche Nahrungsbedingungen anpassungsfähig. Abgesehen von wenigen immobilen oder endoparasitischen Arten müssen Tiere für die Suche und Erschließung ihrer Nahrung Bewegungsenergie aufwenden. Zusätzlich erhöht sich die Überlebenswahrscheinlichkeit von Tieren mit ihrer Fluchtgeschwindigkeit[240]. Vereinfacht nimmt der Energieaufwand für die Fortbewegung pro Kilogramm Körpermasse mit zunehmendem Körpergewicht (W) mit der Potenz $W^{-0,28}$ ab[241]. Bei gleichem Suchaufwand wendet beispielsweise ein Tier mit einem Körpergewicht von einem Kilogramm pro Gewichtseinheit rund doppelt so viel Energie für Bewegung auf wie ein Tier mit 100 Kilogramm Körpergewicht.

Ohne Berücksichtigung der Entropiebedingungen könnten deshalb überall in den Nahrungsketten wenige Tierarten mit großen Individuen erwartet werden. In der Realität treten große Tierarten jedoch nur in Ökosystemen mit ausreichend hoher Produktion von weitgehend einheitlichen Nahrungsquellen auf[242], beispielsweise in Ozeanen[243] oder in großräumigen Graslandökosystemen[244]. In Ökosystemen mit höherer Primärproduktion, aber größeren strukturellen Differenzierungen, beispielsweise in Regenwäldern[245], sind hingegen kaum Tierarten

---

237 Ferguson et al. 2003.
238 Ruffel et al. 2011.
239 Bonfante & Genre 2010; Ottow 2011.
240 Bennett 1991.
241 Peters 1986.
242 Der an verschiedenen Tiergruppen beobachtete Gigantismus von Organismen der polaren Gewässer und der Tiefsee (Kaiser et al. 2011) ist vermutlich auf langsam ablaufende Stoffwechselprozesse und die lange Lebensdauer der Organismen zurückzuführen.
243 Kaiser et al. 2011.
244 Gibson 2009.
245 Lambers et al. 2006.

mit großen Individuen zu finden[246], dafür kommen sehr viele unterschiedliche Arten vor[247]. In tropischen Regenwäldern erfolgt die Primärproduktion vor allem im Bereich der Baumkronen, die speziell für Säugetiere nur bis zu mittleren Körpergrößen leicht erreichbar sind. Die – für größere Tiere erreichbare – Bodenvegetation findet sich vor allem entlang von Flussläufen und auf relativ spärlich vorhandenen Waldlichtungen, im Waldinneren jedoch nur in geringer Dichte.

Diese Beobachtungen werden durch die Formulierung folgender Entropiebedingungen leichter verständlich:

(I) Alle lebenden Organismen weisen eine hohe innere Ordnung auf. Es handelt sich also um Systeme mit niedriger innerer Entropie, deren Zustand nur durch die laufende Umwandlung von Exergie und den Export der dabei entstehenden Entropie erhalten werden kann.

(II) Bei jeder Umwandlung von Exergie erhöht sich die Entropie der Umgebung. Damit nimmt die Wahrscheinlichkeit ab, dass dieselben Umwandlungsprozesse auch durch andere Organismen eingesetzt werden können.

Im Gegensatz zu Maschinen oder technischen Reaktoren hängt die Existenz und Entstehung von Organismen von ihren Fähigkeiten zur **Selbstreproduktion** ab. Der für die Steuerung der Selbstreproduktionsprozesse relevante genetische Code kann jedoch nur dann erfolgreich umgesetzt werden, wenn Bedingung (I) erfüllt ist. Abhängig von der Variabilität der Umweltfaktoren müssen für den Ausgleich von Individuenverlusten immer ausreichend viele Organismen einer Art die Reproduktionsphasen erreichen. Da alle dafür notwendigen Organismen die Bedingung (I) erfüllen müssen, können sie nicht beliebig groß werden – da sonst Bedingung (II) verletzt wäre[248].

Nach Bedingung (II) erhöht sich für eine neu hinzukommende Art die langfristige Überlebenswahrscheinlichkeit, wenn sie andere Prozesse zur Umwandlung der verfügbaren Exergie einsetzt als bereits vorhandene Arten. Im Vergleich unterschiedlicher Organismengruppen finden sich die Modifikationen vor allem in den für die Exergieerschließung wichtigen Organen. Beispiele finden sich in den fotosynthetischen Pigmenten von Algen[249], den morphologischen[250] sowie anatomischen und physiologischen Merkmalen der Fotosyntheseorgane von

---

246 So sind beispielsweise Waldelefanten deutlich kleiner als die in Grasland und Savannen lebenden Afrikanischen Elefanten.
247 Mace et al. 2005.
248 Die für technische Anlagen ins Treffen geführten Skaleneffekte zur Effizienzverbesserung würden bei Organismen rasch zur Selbstauslöschung der Arten führen.
249 Rowan 2011.
250 Craine 2009.

Pflanzen[251], den Myzelien von Pilzen[252] oder in den Beiß- und Verdauungsorganen von Tieren[253]. Ein bekanntes Beispiel ist die Modifikation der Schnabelformen bei eng verwandten Arten von Darwinfinken[254]. Auch in der Evolution von Fischen sind Anpassungen zuerst in der Kopfregion festzustellen[255]. Die zentralen Umwandlungsprozesse der Exergie in den einzelnen Zellen weisen hingegen geringere Variabilität auf[256].

Jeder neue Organismus stellt selbst wieder eine potenzielle Exergiequelle für andere Arten dar. Für das langfristige Überleben benötigen Arten zusätzlich auch Strategien[257] zur Vermeidung von Energieverlusten durch andere Organismen oder abiotische Faktoren. Energie kann – verursacht durch andere Organismen – beispielsweise durch die Tötung von Individuen, Verluste von Gewebeteilen oder Entzug von aufgeschlossenem organischem Material verloren gehen. Hohe Artenvielfalt innerhalb von Lebensgemeinschaften – also Biodiversität – verhindert die rasche Vermehrung und Ausbreitung von heterotrophen Organismen mit hohen Reproduktionsraten wie Bakterien oder Pilzen. Diese – aus anthropozentrischer Sicht als Krankheitserreger oder Schädlinge klassifizierten – Organismen finden überall dort günstige Entwicklungsbedingungen vor, wo die Biodiversität zugunsten der Produktionserhöhung einzelner Arten reduziert wird[258]. Energieverluste durch abiotische Faktoren können beispielsweise durch Auskühlung, Überwindung von Strömungswiderständen oder unzureichende Wasserversorgung auftreten.

Neu hinzukommende Arten verändern selbst wieder die Exergie- sowie Stoffflüsse und damit auch die Eigenschaften des jeweiligen Ökosystems[259]. Daraus lassen sich folgende ökologische Prinzipien ableiten:

(I) Mit jeder neuen, langfristig erfolgreich etablierten Art in einem Ökosystem entfernt sich dieses weiter vom thermodynamischen Gleichgewicht.

---

251 Lusk et al. 2003; Lambers et al. 2006.
252 Moore et al. 2011.
253 Karasov & Martinez del Rio 2007.
254 Grant & Grant 2011.
255 Sallan & Friedman 2011.
256 Pollard & Earnshaw 2007.
257 Damit ist kein bewusster Planungsprozess, sondern die adaptive Entwicklung von Vorkehrungen zur langfristigen Vermeidung von Verlusten gemeint. Im Kontext dieses Buches ist es wesentlich, dass für die Vermeidung von Verlusten auch Exergie umgewandelt werden muss – sei es zur Bildung von Abwehrstoffen (Rosenthal & Janzen 1979) oder für die Flucht (Peters 1986) vor Beutegreifern.
258 Winkle 1997; Fisher et al. 2012.
259 Motzkin & Foster 2004; Matthews et al. 2011.

(II) Da jede neu hinzukommende Art die Entwicklung ihrer physiologischen Potenziale an den jeweils bestehenden Rahmenbedingungen der Ökosysteme orientiert, ist ihre langfristige Existenz auch vom Bestand dieser Rahmenbedingungen abhängig.

Besonders deutlich werden die beiden ökologischen Prinzipien bei Vergleichen zwischen ausschließlich von Archaen[260] und Bakterien oder mehrzelligen Organismen bewohnbaren Ökosystemen. Die stammesgeschichtlich deutlich älteren Archaea und Bakterien haben unter den extremen Bedingungen der frühen Evolutionsgeschichte Frühformen von Ökosystemen gestaltet, in denen sich später mehrzellige Organismen entwickeln konnten. Archaea können bei Temperaturen über 100°C, extrem sauren Bedingungen bis zu pH 0,5 oder in extrem salzigen Lösungen leben; Bakterien können unter anderem Exergie aus Verbindungen von Schwermetallen oder radioaktiven Elementen umwandeln[261]. Mehrzellige Organismen benötigen hingegen ausreichende Versorgung mit Sauerstoff, bestimmte Frequenzen des Sonnenlichtes oder bestimmte organische Verbindungen zur Exergiegewinnung. In ihren Hauptlebensräumen sind sie deshalb verstärkt den Änderungen von Umweltbedingungen ausgesetzt – obwohl ihre physiologischen Funktionen nur innerhalb enger Temperaturbandbreiten aufrecht zu erhalten sind[262]. Archaen und Bakterien können ihre Lebensfunktionen über deutlich größere Bandbreiten aufrechterhalten und sind zusätzlich in ihren Hauptlebensräumen – Sedimenten und tieferen Bodenschichten – weitaus besser vor Änderungen der Umweltbedingungen geschützt[263].

Analog zu den Entwicklungsbedingungen in mehrzelligen Organismen können hypothetisch folgende Bedingungen für die Absenkung der Entropie in Organismengemeinschaften und damit für die Entwicklung von Ökosystemen angenommen werden:

a) Ausreichende und kontinuierliche Umwandlung von Exergie im Gesamtsystem
b) Ausreichend große dreimensionale Ausdehnung mit niedrigem Oberflächen-/Volumsverhältnis und strukturelle Differenzierung der Ökosysteme
c) Inkrementale Ausdifferenzierung von neuen Umwandlungstypen (Arten)
d) seltene und regional begrenzte Änderungen der Rahmenbedingungen
e) Verluste zwischen den einzelnen Umwandlungsstufen der Exergie sind vernachlässigbar klein

---

260 Eine stammesgeschichtlich eigenständige Gruppe einzelliger Organismen.
261 Madigan et al. 2003.
262 McNab 2002; Nobel 2009.
263 McArthur 2006; Morono et al. 2011.

Oberfläche[274] und dem Volumen der Ökosysteme. Besser – aber weitaus schwieriger zu erfassen – werden die strukturellen Ausprägungen von Ökosystemen durch die Ausmaße der Oberflächen aller darin vorkommenden Organismen und die Verteilungen der Größen homogener Flächen beschrieben. Erst daraus lassen sich Kenngrößen für potenzielle Lebensräume unterschiedlicher Organismen ableiten.

Bei kontinuierlichem Exergiefluss erhöht sich mit zunehmendem Volumen und zunehmender Oberflächenstruktur der Vegetationsbestände die Wahrscheinlichkeit zur Ausdifferenzierung heterotropher Organismen und damit von effizienteren Exergieumwandlungen in den Ökosystemen. Hinweise auf diese Effekte liefern Vergleiche zwischen Wald- und Graslandökosystemen auf gleichen Breitenlagen.

In aquatischen Ökosystemen können sich geschlossene, strukturbildende Bestände von großen Algen[275] oder Gefäßpflanzen[276] wegen der Transmissionsverluste der Sonnenstrahlung in Gewässern[277] nur in Flachwasserzonen entwickeln. Ihre Stabilität und strukturelle Differenzierung ist jedoch geringer als die von Korallenriffen. Diese Strukturen werden durch Tiere – Korallen – gebildet[278]. Ein großer Teil der Exergie wird durch die Fotosynthese von Algen und Bakterien in organisches Material umgewandelt, zusätzlich wird organisches Material durch Wasserströmungen eingetragen[279]. Durch ihre Lage in den tropischen Zonen ist die Voraussetzung a) bei Korallenriffen ähnlich wie bei Regenwäldern erfüllt – beide Ökosysteme weisen die größte Artenvielfalt auf.

Voraussetzung c) kann folgendermaßen begründet werden: Die Interaktionen zwischen den Arten in Ökosystemen beruhen auf Selbstorganisationsprozessen, die in unterschiedlichen Zeiträumen ablaufen. Kurzfristige Prozesse – Sukzessionen[280] – beruhen auf bereits bestehendem Arteninventar und laufen in Zeiträumen von Jahren bis Jahrhunderten ab. An den Sukzessionsprozessen können sich sowohl lokal oder regional vorhandene Arten als auch aus anderen Regionen zugewanderte Arten beteiligen. Langfristige Selbstorganisationsprozesse führen

---

274 Gedacht als theoretisches Konstrukt bei makroskaliger Betrachtung, die auch die Nahfeldwirkungen auf klimatische Faktoren (Bonan 2008) und Stoffflüsse (Marczak et al. 2007) berücksichtigt. In der Literatur wird der von den Bestandesoberflächen umschlossene Raum auch als **Ökovolumen** und das darin vorhanden Körpervolumen der Vegetation als **Biovolumen** bezeichnet (Janssens et al. 2004; Torrico & Janssens 2010). Die fraktale Oberfläche der Vegetation (Mandelbrot 1991; West 1999) wird dabei vereinfacht geometrisch erfasst.
275 Miller et al. 2011.
276 Steneck et al. 2002; Hogarth 2010.
277 Kirk 2011.
278 Dahl 1973.
279 Kaiser et al. 2011.
280 Ricklefs 1996.

in Zeiträumen von Jahrhunderten bis Jahrmillionen zur Entwicklung neuer Arten im Zuge der Evolution[281]. Wegen der unterschiedlichen Generationendauer – die bei Tieren grob vereinfacht mit den Körpermassen[282] korreliert – laufen Evolutionsprozesse parallel auf unterschiedlichen räumlichen und zeitlichen Skalen ab. Diese Prozesse beeinflussen wesentlich die Effizienz der Exergieumwandlung in den Ökosystemen; einerseits durch die Ausdifferenzierung unterschiedlicher Lebensformen, andererseits durch die damit verbundenen endogenen Regelungskapazitäten der Systeme, welche auch von nicht-energetischen Faktoren abhängen[283] – vor allem von Informationsflüssen zwischen den Organismen. Beispiele dafür sind die Übernahme von Farb- oder Verhaltensmustern (Mimikry)[284] oder die Bildung toxischer Substanzen durch endophytische Pilze bei zu starkem Verbiss von Pflanzen[285]. Informationsverarbeitung und Informationsflüsse ermöglichen zielgerichtete Bewegungen von Tieren im Raum und die Nutzung dieser Möglichkeiten durch die immobilen Pflanzen, beispielsweise durch die Bestäubung von Blütenpflanzen oder den Samentransport durch Tiere[286]. Informationsprozesse in Ökosystemen stellen eine neue Qualität der Interaktionen zwischen Organismen dar, setzen aber keinesfalls die Regeln der Thermodynamik außer Kraft. Hohe Artendiversität reduziert auch die Wahrscheinlichkeit von endogenen Instabilitäten in Ökosystemen, die bei Systemen mit niedrigeren Diversitäten durch plötzliche Massenvermehrung einzelner Arten ausgelöst werden können.

Rückwirkungen zwischen den einzelnen Stufen der biotischen Exergienutzung sind unterschiedlich stark erkennbar. In Graslandökosystemen wird die Entwicklung und Zusammensetzung der Vegetation in einem hohen Ausmaß von der jeweils vorkommenden Großtierfauna beeinflusst[287]. Räumliche und zeitliche Unterschiede im Nahrungsangebot werden in Graslandökosystemen von vielen Tierarten durch zyklische Wanderungen (Migrationen) über unterschiedlich weite Entfernungen ausgeglichen[288]. Biogene Strukturen werden vor allem durch grabende, Höhlen bewohnende Säugetiere und Insekten geschaffen.

Durch die Einträge organischen Pflanzenmaterials und die mechanische Auflockerung durch Bodentiere weisen Böden von naturnahen Wäldern und Gras-

---

281 Fox et al. 2001.
282 Peters 1983.
283 Ings et al. 2008; Schoonhoven et al. 2010.
284 Danchin et al. 2008.
285 Geoffrey et al. 2011.
286 Chittka & Thomson 1991; Couvreur et al. 2004; Correa et al. 2007; Lengyel et al. 2009; López-Baol & González-Varo 2011.
287 Goheen et al. 2007; He et al. 2011.
288 Aidley 1981; Swingland & Greenwood 1983.

genschaften und aufgrund der begrenzten Handlungsmöglichkeiten der menschlichen Gesellschaft hingegen zum Scheitern verurteilt.

Nach dem aktuellen Kenntnisstand bestehen hinsichtlich der Auswirkungen von Änderungen große Unterschiede zwischen einzelnen Ökosystemen. Tropische Regenwälder weisen eine durchgehende Entwicklungsgeschichte von 7 bis 10 Millionen Jahren[296] mit einer großen Artenvielfalt auf. Die Temperaturabsenkungen von rund 5° C während der letzten Eiszeiten führten zu vertikalen Verschiebungen der Vegetationsgrenzen in höher gelegenen Gebieten und vermutlich zu Veränderungen des Kohlenstoffhaushaltes[297]. Großflächige Veränderungen der Vegetationsgemeinschaften in den tiefer gelegenen Gebieten lassen sich hingegen nicht nachweisen[298].

Lokale Änderungen, beispielsweise durch Vulkanausbrüche, können durch Sukzessionen relativ rasch kompensiert werden. Großflächige Änderungen, verbunden mit Artenverlusten, führen hingegen zu nachhaltigen Veränderungen der Ökosysteme. Wälder in gemäßigten und nördlichen Breiten der nördlichen Hemisphäre konnten sich erst nach der letzten Eiszeit seit rund 10.000 Jahren[299] ausbreiten. In ihrer relativ kurzen Entwicklungsgeschichte waren sie wiederholt Änderungen der Rahmenbedingungen – wie Klimaänderungen, Waldbrände[300] oder zyklischen Zusammenbrüche der Bestände[301] – ausgesetzt. Ihre Artengemeinschaften sind deshalb in der Lage, auch größere Änderungen zu überstehen. Großräumige Grasgebiete[302] weisen auch in höheren Breiten eine längere Entwicklungsgeschichte auf. Sie ermöglichen beispielsweise während der Eiszeiten die Entwicklung einer vielfältigen Großtierfauna, deren Niedergang zu einer weitreichenden Änderung in der Artenzusammensetzung der Vegetation führte[303].

Im- und Exporte von Material durch Luft- oder Wasserbewegungen entkoppeln die Energie- und Stoffflüsse in den Ökosystemen (Voraussetzung e). Damit werden auch die Wechselwirkungen zwischen den Organismen und die Intensität der Selbstorganisationsprozesse innerhalb der davon beeinflussten Ökosysteme gedämpft. Neben Exergieverlusten sind auch Effizienzverluste durch die eingeschränkte Differenzierung der Arten anzunehmen. Die Dimensionen der Im- und Exporte werden sowohl durch externe Faktoren – beispielsweise durch Luft- und

---

296 Hoorn et al. 2010; Couvreur et al. 2011.
297 Mayle & Beerling 2002.
298 Anhuf et al. 2006; Bush & de Oliveira 2006.
299 Motzkin & Foster 2004.
300 Weber & Flannigan 1997; Hellberg et al. 2004; Stocks et al. 2008; Ali et al. 2009.
301 Ricklefs 1990.
302 Pärtel et al. 2005.
303 Stanley 2001.

Wasserströmungen – als auch durch die zeitliche und materielle Abstimmung der Umwandlungsprozesse zwischen den einzelnen Organismen innerhalb der lokalen Ökosysteme beeinflusst. Unzureichende Abstimmungen der Umwandlungsprozesse erhöhen die Wahrscheinlichkeit von Stoff- und Exergieverlusten – vor allem durch den Austrag von abgelagertem organischem Material.

Generellere Erklärungen für die Selbstorganisationsprozesse in Ökosystemen werden mit – auf thermodynamischen Grundlagen formulierten – ökologischen Zielfunktionen („goal functions") verschiedener Autoren[304] versucht. Trotz der unterschiedlichen verwendeten thermodynamischen Größen werden in allen Ansätzen die Tendenzen von Ökosystemen zur maximalen Nutzung der verfügbaren Exergie und zur Minimierung von Exergieverlusten in den Systemen postuliert[305]. Dabei werden allerdings meist die Aspekte der – für die Entwicklung von organischen Strukturen relevanten – stöchiometrischen Relationen von chemischen Elementen[306] unzureichend berücksichtigt. Zielfunktionen charakterisieren generelle Tendenzen der Entwicklung oder thermodynamische Attraktoren[307], sind aber keine teleologischen Größen eines homöostatischen Zustands, wie sie beispielsweise in der Gaia-Theorie[308] dargestellt werden.

Empirische Hinweise auf die Wirkungen thermodynamischer Grundprinzipien in Ökosystemen liefern Daten mittlerer jährlicher Fotosyntheseleistungen in Waldökosystemen auf unterschiedlichen Breitengraden (Abbildung 38). Die Fotosyntheseleistung, dargestellt durch die Gesamtprimärproduktion (GPP) in Gramm Kohlenstoff pro Quadratmeter und Jahr, nimmt deutlich mit zunehmenden Breitengraden ab. Weitaus geringer ist die Abnahme der in den Pflanzen gespeicherten Kohlenstoffmenge, der Nettoprimärproduktion (NPP). Parallel dazu sind Abnahmen der Artendiversität zu beobachten[309].

Die Kennzahlen der Nettoprimärproduktion liefern keine Aussagen über die – für die Erfassung der gesamten Ökosystemleistungen – aussagekräftigere Gesamtprimärproduktion. Die Differenz zwischen beiden Werten wird durch die physiologischen Merkmale der Pflanzenbestände und die Umgebungsbedingungen beeinflusst. Global liegen die Relationen der Nettoprimärproduktion und Gesamtprimärproduktion (NPP/GPP) von Ökosystemen zwischen 0,45 und 0,7[310].

---

304 Lotka 1922; Onsager 1931; Morowitz 1968; Odum 1969; Jørgensen & Mejer 1979; Cheslak & Lamarra 1981; Ulanowicz 1986; Schneider & Kay 1990; Bastianoni & Marchettini 1997.
305 Fath et al. 2001.
306 Sterner & Elser 2002.
307 Kleidon 2004.
308 Lovelock 1972.
309 Stevens 1989.
310 Zhang et al. 2008.

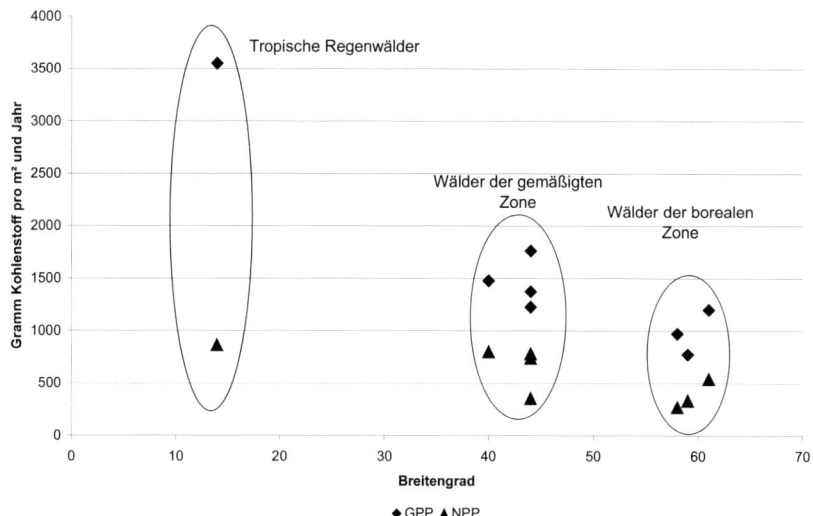

Abbildung 38: Jährliche Gesamtprimärproduktion (GPP) und Nettoprimärproduktion (NPP) pro Quadratmeter von Waldökosystemen auf unterschiedlichen Breitengraden. Datenquelle: Luyssaert et al. 2007.

Unterbrechungen des Exergieflusses – sei es durch die wechselnde Intensität der solaren Einstrahlung, klimatische Bedingungen oder wiederkehrende Störungen – begünstigen Organismen mit größeren Kapazitäten zur Speicherung von Energie in ihrem Körpergewebe. Die Einflussfaktoren können sich großräumig – beispielsweise entlang der Breitengrade (Abbildung 39) – oder kleinräumig ändern – beispielsweise durch unterschiedliche geomorphologische Gegebenheiten[311]. Ansätze zum Nachweis skalenunabhängiger Zusammenhänge zwischen Biomasse und Energieumsätzen in Ökosystemen anhand von empirischen Daten werden nicht zuletzt wegen der Diskontinuitäten abiotischer Rahmenbedingungen kontrovers diskutiert[312].

Die Beispiele zeigen die Bedeutung der biologischen Exergieprozesse für die Entwicklung der obersten geologischen Zone – des Bodens. Böden entstehen durch das Zusammenspiel zweier Prozesse, der Entropieerhöhung durch Verwitterung des geologischen Materials in Verbindung mit physikalischen und

---

311 Walter & Breckle 1984; Grace et al. 2006.
312 Enquist & Niklas 2001; Enquist et al. 2003; Li et al. 2006; Loeuille & Loreau 2006; Stegen & White 2008; Gafta & Crişan 2010; Simini et al. 2010.

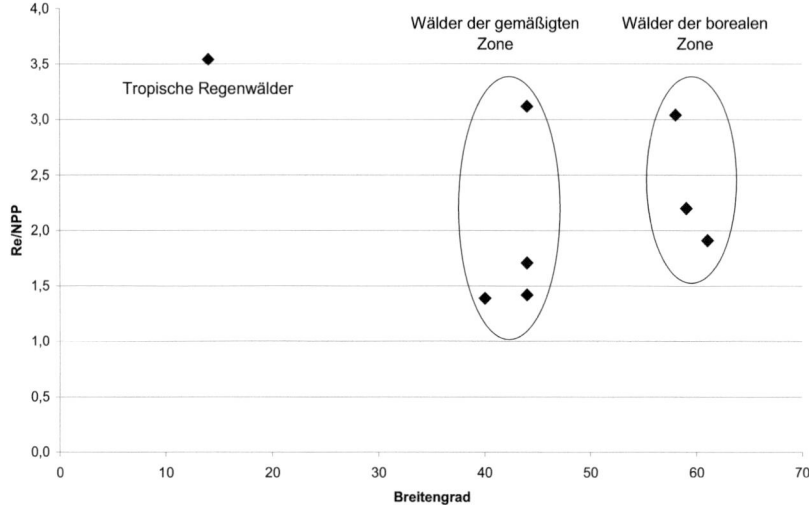

Abbildung 39: Verhältnis der in den Waldökosystemen durch den Stoffwechsel der Organismen umgesetzten Kohlenstoffmenge (Re in Gramm Kohlenstoff pro m² und Jahr) zur der, in der Vegetation gespeicherten Kohlenstoffmenge (NPP in Gramm Kohlenstoff pro m² und Jahr) auf unterschiedlichen Breitengraden. Datenquelle: Luyssaert et al. 2007.

chemischen Prozessen[313], sowie den – von der verfügbaren Exergie abhängigen – biologischen Umwandlungsprozessen[314]. Bei den biochemischen Prozessen an den Grenzflächen zwischen Pflanzenwurzeln und mineralischem Material wird CO_2 in Exsudaten gebunden, die wesentlich zur Erhöhung der Verwitterungsraten beitragen[315]. Die Verwitterung mineralischer Substanzen wird nicht nur durch Pflanzen und Mikroorganismen[316] beeinflusst, wichtige Leistungen werden auch von Tieren erbracht – sei es durch Zerkleinerung und Aufbereitung des organischen Materials oder durch Auflockerung und Vermischung von organischem mit anorganischem Material[317]. Böden sind funktionell in die Prozesse der Ökosysteme eingebunden und befinden sich damit auch abseits des thermodynamischen Gleichgewichts[318]. In der klassischen Bodenkunde werden diese Fakten

---

313 Schachtschabel et al. 1989.
314 White et al. 1992; Cornwell et al. 2008.
315 Berner 1997; Bormann et al. 1998; Brady et al. 1999.
316 Paul 2007; Balogh-Brunstad et al. 1998.
317 Kretzschmar 1983; Stout 1983; Woods & Sands 1978; Haase et al. 2008.
318 Wutzler & Reichstein 2007.

nur marginal mit der so genannten Bodenatmung berücksichtigt[319]. Die relevanten Prozesse der Umwandlung des organischen Materials beginnen hingegen bereits in den obersten Vegetationsschichten[320,321] mit dem Verzehr von Blättern durch Tiere und reichen – in Abhängigkeit von den ökologischen Bedingungen – bis mehrere Meter unter die Erdoberfläche[322]. Wird die verfügbare Exergie weitgehend oberirdisch umgewandelt – wie in tropischen Regenwäldern – so entstehen nur flachgründige Böden[323]. Tiefgründige Böden mit ausreichenden organischen Anteilen können sich nur dort entwickeln, wo durch unvollständige Exergienutzung in den oberirdischen Kompartimenten ausreichende Mengen an organischem Material in den Böden von Tieren, Pilzen und Mikroorganismen umgewandelt werden können. Solche Bedingungen finden sich in Wäldern mit variablen Umweltbedingungen, beispielsweise in den gemäßigten Zonen und in Graslandökosystemen (Abbildung 40). Die Größe der Pfeilsymbole bezieht sich

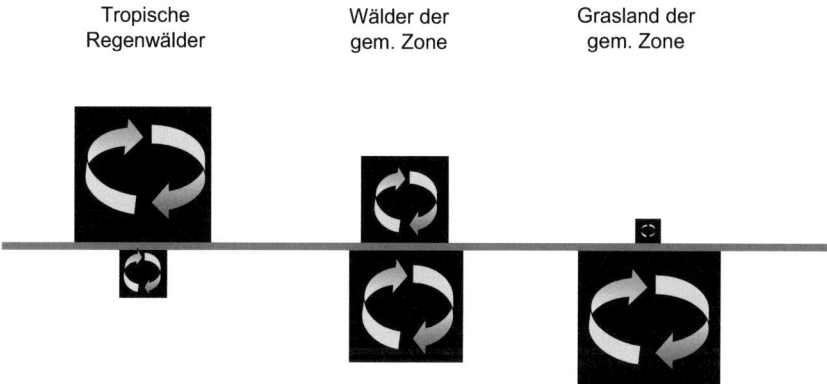

Abbildung 40: Schematische Darstellung der Kohlenstoffverteilung in der ober- und unterirdischen Biomasse als potenzielle Exergiequellen für biologische Prozesse. Im Vergleich wird das anteilsmäßig deutlich größere Exergiepotenzial für bodenlebende Organismen in den gemäßigten Breiten erkennbar. Darstellung orientiert an Daten von Laffoley & Grimsditch 2009.

---

319 Fairbridge & Finkl 1979; Schachtschabel et al. 1989.
320 Wirth et al. 2003; Knoll et al. 2009; Meehan & Lindroth 2009.
321 Bei meinen eigenen Untersuchungen im Jahr 1975 an Tausendfüsslern (*Myriapoda*) aus Epiphyten in den Baumkronen des brasilianischen Regenwaldes fanden sich im Kot der Tiere mineralische und organische Bestandteile.
322 Nowak & Paradiso 1983.
323 Abweichende Bedingungen finden sich in tropischen Regenwäldern auf Torfböden (Rieley et al. 2008).

auf die quantitativen Relationen der Exergie- und Stoffflüsse und nicht auf Prozessgeschwindigkeiten, die sich über zeitliche Größenordnungen von Stunden bis Jahrtausenden erstrecken[324]. Nicht berücksichtigt sind auch die Abstimmungen zwischen den unterschiedlichen dynamischen Prozessen.

Sind hingegen die Möglichkeiten der Exergieumwandlung eingeschränkt, so entfällt die für Böden wichtige Mischung von organischen mit anorganischen Materialien. Organisches Material wird dann konzentriert in geologische Formationen eingelagert, beispielsweise als Torf[325] oder nach physikalisch-chemischen Umwandlungsprozessen als Kohle oder Erdöl. Bis zur eventuellen anthropogenen Nutzung wird das organische Material und der in ihm gebundene Kohlenstoff der Biosphäre entzogen.

Sinnvolle Diskussionen über die Zusammenhänge zwischen Klimaänderungen und Ökosystemen können also weder durch selektive Betrachtung einzelner Faktoren – beispielsweise Kohlenstoff – noch durch isolierte Betrachtung einzelner Kompartimente – hier Ökosysteme, dort Böden – geführt werden. Ökosysteme und Böden stehen gemeinsam – aber regional unterschiedlich – in Wechselwirkung mit den klimatischen Prozessen.

Waldökosysteme weisen – bei gesamtheitlicher Betrachtung – unterschiedliche Wirkungsmerkmale auf (Abbildung 42). Tropische Regenwaldökosysteme sind ganzjährig fotosynthetisch aktiv, setzen also Kohlendioxid, Sauerstoff und Wasser um[326]. Kohlenstoff und mineralische Nährstoffe werden überwiegend in den lebenden Pflanzen während ihres Wachstums und nur in geringem Ausmaß im organischen Bodenmaterial gebunden. Die Speicherzeiten können bei großen Bäumen mehrere hundert Jahre betragen[327]. Nach dem Absterben der Bäume werden der in Stämmen, Ästen und Wurzeln gespeicherte Kohlenstoff und die mineralischen Nährstoffe durch die Umwandlungsprozesse von Pilzen, Tiere und Mikroorganismen wieder freigesetzt.

Durch die hohen Transpirationsraten der Vegetation werden große Anteile der Strahlungsenergie als latente Wärme abgeführt und dadurch die Bestände gekühlt[328]. Die Bedeutung der Regenwälder für den Wasserhaushalt wird nach großflächigen Rodungen deutlich erkennbar. Durch den Rückgang der Transpiration verändern sich die Wachstumsbedingungen benachbarter Ökosysteme[329], dafür steigt der Oberflächenabfluss deutlich an[330]. Jahreszeitliche Schwankungen

---

324 Bardgett et al. 2005; Davidson & Janssens; Kuhry et al. 2010.
325 Strack 2008.
326 Clark et al. 2001; Schuur & Matson 2001; Cleveland et al. 2011.
327 Kricher 2011.
328 Gullison et al. 2007; Anderson et al. 2011.
329 Lawton et al. 2001; Davidson et al. 2012.
330 Coe et al. 2009.

gen Klimaänderungen als andere terrestrische Ökosysteme[333]. Mit zunehmender Breitenlage nehmen – zusätzlich zu den täglichen – die saisonalen Schwankungen der Fotosyntheseleistungen zu. Wegen der unterschiedlichen Ausdehnungen der Landmassen in der nördlichen und südlichen Hemisphäre ist die jahreszeitliche Dynamik bei terrestrischen Ökosystemen der nördlichen Hemisphäre deutlicher ausgeprägt (Abbildung 36). In der südlichen Hemisphäre trägt die Dynamik der Fotosyntheseleistungen in marinen Ökosystemen stärker zum Ausgleich der jahreszeitlichen Verteilung der globalen Nettoprimärproduktion bei (Abbildung 43). In terrestrischen und marinen Ökosystemen sind zusätzlich langfristige Veränderungen der Kohlenstoffdynamik zu beobachten, die mit unterschiedlichen Faktoren in Zusammenhang stehen[334]. Die weiter oben erwähnte Dynamik der Meeresströmungen beeinflusst über die damit zusammenhängende Dynamik der Niederschläge auch das Wachstum der terrestrischen Vegetation. Terrestrische Ökosysteme sind zusätzlich den Einflüssen menschlicher Nutzungen unterworfen, die in den letzten Jahrhunderten zunehmend globale Ausmaße angenommen haben.

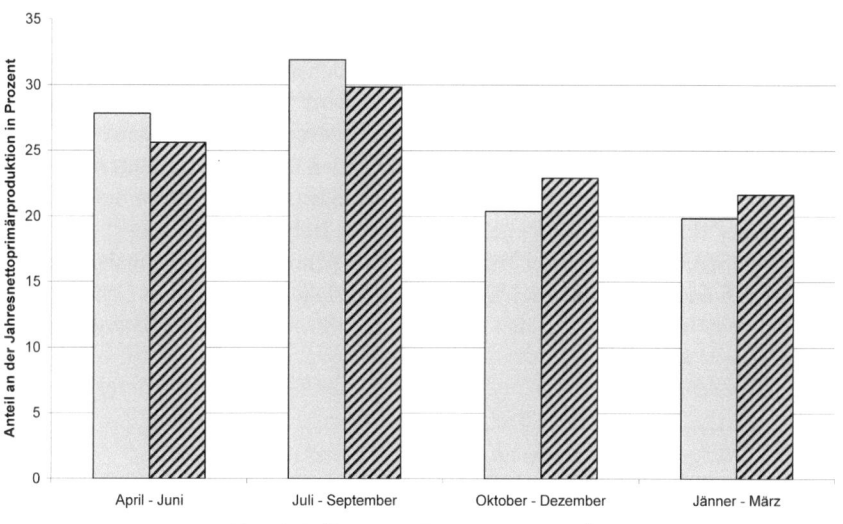

Abbildung 43: Vergleich der jahreszeitlichen Verteilung der globalen Nettoprimärproduktion terrestrischer Ökosysteme und aller Ökosysteme. Datenquelle: Field et al. 1998.

---

333 Nehmani et al. 2003.
334 Schimel et al. 2001; Gregg et al. 2003; Ishii et al. 2009; Le Quéré et al. 2009; Pan et al. 2011.

Vergleiche auf Basis der Nettoprimärproduktion liefern Aussagen über unterschiedliche Produktionsraten – gemessen auf Basis des Kohlenstoffgehaltes oder der trockenen Biomasse – aber keine Hinweise auf weitere Ökosystemleistungen. Als einfache Bilanzkennzahlen verwehren sie den Blick auf die Bedeutung der Fotosynthese im Zusammenhang mit globalen dynamischen Prozessen. Durch die Fotosynthese und Atmung sind in der Vegetation die Austauschprozesse von Sauerstoff und Kohlendioxid eng gekoppelt[335]. Die Zyklusdauer des Austausches von Kohlendioxid und Sauerstoff zwischen Pflanzen und der Atmosphäre von 100 bis 10.000 Jahren[336] ist deutlich kürzer als bei geochemischen Prozessen, die jährlichen Umsatzraten sind hingegen deutlich größer als jene anderer Prozesse[337]. Die globalen Fotosyntheseleistungen terrestrischer und mariner Ökosysteme sind daran mit annähernd gleichen Anteilen beteiligt[338].

In terrestrischen Ökosystemen ist die Fotosynthese immer mit der Transpiration von Wasser verbunden, die bei rein aquatischen Ökosystemen entfällt. So werden in Abhängigkeit vom Fotosynthesesystem[339] der einzelnen Pflanzenarten pro Liter transpiriertem Wasser zwischen einem und 40g Kohlenstoffdioxid (CO_2) aufgenommen[340]. Landpflanzen haben schon früh in der Evolutionsgeschichte die Fähigkeit zur aktiven Regulierung des Gas- und Wasserhaushalts erworben[341] – sie sind keineswegs passive Verdunstungskörper, wie es fälschlicherweise in machen Publikationen behauptet wird[342]. Für die geregelte Wasseraufnahme über die Wurzeln muss von den Pflanzen Exergie aufgewendet werden[343]. Energieverluste in Trockenperioden werden durch physiologische Anpassungen unterschiedlicher Pflanzenorgane vermieden, beispielsweise durch Laubabwurf bei Bäumen, Austrocknen der äußeren Halme bei Gräsern[344] oder Bildung von Speicherorganen. In Trockengebieten können oberflächennahe Wurzelräume während der Nachtstunden von tief wurzelnden Pflanzen mit Grundwasser angereichert werden. Durch den „Hydraulic Lift" werden auch flachwurzelnde

---

335 Für 1 Mol gebundenem CO_2 werden 1,1 Mol O_2 freigesetzt (Ciais et al. 2007).
336 Keeling 1995; Petsch 2005; Sundquist & Visser 2005.
337 Rund 130 Milliarden Tonnen Kohlenstoff pro Jahr (Sundquist & Visser 2005).
338 Petsch 2005; Sundquist & Visser 2005.
339 Bei Gefäßpflanzen kommen drei physiologisch unterschiedliche Fotosynthesesysteme vor, welche die vor allem der Anpassung an unterschiedliche Temperatur- und Wasserverhältnisse dienen (Nobel 2009).
340 Nobel 2009.
341 Brodribb & McAdam 2011; Ruszala et al. 2011.
342 Tyree 1999.
343 Kargol & Kargol 1996.
344 Walter & Breckle 1984.

Pflanzen in der Nachbarschaft von Tiefwurzlern ausreichend mit Wasser versorgt[345].

In den produktivsten Ökosystemen der gemäßigten Zonen – den nährstoffreichen Feuchtgebieten – werden die Nettoprimärproduktionsraten vor allem durch die große Effizienz bei der Kohlenstoffnutzung erreicht. Dafür verantwortlich sind Besonderheiten der Stoffwechselphysiologie von spezialisierten Pflanzen – wie Rohrkolben – und fehlende Verluste durch Pilze, die sich im sauerstofffreien Untergrund nicht entwickeln können[346]. Eine wichtige Voraussetzung für die Entstehung von produktiven Feuchtgebieten sind die Zuflüsse von Wasser und stofflichen Substanzen aus anderen Ökosystemen. Jeder Transport von Material zwischen Ökosystemen beeinflusst die Stoffbilanzen der betroffenen Systeme. Exporte bedeuten immer Abnahmen und Importe immer Zunahmen in den Bilanzen. Flache Mündungsgebiete großer Flüsse weisen durch die Kombination von solarer Einstrahlung, Wasserverfügbarkeit und den Nährstoffeintrag aus dem gesamten Einzugsgebiet die höchsten Produktivitäten natürlicher Ökosysteme auf. Ähnliche Bedingungen bieten lokale Senken am Festland, welche die Bildung von nährstoffreichen Feuchtgebieten mit ähnlich hohen Fotosynthese- und Transpirationsraten begünstigen. So können Schilfbestände während der Vegetationszeit bis zu 25% mehr Wasser verdunsten als offene Wasserflächen[347]. Durch den Rückhalt und den Einbau von unterschiedlichen Stoffen in organisches Material sind diese Ökosysteme auch wesentlich für die natürliche Reinigung von Gewässern. Feuchtgebiete sind – als Folge von anaeroben exergetischen Umwandlungsprozessen von Bakterien – auch Emissionsquellen des Treibhausgases Methan[348].

Lebende Organismen befinden sich sowohl selbst als auch in ihren Wechselwirkungen mit anderen Organismen fernab des thermodynamischen Gleichgewichts. Sie benötigen für die Erhaltung die laufende Zufuhr von Exergie und spezifischen Kombinationen chemischer Elemente. Grundsätzlich muss die Zufuhr aus der Umgebung der Organismen erfolgen, temporär können gespeicherte Umwandlungsüberschüsse aus Vorperioden genutzt werden. **Exergieflüsse bilden – unter den Rahmenbedingungen der jeweiligen Kombination abiotischer Faktoren – grundlegende und zentrale Attraktoren für die Entwicklung und Erhaltung von Organismen mit den ihnen eigenen Stoffwechselleistungen.** Organismen können sich langfristig nur dann erhalten, wenn durch die

---

345 Horton & Hart 1998.
346 Rocha & Goulden 2009.
347 Kromp-Kolb et al. 2005.
348 Denman et al. 2007.

Exergieumwandlung eine anhaltende Entropieabsenkung in den Organismen gesichert und Verluste ausgeglichen werden können (Abbildung 44). Neben regelmäßigen Verlusten durch Entropieerhöhungen bei der Exergieumwandlung – in Form von Wärme –, bei unvollständiger Exergienutzung – in Form von Ausscheidungen – und bei der Anpassung an Umgebungsbedingungen – etwa durch Ausbildung spezieller Gewebe – sind auch zufällige Verluste von Bedeutung. Zufällige Verluste können die jeweils lebende Population von Organismen betreffen, beispielsweise durch Blattfraß bei Pflanzen oder durch von Raubtieren verursachte Verluste bei Tieren. Zufallsfaktoren bei der Reproduktion beeinflussen hingegen die Entwicklungsmöglichkeiten nachfolgender Generationen, solche Faktoren werden im Aufkommen von Pflanzen aus Samen oder von Jungtieren manifest. Wegen der unvermeidbaren Verluste ist der Exergieaufwand für die Reproduktion deutlich höher als die auf überlebende Nachkommen transferierte Exergie (in Abbildung 44 durch den dünnen, nicht beschrifteten Pfeil dargestellt).

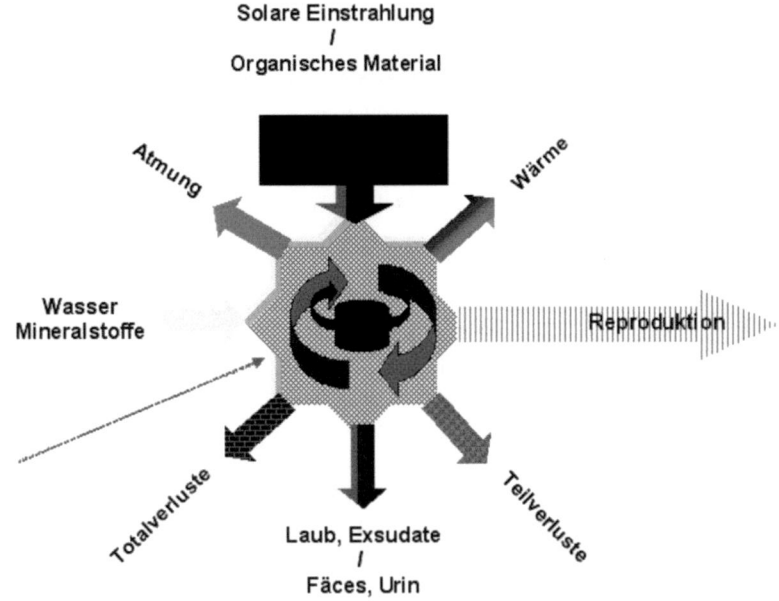

Abbildung 44: Vereinfachtes Schema der relevanten Exergieflüsse in Organismen und der dafür notwendigen Versorgung mit Wasser und Mineralstoffen. Neben den regelmäßig ablaufenden Prozessen – Umwandlung in den Organismen verbunden mit Füllung und Entleerung von Speichern, Atmung sowie Abgabe von Wärme und Stoffwechselprodukten – sind dabei auch zufallsbestimmte Faktoren wie Verluste oder Reproduktion von Bedeutung.

Organismengemeinschaften sind im Vergleich zu Organismen energetisch flexibler aufgebaut. Ihre Zusammensetzungen werden durch unterschiedliche Faktoren beeinflusst, beispielsweise durch die Ausbreitungsfähigkeit einzelner Arten, Störungen oder aktuelle Rahmenbedingungen. Pflanzen regeln – in Interaktionen mit Mikroorganismen – im Bodenbereich die Nährstoffaufnahme über ihre Wurzeln[349]. Die Entwicklung von Organismengemeinschaften kann als eine zeitliche Reihe von Versuchen aufgefasst werden, in denen der Erfolg von der Erfüllung der energetischen Grundbedingungen und der Erhaltung von Nährstoffflüssen für jede einzelne Art sowie für die gesamte Gemeinschaft abhängt. Ist dies nicht der Fall, so können sowohl einzelne Arten oder auch energetisch voneinander abhängige Artengruppen ausfallen (Abbildung 45). Bestehen hingegen flexible energetische Beziehungen, so führen Ausfälle einzelner Arten nur zu Veränderungen der Wechselbeziehungen zwischen den Organismen. Bei einfachen Rückkopplungen innerhalb der Systeme sind immer wieder große Fluktuationen bei den Populationsdichten und endogene Störungen durch Massenvermehrungen einzelner Arten zu beobachten[350]. In Organismengemeinschaften mit geringen Spezialisierungen einzelner Arten und häufigen Änderungen der abiotischen Rahmenbedingungen – beispielsweise in Waldökosystemen höherer Breiten[351] – sind solche Veränderungen eher die Regel, denn die Ausnahme.

Die Spielräume für die Exergieumwandlung durch Organismen werden durch die zeitliche Dynamik und die unterschiedlichen räumlichen Ausprägungen abiotischer Prozesse bestimmt. Innerhalb dieser Spielräume werden abiotische Prozesse wiederum durch biologische Prozesse modifiziert und damit spezifische Rahmenbedingungen für die Entwicklung von Organismen aufrechterhalten.

Der aus dem Altgriechischen Wort für Haus (οἶκος) abgeleitete Begriff Ökologie[352] kann deshalb weder als statisches noch als mechanistisch determiniertes Konstrukt verstanden werden. Nach den vorliegenden Befunden können Ökosysteme als komplexe, selbstorganisierende und an den Attraktoren der Exergieflüsse orientierte Systeme – abseits des thermodynamischen Gleichgewichts – aufgefasst werden. Die Gesamtleistungen der Ökosysteme bilden wiederum die Lebensgrundlage für alle vorkommenden Arten von Organismen.

---

349 Hartmann et al. 2009.
350 Schwerdtfeger 1968.
351 Motzkin & Foster 2004.
352 Haeckel 1870.

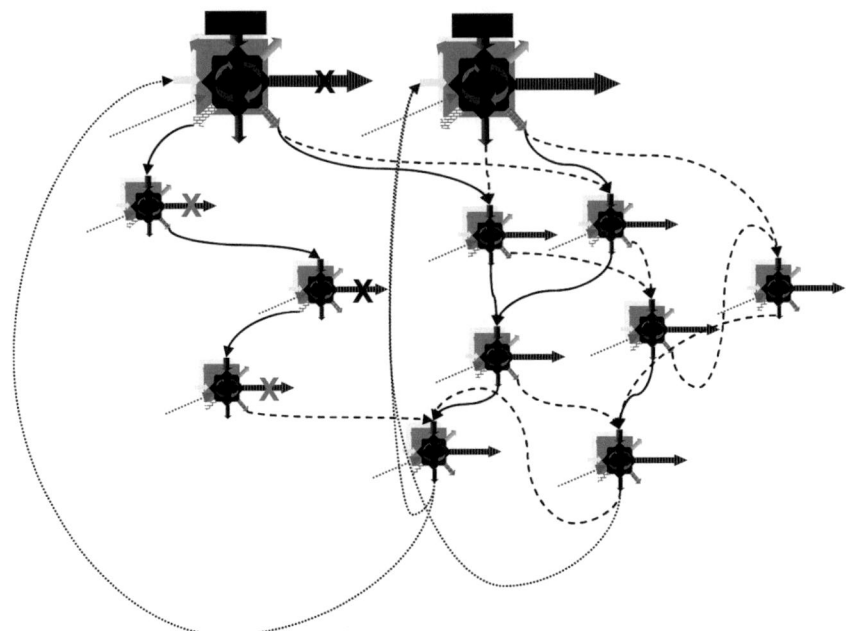

Abbildung 45: Schematische Darstellung des modularen Aufbaus von Organismengemeinschaften. Grundsätzlich ist das Überleben einer einzelnen Art von der ausreichenden Verfügbarkeit an Exergie abhängig. Werden dafür unterschiedliche Organismen genutzt (strichlierte Verbindungen), so verändern sich die Nahrungsbeziehungen beim Ausfall einzelner Arten. Bestehen hingegen spezialisierte Nahrungsbeziehungen, so führt das Verschwinden einer einzelnen Art zum Aussterben aller Arten in der betroffenen Nahrungskette (linke Seite der Abbildung).

Weder statische Maßzahlen – beispielsweise Bilanzen von Quellen und Senken – noch Durchschnittswerte von Flüssen – beispielsweise in Form von Stoffkreisläufen – eignen sich für die Darstellung der Wirkungen ökologischer Prozesse. Ohne Berücksichtigung der räumlichen Heterogenität und zeitlichen Dynamik dieser Prozesse kann kein Verständnis für die Bedeutung ökologischer Prozesse und die Konsequenzen ihrer Veränderungen erreicht werden. Einfache Maßzahlen – seien es NPP[353]-Größen oder in monetären Größen dargestellte „Ecosystem Services" – sind zwar hilfreich für die Erreichung einer hohen sozialen Akzeptanz, aber unbrauchbar für die Entwicklung von tragfähigen Lösungen für die menschliche Gesellschaft.

---

353 Nettoprimärproduktion.

5.2.2 Vermeidung von Energieverlusten

Thermodynamisch von gleicher Bedeutung wie der Zugang zur nutzbaren Exergie ist für Organismen die Vermeidung von Energieverlusten. Während der Austausch von Stoffen bei einzelligen Organismen direkt mit den umgebenden Lösungen erfolgt, müssen Nährstoffe und Stoffwechselprodukte in vielzelligen Organismen oft über weite Strecken zu den einzelnen Zellen transportiert werden. Transportsysteme in Organismen, beispielsweise Leitgefäße in Pflanzen oder Blutgefäße in Tieren, weisen – wie Fließgewässersysteme – fraktale Geometrien[354] auf. Thermodynamisch wird die Entwicklung solcher Strukturen durch die **Konstruktale Theorie**[355] sinngemäß folgend begründet: *„Ein offenes System endlicher Größe kann sich nur dann langfristig entwickeln, wenn es die Energieverluste seiner Flüsse laufend minimiert"*.

Das Leben von Landpflanzen wird durch eine große Zahl unterschiedlicher Flüsse determiniert, dementsprechend groß sind die Anforderungen zur Minimierung ihrer Energieverluste. Kohlenhydrate aus der Exergieumwandlung in der Fotosynthese müssen zu allen physiologisch aktiven Zellen bis in die Wurzelspitzen verteilt werden. Von dort sind in der Gegenrichtung Wasser und mineralische Nährstoffe in alle aktiven Zellen bis in die äußersten Blattspitzen zu transportieren. Blätter sind nicht nur den fotosynthetisch nutzbaren Wellenlängen, sondern dem gesamten Spektrum der Sonnenstrahlung und den damit verbundenen Wärmeflüssen ausgesetzt. Zusätzlich wirken mechanische Kräfte von Luft[356]- und Wasserströmungen[357], Niederschlägen, Geschiebe oder Lawinen auf die Pflanzenkörper ein. Dementsprechend benötigen Pflanzen unterschiedliche Strategien für die Vermeidung von Energieverlusten in ihren ober- und unterirdischen Teilen.

Theoretisch könnten Pflanzen durch die fortlaufende Neubildung von fotosynthetisch aktiven Organen das Ausmaß ihrer Exergiegewinnung beliebig erhöhen. Für Pflanzen steigt damit gleichzeitig der Versorgungsbedarf mit Wasser und mineralischen Nährstoffen aus dem Untergrund. Genetisch einheitliche, großflächige Bestände finden sich deshalb nur bei klonalen Organismen mit vielfachen Wiederholungen morphologisch homologer Phänotypen[358]. Damit können die Fotosyntheseleistungen mit den Rahmenbedingungen der örtlich nur begrenzt verfügbaren mineralischen Nährstoffe abgestimmt werden.

---

354 Mandelbrot 1991; Rodríguez-Iturbe & Rinaldo 1997; Knighton 1998.
355 Bejan 2001.
356 Lugo 2008
357 Gelfenbaum & Jaffe 2003; Riffe et al. 2011
358 Arnaud-Haond et al. 2012.

Mit zunehmender Größe der oberirdischen Pflanzenkörper erhöhen sich auch die Angriffsflächen für Belastungsfaktoren und damit auch das Risiko von Schädigungen. Langfristig können sich große oberirdische Pflanzenkörper mit hohen Fotosyntheseleistungen nur dort entwickeln, wo Gewebeverluste durch Wasser- und Nährstoffmangel oder abiotische Belastungen über den Exergiegewinn bei der Fotosynthese kompensierbar sind. Dabei können unterschiedliche Strategien zur Vermeidung von Energieverlusten durch abiotische Faktoren beobachtet werden. Beispiele dafür sind die Ausbildung leicht lösbarer Rinden (Abbildung 46) als Schutz vor Totalverlusten bei Bränden[359], unregelmäßige Stamm- und Astformen (Abbildung 47) zur Vermeidung von Stammbrüchen durch erhöhte mechanische Belastungen infolge von Schwingungsverstärkungen bei Stürmen[360] oder kurzwüchsige Äste zur Vermeidung von Ast- und Stammbrüchen durch Eis und Schnee (Abbildung 48).

Die Phänomene lassen kaum die damit verbundenen komplexen Herausforderungen für die Organismen erahnen. Innerhalb der Spielräume ihrer genetischen Entwicklungspotenziale und der lokal umwandelbaren Exergie sollen die Exergiegewinne mit der größtmöglichen Chance auf eine langfristige Entwicklung der Art den verschiedenen Pflanzenorganen zugeteilt werden. Informationen über die real zu erwartenden zukünftigen Belastungen stehen dafür nicht zur Verfügung. Eine wichtige Rolle für die Verteilung der Exergieaufwände innerhalb der Pflanzenkörper spielen deshalb Einwirkungen während der Wachstumsphase. Entscheidend für die Anpassungsvorgänge ist die Perzeption der Einwirkungen auf zellulärer Ebene[361]. So können beispielsweise bei Bäumen an erhöhte Windbelastungen angepasste Lebensformen[362] auch durch regelmäßiges Reiben oder Schütteln induziert werden[363]. Dissipative Wirkungen von Pflanzenbeständen entwickeln sich deshalb nicht allein auf der Basis genetischer Informationen, sondern im Kontext der Ereignishistorie der jeweiligen Standorte.

Aus den bereits erwähnten energetischen Gründen sind Pflanzenteile nicht beliebig widerstandsfähig gegenüber externen Einflüssen. Dissipative Wirkungen gegenüber abiotischen Einflüssen können deshalb nur innerhalb bestimmter Bandbreiten entfaltet werden[364]. Überschreiten die Belastungen die jeweiligen Grenzwerte, so fallen die dissipativen Wirkungen rasch ab. Zu hohe Belastungen führen zu Verlusten von Pflanzenteilen oder der gesamten Pflanze, beispielsweise bei extremen Sturmereignissen.

---

359 Whelan 1995.
360 James et al. 2006.
361 Telewski 2006; Niklas 2009.
362 Ash 1987.
363 Jaffe 1980.
364 Koehl 1984; Vogel 1996; Boizard 2007.

Unterirdische Pflanzenorgane sind nur in geologisch labilen Gebieten direkten mechanischen Belastungen der Umgebung ausgesetzt. Hohe mechanische Belastungen können jedoch von den belasteten oberirdischen Pflanzenteilen auf Wurzeln oder Haftorgane übertragen werden und die Entwicklung ausreichend stabiler Gewebe erfordern. Wesentlich für die Verankerung sowie die Nährstoff- und Wasserversorgung von Landpflanzen sind an Untergrundeigenschaften angepasste Wurzelstrukturen[369]. Bei der Erstbesiedlung von Felsoberflächen erschließen Pflanzenwurzeln in Felsspalten Wasser und mineralische Nährstoffe[370]. In ihren Strukturen auf den Felsoberflächen bilden sich durch den Rückhalt von eingetragenen mineralischen Substanzen und organischen Materialien lokale, flachgründige Bodenauflagen. Durch den Aufbau hoher Radialkräfte können Wurzeln während ihres Wachstums Gesteinsspalten oder kleine Hohlräume in Böden aufweiten[371]. Ausreichend dichte und flächendeckende Wurzelstrukturen erhöhen die Stabilität von Böden gegenüber Erosion oder Massenverschiebungen[372] in der durchwurzelten Zone.

Für die Erschließung von Nährstoffen in Böden werden hingegen möglichst feine Wurzelsysteme benötigt. Da die Nährstoffe nur im Nahbereich der Wurzeln aus den Bodenlösungen gewonnen werden können, beeinflusst vor allem die Nährstoffkonzentration und -verteilung im Untergrund die Längen und Verzweigungen des Feinwurzelsystems. Bei ausreichender Wasser- und Nährstoffversorgung werden weniger differenzierte Feinwurzelsysteme ausgebildet als bei eingeschränkten Verfügbarkeiten. Dementsprechend wird unter den zuerst genannten Verhältnissen weniger Exergie für die Ausbildung des Wurzelsystems aufgewendet als unter Mangelbedingungen[373]. Zur Erhaltung der Exergiebilanz wachsen beispielsweise in Trockengebieten die oberirdischen Teile von angepassten Pflanzenarten deutlich langsamer als an klimatisch günstigeren Standorten. Die geringeren Schwankungen der Temperatur und Umgebungsfeuchte im Untergrund werden von verschiedenen Pflanzen zur Anlage von Speicherorganen, beispielsweise von Zwiebeln, während klimatisch ungünstiger Perioden genutzt. Beim Eintreten günstiger Klimabedingungen können so mit den Exergieüberschüssen aus der Vorperiode rasch neue fotosynthetisch aktive Organe für die Exergieumwandlung gebildet werden.

Langfristig können sich Pflanzenarten nur dann entwickeln, wenn die Energieverluste der inneren und äußeren Flüsse den Exergiegewinn durch die Fotosynthese nicht übersteigen. Erfüllt wird diese Anforderung, wenn sich von einer

---

369 Hodge et al. 2009.
370 Bashan et al. 2006; Lopez et al. 2009.
371 Clark et al. 2003; Ishihara & Tanaka 2011.
372 Abe & Zimmer 1991.
373 Walter & Breckle 1984.

Population eine ausreichend große Zahl von Individuen fortpflanzen kann. Es ist keinesfalls notwendig, dass die Anforderung von allen Individuen einer Art erfüllt wird. Am ausgeführten Beispiel der Pflanzen werden die – für alle Organismen gültigen – untrennbaren Zusammenhänge zwischen den genetischen und energetischen Prozessen der Evolution und den Wechselwirkungen mit abiotischen Prozessen deutlich. Durch die Reduktion von Energieverlusten durch externe Flüsse modifizieren Organismen auch abiotische Prozesse. Sie sind nicht nur passiv den vorhandenen Umweltbedingungen ausgesetzt, sondern gestalten diese im Rahmen ihrer exergetischen Kapazitäten auch mit. Diese, am umfassendsten durch das Konzept der **Nischenkonstruktion**[374] beschriebenen, Phänomene sind auf allen Skalenebenen ökologischer Prozesse zu beobachten. Kleinräumig tragen die Wechselwirkungen zur Bildung von Strukturen in natürlichen Vegetationsbeständen bei[375]. Das großräumigste und langfristigste Beispiel ist die Entwicklung des Sauerstoffgehaltes in der Atmosphäre[376].

Hier werden auch die wechselseitigen Einflüsse von Veränderungen der Umweltbedingungen durch Organismen und deren Abhängigkeiten von diesen Bedingungen erkennbar. Während verschiedene Gruppen, wie Bakterien und Archaea, größere Umweltveränderungen überstehen können, hängt das langfristige Überleben der meisten vielzelligen Arten – einschließlich des Menschen – entscheidend von der Erhaltung erdgeschichtlich junger Lebensbedingungen ab wie dem Sauerstoffgehalt der Atmosphäre oder der Bodenentwicklung.

Die Vermeidung von Energieverlusten durch externe Flüsse von einzelnen Pflanzen wird in geschlossenen Beständen verstärkt. So wird die Bewegungsenergie von Strömungen in Pflanzenbeständen dissipiert. Die Kapazitäten zur Dissipation hängen von den mechanischen Eigenschaften der Pflanzenbestände, ihren räumlichen Strukturen und räumlichen Dimensionen ab. Hinsichtlich der mechanischen Eigenschaften sind deutliche Unterschiede zwischen Landpflanzen und dauerhaft unter Wasser wachsenden Pflanzen zu beobachten. Wegen der geringen Dichte der Luft benötigen Landpflanzen in der Regel feste, selbsttragende Pflanzenkörper mit relativ hoher Steifigkeit. Permanent unter Wasser wachsende Pflanzen und Algen können – wegen der höheren Dichte des Wassers – unter Nutzung des Auftriebs auch mit elastischen Pflanzenkörpern große Wuchshöhen erreichen. Die Entwicklung von fest verankerten Pflanzen ist in Gewässern auf Flachwasserzonen beschränkt, in denen die solare Einstrahlung am Grund die Entwicklung von Jungpflanzen ermöglicht. Dissipative Wirkungen

---

374 Odling-Smee et al. 2003.
375 Rietkerk & van de Koppel 2008.
376 Berkner & Marshall 1965.

Mit zunehmender Blattfläche pro Quadratmeter Bodenfläche – bezeichnet als Blattflächenindex[382] – steigt der Anteil der Transpiration[383] und sinkt der Anteil des Abflusses in der lokalen Wasserbilanz. Vereinfacht ausgedrückt, übersteigt die Transpiration den Abfluss ab einem Blattflächenindex von rund sechs[384]; reale Werte können unter dem Einfluss lokaler Klimabedingungen davon abweichen. Dichte Belaubung oder Benadelung schirmt den darunter liegenden Boden vor starken Einstrahlungen des Sonnenlichtes während des Tages und starken Verlusten der langwelligen Erdstrahlung während der Nachtstunden sowie vor der erodierenden Wirkung von Niederschlag ab[385]. Im Gegensatz zu vegetationsfreien Bereichen werden in Bereichen mit Vegetation die Evaporations- und Erosionsverluste der Böden reduziert. Die Dissipation der Niederschläge wird zusätzlich durch die Bedeckung der Bodenoberfläche mit abgefallenem organischem Material aus den Pflanzenbeständen verstärkt. Dadurch werden Verdichtungen des Bodens vermieden und – wegen der höheren Porenanteile – versickert mehr Niederschlagswasser in den Untergrund. In den Porennetzen der Böden kommt das Wasser in intensiven Kontakt mit Mikroorganismen, die der Lösung vor allem exergetisch umwandelbare Inhaltsstoffe entziehen – bezogen auf anthropogene Nutzungsansprüche wird das Wasser dadurch gereinigt. Sofern die Vegetation an die klimatischen Bedingungen angepasst ist, kann das eingesickerte Wasser auch zu einer ausgeglichenen Bilanz des Grundwasserhaushaltes beitragen.

Durch die Änderungen abiotischer Bedingungen und die Strukturen der Pflanzenkörper entwickelt sich im Inneren von Vegetationsbeständen eine Vielfalt von Kleinlebensräumen mit unterschiedlichen Faktorenkombinationen. Mit zunehmender Besiedlung durch unterschiedliche Organismen entstehen differenzierte Stoff- und Energieflüsse innerhalb der Vegetationsbestände. Damit verringert sich die Wahrscheinlichkeit von Energie- und Nährstoffexporten aus den Beständen. Gleiches gilt für die von Tieren gebildeten Korallenriffe[386]. Nach der *Konstruktalen Theorie* können sich solche Systeme nur dann langfristig entwickeln, wenn die Zunahme der Artenvielfalt auch mit einer Reduktion von Energieverlusten der Gesamtflüsse einhergeht. Dazu trägt beispielsweise auch die dynamische Regulation der Rückgewinnung von mineralischen Nährstoffen aus

---

382 Das relative Maß (m^2/m^2) wird in der englischsprachigen Literatur als *Leaf Area Index* (LAI) bezeichnet.
383 Ähnliches gilt für die Interzeption – der direkten Wasserverdunstung an den Blattoberflächen. Ihr Ausmaß wird aber weitaus stärker von der zeitlichen Dynamik und Intensität der Niederschläge beeinflusst.
384 Veen et al. 1996; Lambers et al. 2006.
385 Geiger 1961; Bruijnzeel 1990; Torres et al. 1992.
386 Baird et al. 2004.

organischem Material bei. Eine Leistung, die üblicherweise nur Organismen zugeschrieben wird, die ihre Exergie aus der Umwandlung von totem organischem Material gewinnen. Tatsächlich beginnen Umwandlungsprozesse bereits mit den ersten Konsumenten von lebendem Pflanzenmaterial. Physiologische Ausstattung und räumliche Mobilität der konsumierenden Arten beeinflussen die räumliche Verteilung und Umwandlungsgeschwindigkeit sowie Zusammensetzung der darin enthaltenen mineralischen Nährstoffe.

Die zunehmende Differenzierung von Blütensignalen[387] ermöglicht die Nutzung von Energieflüssen in kleinen und seltenen ökologischen Nischen bei gleichzeitiger Sicherung der Reproduktion, beispielsweise bei Orchideen. Gegenüber undifferenzierten Bestäubungen, beispielsweise durch Wind, erhöht unter den genannten Rahmenbedingungen die selektive Bestäubung die Wahrscheinlichkeit der Fortpflanzung. Für die langfristige Entwicklung der Arten ergeben sich dann Vorteile, wenn dabei sowohl für die Pflanzen als auch die bestäubenden Tiere keine nachteiligen Energieverluste verbunden sind. Die Bedeutung der Vermeidung von Energieverlusten ist auch an den vielfach zu beobachtenden Nachahmungen nektarreicher Blüten durch Arten mit geringen Nektarangeboten[388] erkennbar.

Evolutionäre Entwicklungen zur Vermeidung von Energieverlusten liefern auch die Grundlagen für ein neues, angewandtes Forschungsgebiet – die Bionik[389]. Zu den bekanntesten Beispielen zählen der so genannte „Lotuseffekt" – illustriert durch das Abrollen von Wassertropfen von Blattoberflächen – und Klettverschlüsse. Der Lotuseffekt beruht auf – bei Pflanzen weitverbreiteten[390] – Mikrostrukturen an Blattoberflächen. Funktionell werden durch die Selbstreinigung Einstrahlungsverluste durch Ablagerungen von Staub auf den Blattflächen vermieden. Der Klettverschluss wurde von einem Schweizer Erfinder nach dem Vorbild der Haftorgane von Kletten (*Arctium* sp.) entwickelt und 1951 zum Patent angemeldet[391]. Der Pflanze dienen die Haftorgane zur Samenverbreitung durch Säugetiere. Weniger bekannt sind Oberflächenstrukturen von insektenverzehrenden Kannenpflanzen (*Nepenthes* sp.), welche die Haftung von Insektenbeinen in bestimmten Bereichen der Fangorgane verhindern[392].

Zur Vermeidung von Energieverlusten durch Strömungen orientieren sich aquatisch lebende, sessile Tiere in Kolonien, beispielsweise Muscheln oder be-

---

[387] Leonard et al. 2012.
[388] Leonrard et al. 2012.
[389] Nachtigall 2010.
[390] Neinhuis & Barthlott 1997; Feng et al. 2002.
[391] Velcro 1954.
[392] Bohn & Federle 2004; Scholz 2009; Scholz et al. 2010.

stimmte Seesternarten, nach spezifischen Strukturmustern[393]. Zur mechanischen Sicherung dienen Haftorgane ohne erkennbare zusätzliche Funktionen. Sessile Tiere filtern Nährstoffe aus dem vorbeiströmenden Wasser und nutzen so indirekt die Bewegungsenergie der Wasserströmungen für ihre Exergiegewinnung. Durch die spezifische räumliche Anordnung der Organismen in Kolonien können diese Effekte zusätzlich unterstützt werden. Ein Beispiel dafür ist die ringförmige Anordnung von Moostierchen um eine zentrale, freie Fläche zur Verstärkung der Abströmung. In Fließgewässern wird der Nährstofftransport durch Wasserströmungen von mobilen Tieren mit hydrodynamisch angepassten Körperformen für die Exergiegewinnung genutzt, beispielsweise von Insektenlarven.

Durch die Anpassung ihrer Anatomie, Physiologie und Verhaltensweisen an die jeweiligen physikalischen Bedingungen ihrer Lebensräume können auch mobile Tiere Energieverluste vermeiden. In den einfachsten Fällen dient die Anpassung der Reduktion von Verlusten bei der Fortbewegung. Am deutlichsten tritt die Anpassung der Körperformen bei Tieren zu Tage, die sich überwiegend in einem Medium – fliegend, schwimmend oder grabend – bewegen. Adhäsive Mikrostrukturen an den Beinen von Geckos und Insekten ermöglichen die Fortbewegung auf senkrechten oder überhängenden Flächen[394]. Die Fortbewegung unter Wasser erfordert für adaptierte Tierarten den niedrigsten spezifischen Energieaufwand, gleichzeitig ermöglicht das Medium die Entwicklung von Arten mit den größten Körpergewichten[395]. Welche Bedeutung die zusätzliche Reduktion von Energieverlusten hat, zeigen Untersuchungen an Kaiserpinguinen (*Aptenodytes forsteri*)[396]. Pinguine sind beim Ein- und Ausstieg an der Eiskante verstärkt den Angriffen von Seeleoparden (*Hydrurga leptonyx*) und Schwertwalen (*Orca orcinus*) ausgesetzt. Das Risiko der Angriffe hängt speziell beim Ausstieg von der Schwimmgeschwindigkeit und dem raschen Erreichen der Eisoberfläche ab. Zur Erhöhung der Austauchgeschwindigkeit füllen Kaiserpinguine vor dem Austauchen an der Wasseroberfläche ihr Gefieder mit Luft und nutzen den „Blasenmantel" zur Reduktion der Reibungsverluste um bis zu 70%. Die dabei erzielte Höchstgeschwindigkeit von rund 30km/h ermöglicht den direkten Sprung auf die oft mehrere Meter dicke Eisdecke.

Der Energieaufwand für die Fortbewegung in der Luft ist bei aktivem Flug vergleichsweise etwas höher. Durch Gleitflug in thermischen Aufwinden oder in Bereichen mit unterschiedlichen Strömungsgeschwindigkeiten[397] können spezia-

---

393 Commito & Rusignuolo 2000; Boegman et al. 2008.
394 Autumn et al. 2002; Autumn 2006; Wüller et al. 2009; Heepe et al. 2012.
395 Vogel 1996; Alexander 2002; Fish & Laudfer 2006.
396 Davenport et al. 2011.
397 Vogel 1996; Spaar & Bruderer 1997; Pennycuick 2002; Patel et al. 2008; Richardson 2010, Shepard et al. 2011.

lisierte Arten wie Albatrosse oder Geier den Energieaufwand zusätzlich reduzieren. Wegen der geringen Dichte der Luft steht diese Art der Fortbewegung nur Tieren mit einem relativ kleinen Körpergewicht offen.

Fortbewegungen an Land sind mit dem vergleichsweise größten spezifischen Energieaufwand verbunden. Besonders hoch ist der Energieaufwand für die unterirdische Fortbewegung durch graben[398]. Reibungsmindernde Materialien an den Schuppenoberflächen ermöglichen Skinks (*Scincus scincus*) – oder „Sandfischen" – eine rasche schwimmende Fortbewegung im Wüstensand[399]. Temporäre oder permanente unterirdische Lebensweisen können deshalb nur bei positiven Gesamtexergiebilanzen aufrechterhalten werden. Ähnlich wie Pflanzenwurzeln erweitern Organismen ohne Graborgane – beispielsweise Würmer – bestehende Hohlräume durch radiale Ausdehnung ihrer Körper[400]. Organismen mit Graborganen können zusätzlich das Erdmaterial lockern und auch dichtere Bodenschichten durchdringen. Größere Gangsysteme werden vor allem von sozial lebenden Arten, beispielsweise Ameisen, Termiten oder Nagetieren, angelegt[401]. Solitär lebende Arten legen unterirdische Bauten vor allem zum Schutz vor Raubtieren[402] oder vor thermischen Verlusten[403] in offenen Landschaften an.

Beim Durchdringen des Festmaterials werden Böden und Sedimente in Gewässern aufgelockert und damit der Zutritt von Sauerstoff sowie die Durchströmung erleichtert[404]. Material aus unterschiedlichen Bodenhorizonten wird durch den Vertikaltransport oder – beispielsweise bei Regenwürmern[405] – bei Verdauungsprozessen durchmischt. Diese – auch als „Bioturbation" bezeichneten – Prozesse beeinflussen wesentlich die Entwicklung der Böden und fördern dann das Pflanzenwachstum, wenn die in Kapitel 5.2.1 angeführten systemischen Exergiebedingungen erfüllt werden. Solche Bedingungen werden in Böden primär durch die ausreichende Zufuhr von umwandelbarem organischem Material erreicht, das von Pflanzen nicht zur Erhaltung ihrer Lebensfunktionen benötigt wird.

Zur Illustration sei ein von mir unfreiwillig begonnenes Experiment angeführt. Als Ursache für das Absterben von selbst gezogenen, zweijährigen Föhrensämlingen musste ich den Wurzelverlust durch den Fraß von Larven des Ro-

---

398 Ebensberger & Cofré 2001; Kimchi & Terkel 2003; Romañach et al. 2005; Romañach et al. 2007.
399 Baumgartner et al. 2007.
400 Dorgan et al. 2008.
401 Hölldobler & Wilson 1990; Turner 2000; Ebensberger & Cofré 2001; Hansell 2005.
402 Casas-Crivillé & Valera 2005.
403 Gates 1980.
404 Lavell 1997; Persson et al. 2007; Teal et al. 2008.
405 Stout 1983.

senkäfers[406] entdecken. Versuchsweise transferierte ich zwei bzw. drei der Larven in jeweils einen Topf mit zwei Meter hohen Gummibäumen[407] in meinem Arbeitszimmer. Nach einem mehr als einjährigen Aufenthalt schlüpften alle Käfer wohlbehalten aus den Töpfen. An beiden Gummibäumen waren in diesem Zeiträumen keine Schädigungen, sondern – bei sonst gleicher Pflege – ein verstärktes Wachstum zu beobachten.

Die große Vielfalt morphologischer und physiologischer Entwicklungen zur Vermeidung von Energieverlusten ist nur zum geringen Teil erforscht. Wie bei Pflanzen liefert die Suche nach neuen Prinzipien in der Bionik neue Anstöße für weitere Untersuchungen. Beispiele dafür sind Untersuchungen der Strömungsdynamik von Tierkörpern, Flossen und Flügeln oder von Hautstrukturen zum Sammeln von Feuchtigkeit oder von spezifischen Sinnesorganen. So nehmen verschiedene Echsenarten – etwa die texanische Krötenechse (*Phrynosoma cornutum*) – in extremen Trockengebieten kleinste Wassermengen mit ihrer Hautoberfläche auf, die, in offenen Kapillaren gerichtet, zum Mund geleitet werden[408]. Verschiedene Tierarten – unter anderen Vampirfledermäuse, Klapperschlangen oder Insekten – können Wärmestrahlung hoch differenziert mit Sinnesorganen wahrnehmen, die im Gegensatz zu technischen Messgeräten selbst keine Temperaturunterschiede zur Umgebung aufweisen[409].

5.2.3 Perpetuation und Optimierung

Ausgehend von den beiden voranstehenden Kapiteln sollen hier die erkennbaren Wirkungszusammenhänge der Biosphäre dargelegt und ihre Bedeutung für anthrogene Aktivitäten beleuchtet werden. Die Ausführungen liefern deshalb auch Grundlagen für die Bewertung alternativer Formen gesellschaftlicher Energienutzungen und die Entwicklung von Handlungsempfehlungen.

Nach den bisher vorliegenden Erkenntnissen setzt sich die globale Biosphäre aus heterogenen Organismengemeinschaften mit unterschiedlichen dynamischen Energieumsätzen zusammen. Die theoretischen Obergrenzen der Umsatzleistungen werden durch die jeweils verfügbaren abiotischen Energieflüsse bestimmt. Für die langfristige Entwicklung mehrzelliger Organismen, einschließlich des Menschen, ist dies die fotosynthetisch nutzbare solare Strahlung. Die realisierbaren Umsatzleistungen von Organismengemeinschaften liegen immer unter der

---

406 *Cetonia aurata*.
407 Ficus sp.
408 Comanns et al. 2011
409 Schmitz & Bleckmann 1998; Campbell 2002.

theoretischen Obergrenze und werden durch dynamische Kombinationen lokal wirkender Einflussfaktoren bestimmt. Von besonderer Bedeutung sind:
- die Relationen zwischen biotisch nutzbaren (z.b. fotosynthetisch wirksame Strahlung) und nicht nutzbaren Exergieflüssen (z.b. Wasser- und Windströmungen oder Brände)
- die Verfügbarkeit von Wasser und von für die physiologischen Prozesse wesentlichen Kombinationen mineralischer Nährstoffe
- die Temperaturbedingungen
- die Intensitäten der Wechselwirkungen zwischen den jeweils vorkommenden Organismenformen

Aufmerksame Leserinnen und Leser werden hier eine Reihe allgemein verwendeter Begriffe vermissen, beispielsweise Ökosysteme, Biodiversität, Nachhaltigkeit oder Stabilität. Begriffe, die hier bewusst weggelassen wurden, weil sie den Zugang zu einem funktionellen Verständnis der Biosphäre zumindest behindern.

Physiologisch aktive Organismen in Längendimensionen zwischen 10^{-7} m bis 10^2 m mit unterschiedlichen physiologischen Merkmalen und räumlichen Ausdehnungen ihrer Körper und direkten Wirkungsräume bilden das globale Kontinuum von Interaktionen innerhalb der Biosphäre. Durch das Konzept der Ökosysteme wird das Kontinuum innerhalb einer relativ engen Dimensionsbandbreite nach bestimmten Merkmalen in Subeinheiten unterteilt und erleichtert damit die Untersuchung ausgewählter Fragestellungen. Die Präklassifikation in Subeinheiten erschwert jedoch vergleichende Analysen und die Erfassung von durchgängigen Merkmalen. Von primär klassifikatorischer Bedeutung ist auch das Konzept der Biodiversität. In seiner gegenwärtigen Verwendung liefert es grobe Hinweise auf Veränderungen der Biosphäre, aber kaum Informationen über deren funktionelle Veränderungen. In den vorherrschenden Interpretationsmustern sind die Konzepte der Nachhaltigkeit und Stabilität eher hinderlich als förderlich für das Verständnis der funktionellen Wirkungen der Biosphäre.

Unvorhersehbare Änderungen der abiotischen Rahmenbedingungen spielen eine wesentliche Rolle in der langfristigen Evolution der Biosphäre. Ihre Entwicklung beruht nicht auf der langfristigen Erhaltung einzelner Arten, sondern auf der Persistenz bestimmter Funktionsprinzipien[410] – trotz laufender Veränderungen der Artenzusammensetzungen. Von wesentlicher Bedeutung für die Entfaltung der Phänomene sind die Wechselwirkungen zwischen der kontinuierlichen, adaptiven Selbstorganisation der Organismen und ihrer gemeinsamen Ab-

---

410 Verschiedene Merkmale dieser Prozesse finden werden auch durch das Konzept der Resilienz erfasst (Holling 1973).

hängigkeit von den lokalen Stoff- und Energieflüssen. Jeder Organismus ist darin gleichzeitig Nutzer und Quelle.

In Abhängigkeit von der Konstanz der Energieflüsse und der gemeinsamen Entwicklungsdauer von Organismen bilden sich zwischen ihnen Wechselwirkungen unterschiedlicher Intensität aus – mit wesentlichen Konsequenzen für die Gesamtwirkungen der Organismengemeinschaft. In Systemen mit hohen und konstanten Nutzungsraten der Exergie fallen nur geringe Mengen nicht genutzter organischer Materialien an. Redundante funktionelle Wechselbeziehungen unterschiedlicher Spezialisierungsgrade schränken die Spielräume zur Entwicklung hoher Biomassedichten einzelner Arten stark ein. Beispiele solcher Systeme sind tropische Regenwälder oder Korallenriffe. Solche Systeme tragen aber wesentlich zur kontinuierlichen Modifikation abiotischer Faktoren und zur langfristigen Entwicklung spezifischer Lebensbedingungen bei. Beispiele dafür sind die Entwicklung des atmosphärischen Sauerstoffgehalts, die Entwicklung von Böden oder die Entwicklung der terrestrischen Wasserkreisläufe. Hohe Nutzungsraten der Exergie setzen enge funktionelle Wechselbeziehungen zwischen den Organismen der lokalen Systeme auf allen Skalenebenen voraus, die bei tiefgreifenden Störungen zu großen Teilen verloren gehen.

Diskontinuierliche oder stark variierende Energieflüsse sowie Störungen durch abiotische Prozesse verhindern die Ausbildung hochdifferenzierter Wechselwirkungen in Organismengemeinschaften. Wegen der geringen Differenzierung der Beziehungen zwischen den unterschiedlichen Organismenformen können sich solche Gemeinschaften auch nach tiefgreifenden Störungen relativ rasch wieder strukturieren. Es verändern sich dabei aber in der Regel die Positionen der einzelnen Organismenarten innerhalb der funktionellen Wechselbeziehungen. Die niedrigere Redundanz der funktionellen Wechselbeziehungen ermöglicht die Entwicklung relativ großer Biomassedichten einzelner Arten. Beispiele für solche Systeme sind Wälder gemäßigter Breiten, Graslandschaften oder Fließgewässer mit großen Variationen in der Wasserführung. Deutlich geringer sind unter solchen Bedingungen die Nutzungsgrade der Energieflüsse und die Beiträge der biologischen Prozesse zu den Entwicklungen der globalen Lebensbedingungen. Durch die geringeren Nutzungsgrade der Energie fallen größere Mengen an ungenutztem organischem Material an. Damit entstehen Energiepotenziale für unregelmäßig auftretende Störungen, beispielsweise durch Massenvermehrungen von Insekten und Wirbeltieren oder durch Blitzschläge ausgelöste Brände von angesammeltem organischem Material.

Die Intensität der Energienutzung in den Organismengemeinschaften ist von grundlegender Bedeutung für die Entropieabsenkung in den jeweiligen Bereichen der Biosphäre. Die – durch die wechselseitigen Abhängigkeiten bedingten – systemischen Leistungen von Organismengemeinschaften bedingen Systemzustände abseits des thermodynamischen Gleichgewichts. Sie schufen und erhalten die Lebensgrundlagen für die überwiegende Zahl mehrzelliger Organismen – einschließlich der Menschen. Lebensgrundlagen werden im vorliegenden Kontext als multidimensionale Faktorenkomplexe verstanden, die weit über die unmittelbar nutzbaren Faktoren hinausgehen. Beispiele von zusätzlichen Faktoren sind Gasaustauschprozesse und Transpirationsdynamik in Verbindung mit der Fotosynthese oder die lokale Dissipation biologisch nachteiliger Energieflüsse.

6 Auf dem Weg in die systemische Sackgasse

6.1 Vorindustrielle Ära

Wer die voranstehenden Kapitel überblättert hat wird sich vielleicht über die Feststellung wundern, dass der Mensch immer seine Umwelt beeinflusst hat. Egal, ob dieser Satz einen Schock auslöst oder ob er als Freibrief verstanden wird, es wäre fahrlässig, ihn losgelöst von den nachfolgenden Differenzierungen zu verwenden.

Für ein differenziertes Verständnis der Auswirkungen anthropogener Nutzungen ist es notwendig, die Entwicklungen vor und nach der Verwendung fossiler Energieträger und dem großräumigen Rohstoffhandel, sowie in der Zeit nach der ersten Ölkrise getrennt zu betrachten. Vor der großräumigen Verbreitung fossiler Energieträger waren Ausmaß und Intensität anthropogener Nutzung durch die regional vorhandenen Energie- und Rohstoffressourcen begrenzt. Es wäre allerdings ein Fehlschluss, daraus vorausschauende Anpassungen der menschlichen Nutzungsansprüche an die bestehenden Rahmenbedingungen – im Sinne eines „Lebens im Einklang mit der Natur" – abzuleiten.

Wie alle Organismen haben Menschen ihre Fähigkeiten eingesetzt, um möglichst hohe Anteile der Energieflüsse und Rohstoffressourcen für sich zu nutzen. Weltweit finden sich historische und prähistorische Spuren von Versuchen, die Rahmenbedingungen auszuweiten. Viele Versuche scheiterten kurz- oder mittelfristig – mit teilweise dramatischen und nachhaltigen Konsequenzen, wie dem Verlust von Nahrungsgrundlagen durch Ausrottung von Tierarten[411] oder dem Zusammenbruch ganzer Kulturen[412] –, und nur wenige waren langfristig erfolgreich. Ohne Zufuhr von Rohstoffen oder fossilen Energieträgern waren die Versuche dort erfolgreich, wo die bestehenden Lebensbedingungen ausreichend Möglichkeiten und Zeit zur Anpassung des menschlichen Nutzungsverhaltens boten.

Illustrative Beispiele für Erfolge und Misserfolge liefert die Entwicklung der Landwirtschaft. Abgesehen von den klimatisch ungünstigen polarnahen Regionen, Hochgebirgsregionen und extremen Trockengebieten finden sich überall

---
411 Barnosky 2008
412 Tainter 2009.

Hinweise auf Versuche zur Domestikation von Tier- und Pflanzenarten[413]. Langfristig erfolgreiche landwirtschaftliche Methoden weisen jedoch regional große Unterschiede auf. Von wesentlichem Einfluss waren dabei die unterschiedlichen Bedingungen der Lebensräume. Dem hohen Druck durch unterschiedliche Nahrungskonkurrenten und pathogene Organismen, verbunden mit niedrigen Mineralstoffreserven in den Böden und hohem Erosionsrisiko durch Niederschläge konnte im Pflanzenbau nur durch kleinräumige, flexible Anbauweisen langfristig standgehalten werden. Solche Bedingungen finden sich vor allem in tropischen Waldgebieten. Niedriger Druck durch Nahrungskonkurrenten und pathogene Organismen, Böden mit hohen Mineralstoffreserven sowie niedrigem Erosionsrisiko durch Niederschläge und Wind ermöglichten hingegen die Entwicklung des großflächigen Pflanzenbaus in den gemäßigten Regionen Eurasiens[414]. Ausschlaggebend für die Unterschiede zwischen den gravierenden Konsequenzen früher Landnutzung auf der Osterinsel[415] und den weitaus geringeren Folgewirkungen in Mitteleuropa[416] waren weniger die intellektuellen Fähigkeiten der jeweiligen Kulturen, sondern vor allem die unterschiedlichen Umweltbedingungen.

Nicht zu unterschätzen sind dabei auch die Vorteile der dynamischen Analogien zwischen ursprünglicher Vegetation und der anthropogen beeinflussten Vegetation. Beide Vegetationstypen folgen in den gemäßigten Zonen denselben Jahresgängen von solarer Einstrahlung und Klimabedingungen. Dadurch war es möglich, allein auf den Grundlagen der lokal verfügbaren Energieressourcen die landwirtschaftlichen Nutzungen langfristig zu betreiben. Dabei lieferten die landwirtschaftlichen Flächen die Energieressourcen für menschliche Ernährung, Tierzucht und den Transport durch Zugtiere. Die Abhängigkeit der Menschen und Nutztiere von den landwirtschaftlichen Flächen war keineswegs einheitlich, sondern von den ökologischen Bedingungen und der Auswahl an Nutztieren beeinflusst. In Graslandgebieten mit überwiegender Weidehaltung stellten tierische Produkte und Schlachtkörper wichtige Nahrungsgrundlagen für die Menschen dar, die durch gesammeltes Pflanzenmaterial aus nicht beweideten Flächen ergänzt wurden. Trockener Viehdung lieferte zusätzlich Brennmaterial für die Zubereitung der Speisen und die Erwärmung von Wohnräumen. Die langwellige Strahlung der Sonne und die Luftströmung wurden gezielt für die exergetisch aufwändige Trocknung von Nahrungs- und Futtermitteln sowie sonstigen Produkten genutzt. In Gebieten mit Ackerwirtschaft konnten mit Wiederkäuern

---

413 Mazoyer & Roudart 1997.
414 Mazoyer & Roudart 1997; Haarmann 2011.
415 Mieth & Bork 2005.
416 Lang 2003; Dotterweich 2008; Küster et al. 2011.

komplementär Grasland sowie Ernterückstände für die Tierfütterung und letztendlich für die menschliche Ernährung genutzt werden. Aus diesem Grunde kamen – und kommen – in Gebieten mit kleinen Ackerflächenanteilen bevorzugt Rinder als Zugtiere zum Einsatz. In den frühen Agrarwirtschaften waren die Möglichkeiten zur Nutzung komplementärer Energieressourcen von weitaus größerer Bedeutung als die – mit 100-300 Watt (Kühe), beziehungsweise 250-550 Watt (Ochsen) im Vergleich zu 500-850 Watt (Pferde) – geringere Leistung. Für die Erhaltung ihrer Leistungsfähigkeit benötigten Pferde Getreide und beanspruchten damit bis zu einem Drittel der Ackerflächen[417]. Ihr Einsatz war in landwirtschaftlichen Gebieten mit Ackerbau nur bei ausreichend großen Ackerflächen langfristig tragbar.

Wegen ihrer zentralen Rolle in der gesellschaftlichen Energieversorgung lösten Einbrüche in der agrarischen Produktion – beispielsweise durch Klimaänderungen – Hungerperioden und soziale Veränderungen aus[418]. Brennmaterial wurde – soweit regional verfügbar – aus Wäldern gewonnen. In tropischen Gebieten wird der Bedarf auf rund 0,5 und in nördlichen Breiten auf 3 bis 6 Tonnen pro Person und Jahr geschätzt[419]. Wälder lieferten auch in Form von Waldstreu zusätzliche Mineralstoffe für landwirtschaftliche Nutzpflanzen. Das Material wurde entweder als Einstreu in Viehställen mit Stickstoff und Phosphor angereichert und als Stallmist – oder gleich direkt – auf die Felder aufgebracht.

Rückgänge der Bevölkerungszahlen (Abbildung 52) – beispielsweise durch Seuchen – reduzierten die Nachfrage nach landwirtschaftlichen Produkten. Wegen der geringen Spielräume für Veränderungen der Flächenerträge pro Hektar schlugen sich Änderungen in der Nachfrage vor allem in Veränderungen landwirtschaftlicher Flächen nieder. Steigende Nachfrage war mit Rodungen geeigneter Gebiete für landwirtschaftliche Nutzung und sinkende Nachfrage durch die Aufgabe bereits genutzter Gebiete verbunden. Dies lässt sich auch an der Rekonstruktion von Veränderungen der Waldflächen auf potenziell für landwirtschaftliche Nutzungen geeigneten Flächen erkennen[420] (Abbildung 53). In Regionen mit begrenzten Flächenressourcen setzte die Waldrodung für die Gewinnung landwirtschaftlicher Flächen schon frühzeitig ein – beispielsweise in Nordeuropa und den Gebirgsregionen. Zusätzliche Einflüsse der Bevölkerungsentwicklung zeigen sich beim Vergleich der Veränderungen von Waldbeständen zwischen West- und Osteuropa sowie in Verbindung mit den Bevölkerungsrückgängen durch die Pest. Die Rekonstruktion der Entwicklung der Waldbestände Grie-

---

417 Smil 1994.
418 Büntgen et al. 2011.
419 Smil 1994.
420 Kaplan et al. 2009.

chenlands zeigt, dass die Veränderungen durch die Kombination verschiedener Einflüsse – Bevölkerungszahlen und wirtschaftliche Bedingungen – verursacht wurden.

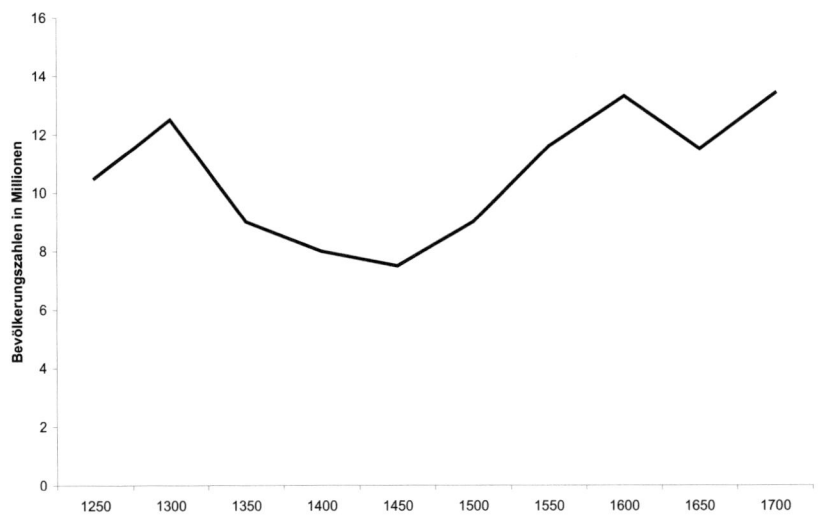

Abbildung 52: Auswirkungen von Seuchenzügen (Pest) und Hungersnöten auf die Bevölkerungsentwicklung am Beispiel Italiens im Zeitraum zwischen 1250 und 1700. Datenquelle: Bardet & Dupâquier 1997.

Die letzte Phase des Waldrückganges wurde nicht nur durch die Ausdehnung von Ackerland, sondern auch durch den steigenden Bedarf an Brennmaterial – vor allem in Form von Holzkohle – für die Produktion von Gütern ausgelöst. Waldbestände gingen deshalb in Regionen mit steigender Güterproduktion auch außerhalb potenzieller Landwirtschaftsflächen dramatisch zurück[421].

Auf den zunehmenden Holzmangel wurde durch Verbesserungen der Effizienz bei den Umwandlungsprozessen reagiert. Waldordnungen schränkten in Österreich ab dem 18. Jahrhundert die Holznutzungsrechte – vor allem der ländlichen Bevölkerung – stark ein. In der Köhlerei erhöhte sich die Ausbeute an Holzkohle durch Umstellung auf stehende Meiler um rund 15%. In der Erzverhüttung nahm durch technische Verbesserungen der spezifische Holzkohlebedarf vom 17. Jahrhundert bis 1880 um rund 75 Prozent ab (Abbildung 54 a). Durch die Einführung neuer Herde – Sparherd – und Öfen ging der Brennstoffbedarf

---

421 Hafner 1979.

pro Person um mehr als die Hälfte zurück, während der Gesamtbedarf nur leicht abnahm (Abbildung 54 b)[422]. Trotz effizienzerhöhender Maßnahmen nahmen im 19. Jahrhundert in vielen Gebieten Österreichs Verkarstungen, Überschwemmungen und Lawinenkatastrophen als Folgen der Übernutzung von Wäldern deutlich zu[423].

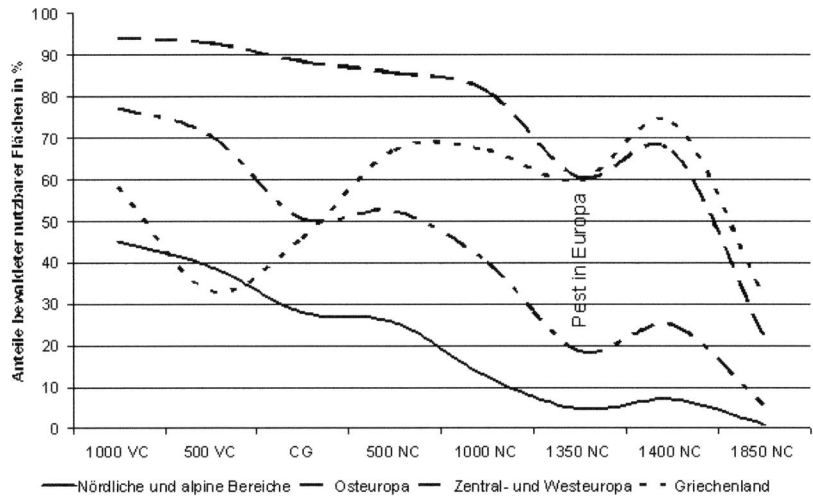

Abbildung 53: Rekonstruktion der Rodung von Waldflächen auf geeigneten Standorten für landwirtschaftliche Nutzung in unterschiedlichen Regionen Europas und in Griechenland während der letzten 3000 Jahre. Datengrundlage: Kaplan et al. 2009.

Mit der Kolonialisierung anderer Kontinente wurden unterschiedlichste Veränderungen in der landwirtschaftlichen Produktion ausgelöst. Auswanderer exportierten europäische Produktionsmethoden in ihre neuen Siedlungsgebiete und waren dann erfolgreich, wenn sie ähnliche Klima- und Bodenbedingungen wie in ihrer Heimat vorfanden – beispielsweise in Nordamerika. Weitaus größer waren die Gebiete, in denen auf extensivere Wirtschaftsformen – beispielsweise Weidewirtschaft – umgestellt werden musste.

---

422 Sandgruber 2005.
423 Sandgruber 2005.

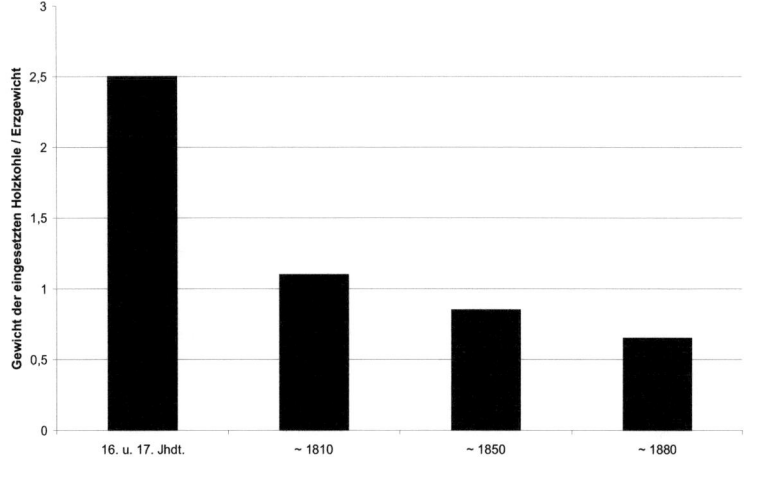

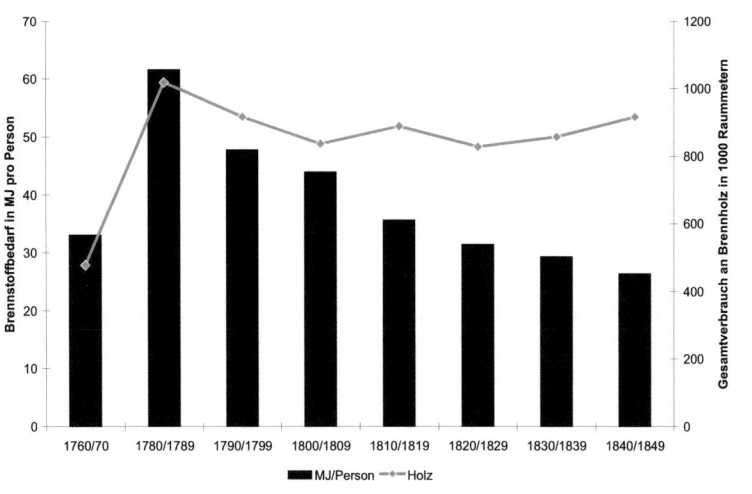

Abbildung 54: Entwicklungen der Effizienzverbesserungen beim Einsatz von Holzkohle in der Erzverhüttung (a) und von Brennholz in Wiener Haushalten sowie des Gesamtverbrauchs von Brennholz in Wien (b) im 18. und 19. Jahrhundert. Datenquelle: Sandgruber 2005.

In Europa entstand durch die Einfuhr und Verbreitung neuer Nutzpflanzen – allen voran der Kartoffel, aber auch Bohnen[424] und Mais – eine neue Ernährungssituation. Wegen der höheren Nutzenergieerträge pro Flächeneinheit konnten deutlich mehr Menschen ernährt werden als mit den bekannten Nutzpflanzen. Das damit ausgelöste Bevölkerungswachstum und das steigende Angebot an Arbeitskräften ermöglichte die Entstehung der industriellen Produktion[425]. Der Übergang von der Agrar- zur Industriegesellschaft war allerdings von der Not vieler und den Vorteilen weniger begleitet.

Am Beispiel der Geschichte Englands zeigt sich, dass die steigenden Erträge in der Landwirtschaft vor allem großen Betrieben zu gute kamen. Ihr Besitz wurde rechtlich durch Verbote ursprünglicher Gemeinnutzungsrechte exklusiv gesichert und besitzlose Familien von der Nutzung von Ernterückständen ausgeschlossen. Damit stieg in diesen Bevölkerungsschichten der Druck zur Suche nach neuen Erwerbsquellen außerhalb des landwirtschaftlichen Bereiches. Begleitet waren diese Entwicklungen von einer sozialen Abwertung der Frauen, die ihre ursprüngliche – durch ihre Beiträge zur Ernährung aus Sammeltätigkeit auf landwirtschaftlichen Flächen begründete – gesellschaftliche Position verloren[426].

Die Abhängigkeit von einer einzigen Nutzpflanze war jedoch auch mit hohen Risiken verbunden. Durch den großflächigen Ausbruch der Kartoffelfäule (*Phytophthora*) in den Jahren 1845 und 1846 wurde in Irland eine Hungersnot ausgelöst, der bis 1850 rund 150.000 Menschen zum Opfer fielen. Todesursachen waren nicht nur Hunger, sondern auch durch die Mangelernährung begünstigte Infektionskrankheiten. Durch Todesfälle und Massenauswanderung nahm die Bevölkerung Irlands von 8,2 Millionen im Jahr 1841 auf 6,6 Millionen im Jahr 1851 ab[427].

Außerhalb der Landwirtschaft waren die Gewinnung von Rohstoffen und die Produktion von Gütern auf menschliche und tierische Arbeitsleistungen, pflanzliches Material für Konstruktionen und thermische Prozesse sowie auf Wind- und Wasserströmungen für mechanische Prozesse angewiesen. Für den Transport von Personen und Gütern über Land standen menschliche und tierische Arbeitskraft zur Verfügung, auf Flüssen konnten Wasserströmungen meist nur in der Flussrichtung für den Transport genutzt werden. Nur in Flachlandgebieten mit niedrigen Fließgeschwindigkeiten und ausreichenden Windbewegungen war – wie auf den Meeren – die Beförderung mithilfe von Segeln möglich.

---

424 Gemeint sind damit die aus Mittelamerika stammenden Vertreter der Gattung *Phaseolus*; die lange vorher bekannte und auch heute noch genutzte Saubohne (*Vicia faba*) stammt vermutlich aus dem fruchtbaren Halbmond (van Wyk 2006).
425 Weissenbacher 2009.
426 Daunton 1995.
427 Salaman 1949.

Sklaverei und der Niedergang großräumiger Waldgebiete[428] belegen das stetige, menschliche Bestreben zur Überwindung lokaler oder regionaler Beschränkungen – ohne Rücksicht auf damit verbundene Folgewirkungen.

Die mechanischen Kräfte von Wind- und Wasserströmungen waren nur lokal nutzbar. Produktions- und Verarbeitungsbetriebe lagen bevorzugt an Wasserläufen, deren Verläufe und Abflussverhältnisse den Nutzungsansprüchen angepasst wurden. Künstlich angelegte Gerinne und Stauwerke ermöglichten beispielsweise den Transport von Holz oder den Antrieb von Wasserrädern. Wegen des kombinierten Bedarfs an mechanischer und thermischer Energie lagen metallverarbeitende Betriebe bevorzugt an Wasserläufen in Gebieten mit großen Holzvorkommen. Ähnliche Anforderungen stellten auch Anlagen zur Salzgewinnung und Glasherstellung. Letztere benötigten zusätzlich große Mengen an Holzasche (Pottasche) als Rohstoff für die Glasproduktion. Andere Betriebe – beispielsweise Sägen oder Mühlen – benötigten allein die mechanischen Antriebskräfte des Wassers oder auch der Luftströmungen. War die Nutzung von Wasserströmungen noch durch technische Maßnahmen – beispielsweise Wehranlagen – beeinflussbar, unterlag die Nutzung von Windkräften unmittelbar den Unregelmäßigkeiten der Luftströmungen. Mit diesem Problem waren auch alle Transporte mit Segelschiffen konfrontiert, weshalb die Reisezeiten schwer kalkulierbar waren.

Anstatt einer grundlegenden Berücksichtigung der funktionellen Zusammenhänge wird die Thematik der Auswirkungen menschlichen Handelns vor allem über interessensbasierte Mythen diskutiert. Schutzorientierte Gruppen pflegen den Mythos der unberührten Natur, nutzungsorientierte Gruppen pflegen hingegen den Mythos der globalen Verträglichkeit standardisierter Nutzungsformen. Mit dem zunehmenden Interesse an der Umwandlung von Regenwäldern in Energieplantagen steigt die Zahl von Publikationen, in denen die Unbedenklichkeit solcher Vorhaben auf den Grundlagen von Spuren früher Nutzungen bestätigt werden soll. Die genauere Analyse wissenschaftlicher Arbeiten zeigt, dass dabei Sonderfälle für die Verallgemeinerung von Aussagen herangezogen werden.

Anbauflächen auf natürlich nährstoffreichen Schwemmflächen[429] haben – bei ausreichenden Klimabedingungen – überall auf der Erde die langfristige Nahrungsversorgung der Bevölkerung gesichert. Aufwändige Verfahren zur Minderung von Mineralstoffverlusten, beispielsweise durch Einbringung von Holzkohle in Böden[430] – bekannt unter „Biochar" –, erfordern erhöhte energetische Ressourcen- und Energieaufwände. Die Frage, mit welchen Auswirkungen auf

---

428 Kaplan et al. 2009; Weissenbacher 2009.
429 McKey et al. 2010.
430 Glaser 2006.

Erosion und Klimafaktoren eine großflächige Anwendung verbunden wäre, wird in den Arbeiten in der Regel nicht behandelt. Obwohl keine systematischen globalen Erhebungen über diese Auswirkungen möglich sind, liefern Einzeluntersuchungen Hinweise auf die erodierenden Wirkungen der Bodennutzungen in allen frühen Ackerbaugebieten[431]. Wegen der schwierigeren Nachweise werden Auswirkungen der prä-industriellen Landnutzung auf das Klima nach wie vor diskutiert[432]. Umweltbelastungen aus Verbrennungsvorgängen und Produktionsprozessen waren lokal sehr hoch[433]. Aus allen Produktionsstätten gelangten Abfall und Abwässer direkt in die Gewässer, Abfall wurde vielfach direkt an den Standorten gelagert. In die Luft emittierte Schadstoffe aus dieser Zeit lassen sich aber auch in Bohrkernen aus dem Grönlandeis nachweisen[434].

6.2 Industrialisierung und nachindustrielle Ära bis 1970

Mit den neuen Erkenntnissen in den Naturwissenschaften und der beginnenden Nutzung fossiler Energieträger boten sich im 18. und 19. Jahrhundert bis dato unbekannte Chancen zur langfristigen Sicherung der gesellschaftlichen Entwicklung (Abbildung 55). Bei einer globalen Bevölkerung von rund einer Milliarde Menschen eröffneten sich vielfältige Möglichkeiten zur stabilen Sicherung der gesellschaftlichen Lebensgrundlagen. Durch die Ausrichtung der Bevölkerungsstände und der Lebensbedürfnisse an regenerativen Energieressourcen und den flexiblen Einsatz fossiler Energieträger zum Ausgleich von Variationen der Umweltbedingungen boten sich Chancen zur Stabilisierung der Lebensbedingungen.

Real setzten vielschichtige Reboundeffekte ein. Der Bedarf an nutzbarer Energie wie auch die Zahl der globalen Bevölkerung nahmen in der Folgezeit in einem ungeahnten Ausmaß zu (Abbildung 56). Neue Erkenntnisse in der Medizin und der Mikrobiologie senkten das Risiko von Todesfällen durch Seuchen und Krankheiten[435]. Gleichzeitig liefen tiefgreifende Veränderungen in der Gesellschaft ab. Durch die Industrialisierung stieg in Europa der Anteil der städtischen Bevölkerung von 16% im Jahr 1850 auf 33% im Jahr 1913. Rasch sinkende Sterbezahlen bei vorerst anhaltend hohen Geburtenraten führten in den demografischen Übergängen zu stark steigenden Bevölkerungszahlen, die Emigra-

---

431 Fuchs et al. 2004; Butzer 2005; He et al. 2006; Anselmetti et al. 2007.
432 Dull et al. 2010; Iriarte et al. 2012.
433 Mighall et al. 2002; Borsos et al. 2003; Sandgruber 2005; Jouffroy-Bapicot et al. 2006.
434 Hong et al. 1994; Hong et al. 1996.
435 Winkle 1997.

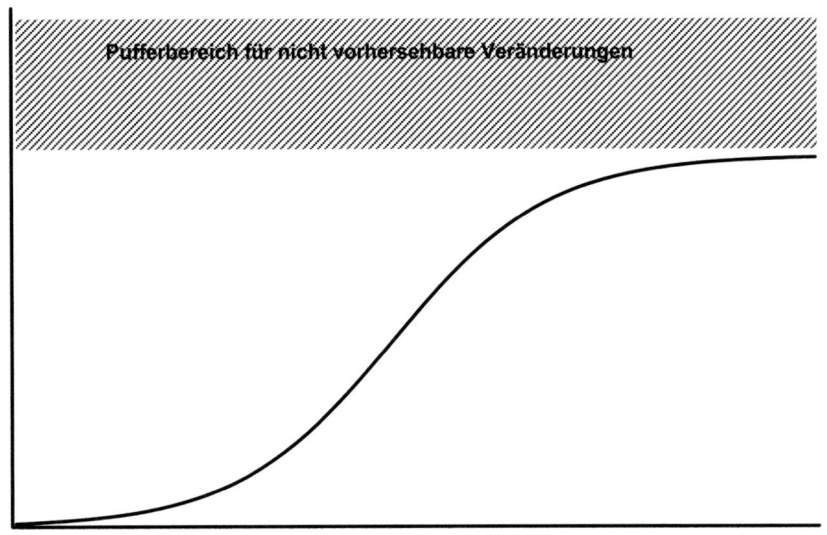

Abbildung 55: Theoretische Möglichkeiten zur langfristigen Sicherung der globalen Gesellschaftsentwicklung durch Nutzung der neuen Erkenntnisse in Medizin und Wissenschaft sowie der fossilen Energieträger für den Ausgleich von nicht vorhersehbaren Veränderungen von Umweltfaktoren.

tionswellen in Überseegebiete auslösten[436]. Mit der Verbrennung von fossilen Brennstoffen verbundene Umweltbelastungen – beispielsweise von Schwefelverbindungen – stiegen dramatisch an[437] und konnten erst nach langen internationalen Verhandlungen während der letzten Jahrzehnte – zumindest in Europa[438] – reduziert werden. Bis in die neunziger Jahre des vorigen Jahrhunderts stieg die Konzentration der Schwefelverbindungen in der Atmosphäre laufend an und verzögerte speziell in der nördlichen Hemisphäre die Erwärmungseffekte von Treibhausgasen[439].

Die vielschichtigen Prozesse bei der Umgestaltung des Energieumsatzes lassen sich am Beispiel der USA am leichtesten verdeutlichen, da die USA – im Gegensatz zu europäischen Staaten – von den Ereignissen der beiden Weltkriege nur indirekt beeinflusst wurden. Zudem lieferten – und liefern noch immer – die Entwicklungen in den USA die globalen Leitbilder für die weltweite technologische Entwicklung der Gesellschaft.

---

[436] Bardet & Dupâquier 1998.
[437] Lefohn et al. 1999; Smith et al. 2001.
[438] Vestreng et al. 2007.
[439] Boucher & Pham 2002; Marmer et al. 2007.

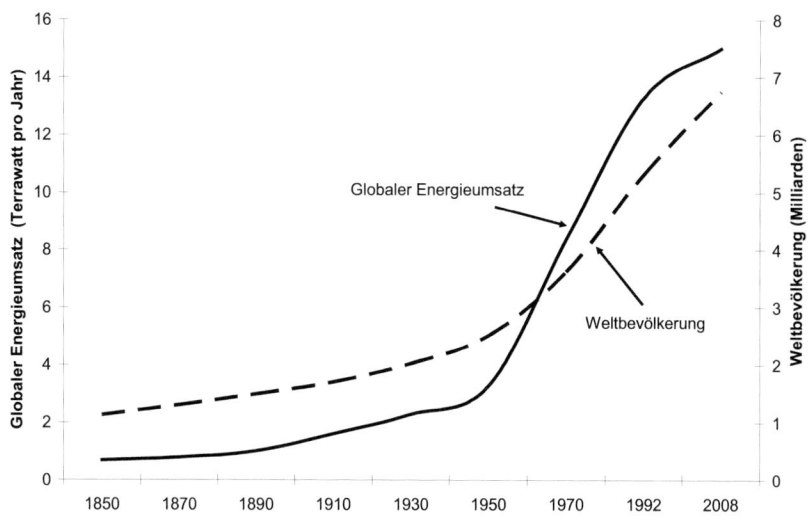

Abbildung 56: Entwicklungen des globalen Energieumsatzes und der Weltbevölkerung seit der zweiten Hälfte des 19. Jahrhundert. Datenquellen: Kunsch 1996; UN 2008: BP 2009.

Eine wesentliche Rolle bei der Umgestaltung des Energieumsatzes spielte die Installation von Antriebsleistungen in motorisierten Landverkehrsmitteln, deren Anteile bereits im Jahr 1930 mehr als 90% aller installierten Leistungen erreichten (Abbildung 57). Die weitere Differenzierung der Antriebsleistungen nach Schienen- und Straßenfahrzeugen (Abbildung 58) zeigt deutlich den Einfluss des Straßenverkehrs auf die Entwicklung der Antriebsleistungen im Transportsektor nach 1930. Vor 1930 sind die Zunahmen der installierten Transportleistungen im motorisierten Landverkehr vorwiegend durch den Ausbau der Eisenbahn begründet. Schwieriger ist die Zuordnung der Leistungskapazitäten von Arbeitstieren – Pferden und Maultieren – zu den Transportleistungen im Landverkehr, da viele auch oder ausschließlich in der Landwirtschaft eingesetzt wurden. Es ist deshalb davon auszugehen, dass die Anteile der Arbeitstiere an den potenziellen Antriebsleistungen im Landverkehr niedriger waren als in Abbildung 58 dargestellt.

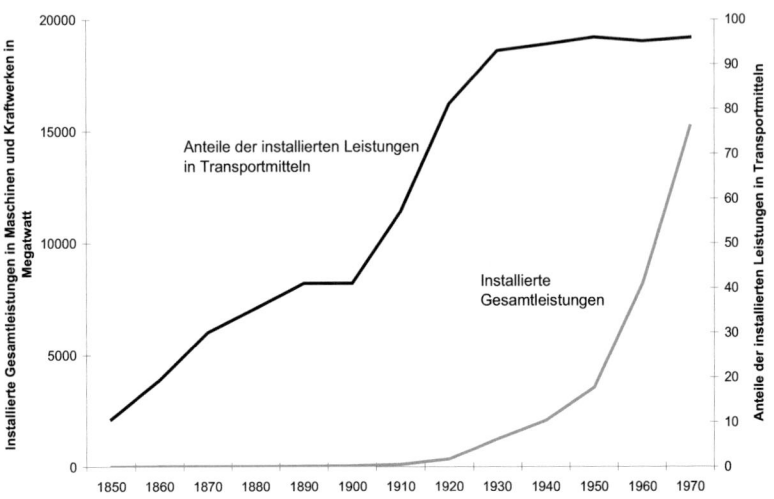

Abbildung 57: Entwicklung der installierten Gesamtleistungen in Maschinen und Kraftwerken (in Megawatt) sowie der davon in Transportmitteln installierten Leistungen (in %) in den USA zwischen 1850 und 1970. Datenquelle: US Bureau of the Census 1975.

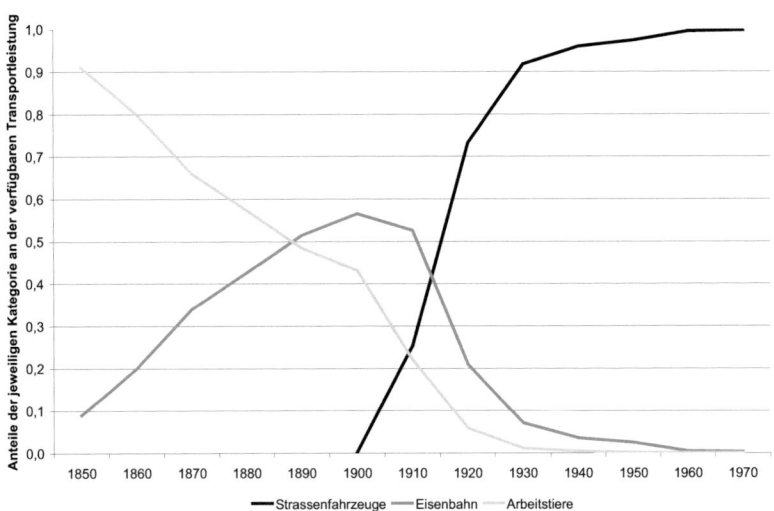

Abbildung 58: Entwicklung der Anteile von Arbeitstieren, Eisenbahn und Straßenfahrzeugen an den jeweils verfügbaren Antriebsleistungen in den USA von 1850 bis 1970. Datenquelle: US Bureau of the Census 1975.

Die zeitliche Entwicklung des Einsatzes von Holz und fossilen Energieträgern für industrielle Prozesse und den Antrieb von Maschinen lässt drei aufeinander folgende Phasen erkennen (Abbildung 59). Bis 1870 wurde der Umwandlungsbedarf überwiegend mit Holz abgedeckt, zwischen 1880 und 1920 dominierte die Nutzung von Kohle und ab 1950 die Nutzung von Erdöl und Erdgas. Knapp davor – im Jahr 1949 – entwickelten sich die USA von einem Nettoexporteur zu einem Nettoimporteur von Erdölprodukten. Der Vergleich mit Abbildung 58 zeigt, dass der Verbrauch an Erdöl langsamer anstieg als die Antriebsleistungen in den Motoren für Fahrzeuge.

Unterschiedliche Einflüsse haben zu diesen Entwicklungen beigetragen. Innerhalb des Verkehrssektors sind zusätzlich die Fahrleistung pro Jahr und die durchschnittliche Fahrgeschwindigkeit angestiegen. Außerhalb des Verkehrssektors steigerten die technologischen Entwicklungen in der Güterproduktion, den Haushalten und der Landwirtschaft die Nachfrage nach Rohöl und Erdgas. Von Bedeutung für die Entwicklung waren auch die unterschiedlichen Eigenschaften der fossilen Energieträger. Die Verbrennung von Kohle in kleinen Feuerungsanlagen ist mit manueller Arbeit, Staub und Umweltbelastungen durch Abgase und Ruß verbunden. In Großanlagen können diese nachteiligen Faktoren durch maschinelle Beschickungsanlagen und Behandlungsanlagen für Abgase weitgehend reduziert werden. Rohölprodukte wie Benzin, Diesel oder Heizöl lassen sich hingegen auch in kleinen Anlagen ohne manuellen Aufwand und ohne feste Rückstände verbrennen. Erkenntnisse über die nachteiligen Wirkungen der freigesetzten Abgase und Partikel sind erst Jahrzehnte nach dem Beginn der Nutzung von Rohölprodukten in das öffentliche Bewusstsein gedrungen[440].

Während sich aus den genannten Gründen der Einsatz von Kohle im Transportbereich auf Schiffe und Schienenfahrzeuge beschränkte, ermöglichten Benzin- und Dieselmotore den massenhaften Einsatz in Straßenfahrzeugen und Arbeitsmaschinen. So überstieg der maximale Einsatz von Kohle den maximalen Einsatz von Holz nur um rund 500%. Hingegen überstieg im Jahr 1970 der Einsatz von Rohöl den maximalen Einsatz von Holz um rund 900% und der von Rohöl gemeinsam mit Erdgas um rund 1700%![441]. Die systemischen Wirkungen der unterschiedlichen Energieträger lassen sich auch in der Entwicklung der pro Person primär umgewandelten Energie deutlich erkennen (Abbildung 60).

---

440 So wurde die krebserregende Wirkung von Emissionen aus Dieselmotoren erst kürzlich von der WHO auf der Grundlage aktueller Publikationen (Silvermann et al. 2012) offiziell bestätigt (WHO 2012).
441 US Bureau of the Census 1975.

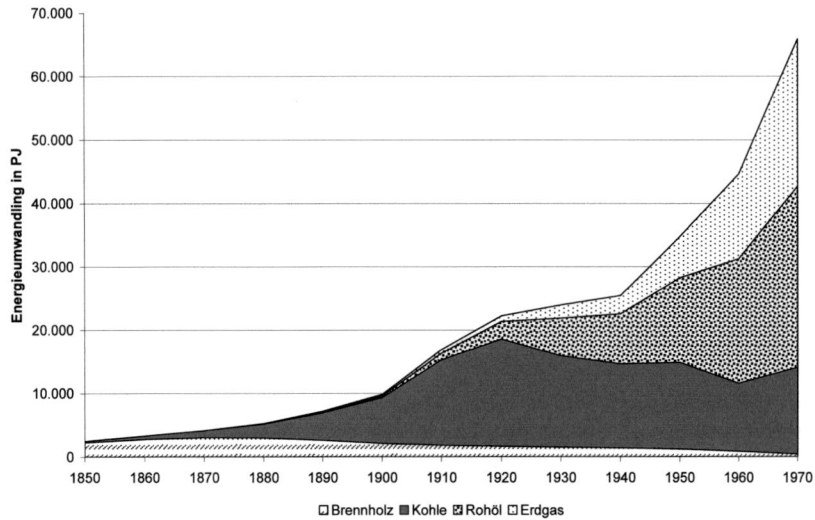

Abbildung 59: Energieumwandlung aus fossilen Energieträgern und Holz in den USA von 1850 bis 1970 in Petajoule (PJ). Datenquelle: US Bureau of the Census 1975.

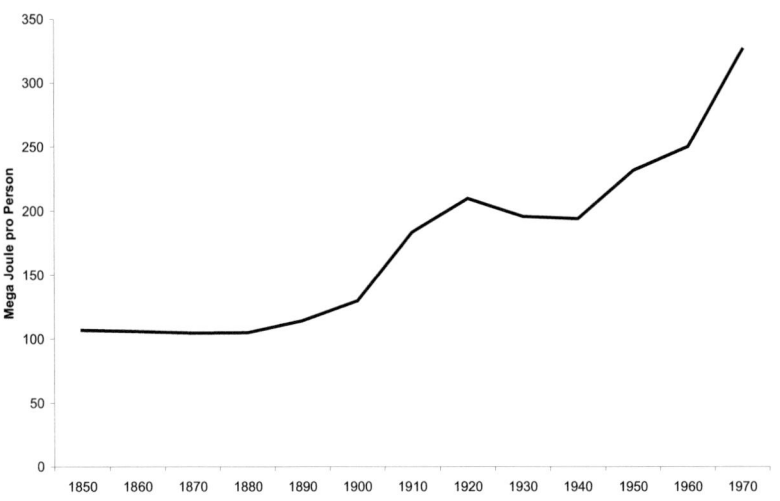

Abbildung 60: Entwicklung der pro Kopf aus Holz und fossilen Energieträgern umgewandelten Energie in den USA zwischen 1850 und 1970. Datenquelle: US Bureau of the Census 1975.

Genutzt wurden die technologischen Vorteile und relativ geringen Kosten von Rohölprodukten vor allem für die Steigerung der transportierten Gütermengen in den Wirtschaftskreisläufen. Der Vergleich der Mengen- und Wertindices[442] von US Ex- und Importen zwischen 1880 und 1970 zeigt deutlich den Anstieg der Transportmengen ab 1940 (Abbildung 61). Die Indices der Werte weisen hingegen deutlich geringere Anstiege auf, zudem unterliegen sie zusätzlich globalen Wirtschaftsbedingungen – erkennbar an den Auswirkungen der Weltwirtschaftskrise zwischen 1930 und 1940. Damit verschoben sich langfristig auch die Relationen zwischen den Mengen und Werten der gehandelten Güter. Lagen im Jahr 1880 die Verhältnisse zwischen den Mengen- und Wertindices bei 0,35 im Export und 0,29 im Import, so verschoben sich die Werte bis zum Jahr 1950 auf 1,22 bzw. 2,33 und bis zum Jahr 1970 auf 2,38 bzw. 6,07.

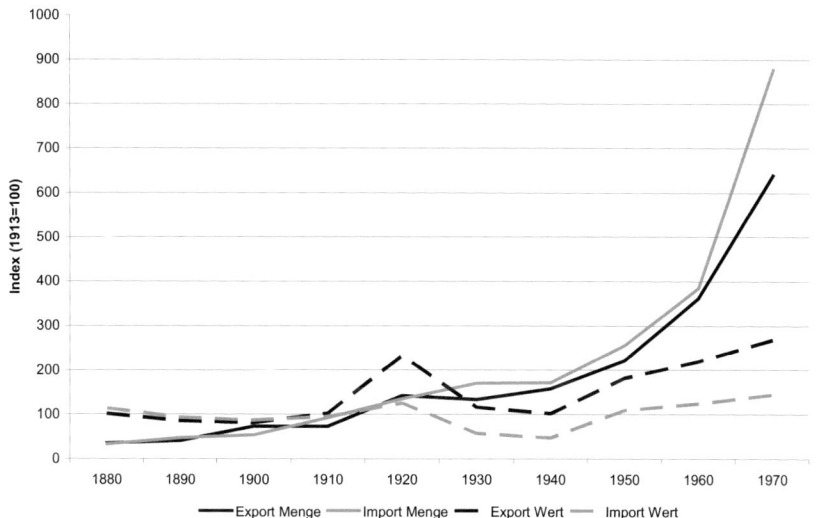

Abbildung 61: Entwicklung der Mengen- und Werteindices um US Aussenhandel zwischen 1880 und 1970 (1913=100 für alle dargestellten Indices). Datenquelle: US Bureau of the Census 1975.

Deutlich sichtbar werden dabei die fatalen Konsequenzen eindimensionaler Hypothesen, wie das Theorem der komparativen Standortvorteile von David Ricardo[443]. Durch großräumige Arbeitsteilung sinken zwar die Kosten für die Produktion von Gütern, wegen der grundlegenden physikalischen Gesetze der Mechanik steigt aber damit der Energieumsatz für die Transportleistungen. Das zentrale

---

442 Die Referenzwerte (100) für alle Indizes beziehen sich auf das Jahr 1913.
443 Kurz 2008.

Motiv hinter diesen von Menschen getroffenen Entscheidungen ist hier klar: das Erzielen von Kostenvorteilen. Langfristig können solche Systeme aber nur bestehen, wenn der Energieumsatz für Transportleistungen weder die Selbstorganisationsfähigkeiten von Gesellschaften gefährdet, noch die Belastbarkeitsgrenzen von Ökosystemen übersteigt.

Für die strukturellen Veränderungen der wirtschaftlichen Prozesse und Lebensabläufe war die Bereitstellung von elektrischem Strom (Abbildung 62) von noch größerer Bedeutung als die Bereitstellung von Rohölprodukten[444]. Elektrische Energie kann unabhängig vom Standort der Umwandlungsanlagen den Endnutzern direkt über Leitungen zu jeder Zeit bereitgestellt und für unterschiedlichste Anwendungen eingesetzt werden. Für die Umwandlung in elektrische Energie sind unterschiedliche Energieträger – feste, flüssige, gasförmige Brennstoffe oder radioaktives Material – und Energieflüsse – solare Einstrahlung oder die kinetische Energie von Luft- und Wasserströmungen – nutzbar. Von den Endnutzern ist elektrische Energie für unterschiedlichste Zwecke einsetzbar, sei es für die Bereitstellung von Wärme und Kälte, den Antrieb von Motoren, für Beleuchtung oder den Austausch von Informationen und Datenverarbeitung. Alle Endumwandlungen erfolgen zudem völlig frei von stofflichen Rückständen.

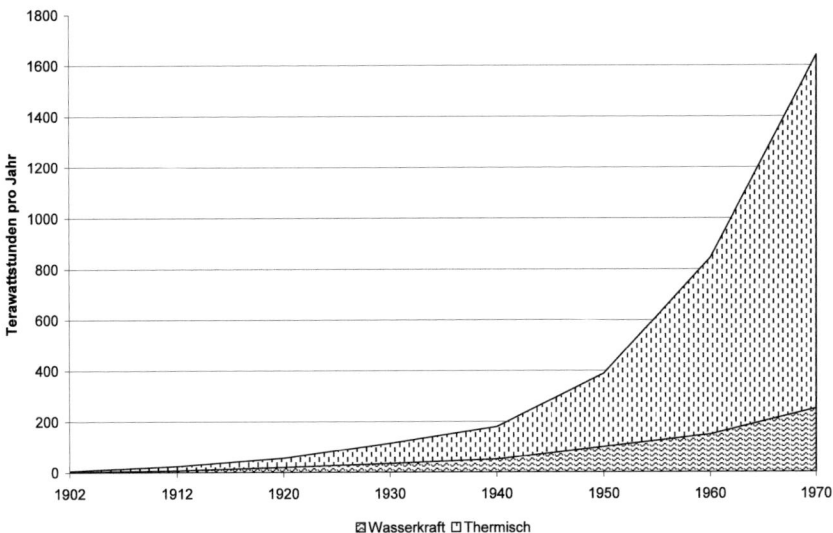

Abbildung 62: Entwicklung der Produktion von elektrischem Strom in den USA zwischen 1902 und 1970. Datenquelle: US Bureau of the Census 1975.

---

444 Giedion 1987.

Hand in Hand mit der Zahl von Personenkraftwagen (Abbildung 63) veränderten sich in der Gesellschaft die Bezüge zu Raum und Zeit. Entfernungen konnten zunehmend unabhängig von den Verkehrsnetzen öffentlicher Verkehrsmittel und mit deutlich kürzeren Reisezeiten zurückgelegt werden. Erkauft wurden die Freiheiten der Bewegung im Raum mit einem höheren finanziellen Aufwand für die Mobilität, mit einem steigenden Bedarf an kostengünstigem Rohöl und mit einer zunehmenden Umweltbelastung.

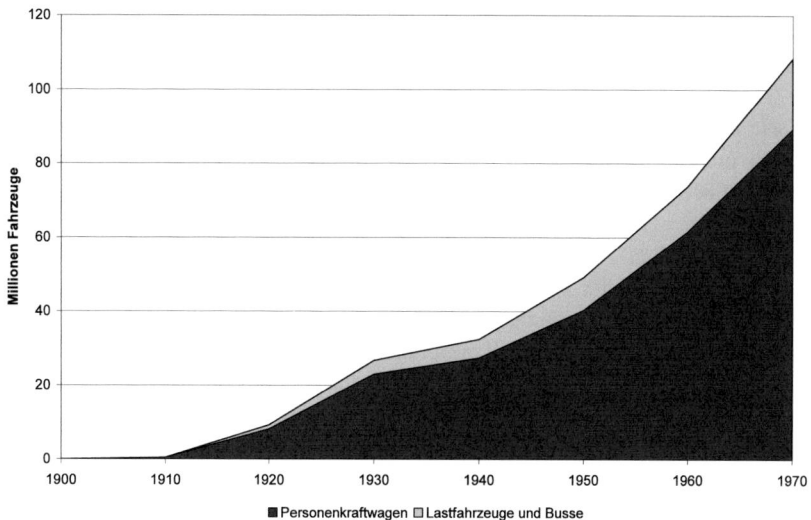

Abbildung 63: Entwicklung der Bestände an Personenkraftwagen sowie Bussen und Lastkraftwagen in den USA zwischen 1900 und 1970. Datenquelle: US Bureau of the Census 1975.

Weniger deutlich erkennbar sind die damit einhergehenden, strukturellen Veränderungen in Gesellschaft und Wirtschaft. Mit der allgemeinen Verfügbarkeit individueller Verkehrsmittel stieg die Bereitschaft zu Ortsveränderungen und die Akzeptanz von längeren Distanzen zwischen wichtigen Bezugspunkten des alltäglichen Lebens, sei es zwischen Wohnung und Arbeitsplatz oder Einkaufsmöglichkeiten. Unternehmen wurde so eine zunehmende Konzentration ihrer Angebote an Arbeitsplätzen oder Geschäften an wenigen Standorten ermöglicht. Sinkende Fixkostenanteile erhöhten zudem die Konkurrenzfähigkeit gegenüber kleineren Betrieben – sofern die notwendige Verkehrsinfrastruktur kostengünstig von der Gesellschaft bereitgestellt wurde. Veränderungen der Raumnutzungsstrukturen und die zunehmende Abhängigkeit vieler Wirtschaftsbereiche von der Bereitstellung, dem Betrieb und der Erhaltung von Infrastrukturen und Fahrzeugen verstärkten die Abhängigkeit der gesamten Gesellschaft vom Individualverkehr und der kontinuierlichen Bereitstellung von Rohölprodukten.

Mit Verbrennungskraftmaschinen angetriebene Fahrzeuge verdrängten auf den Straßen und in der Landwirtschaft die bis dahin eingesetzten Zugtiere – vor allem Pferde. Obwohl es sich formal um die gleichen Prozesse handelte – der Substitution von tierischer durch maschinelle Arbeitsleistung –, waren die strukturellen Wirkungen im Transportwesen und der Landwirtschaft völlig unterschiedlich. Für Transportunternehmer, die selbst keine Landwirtschaft besaßen, war der Aufwand für Transportleistungen stets mit Investitionen – für den Ankauf von Pferden oder Automobilen – und Betriebskosten – für Futter oder Treibstoff sowie Pflege – verbunden. Leitgrößen waren immer finanzielle Dimensionen und technische Kenngrößen, beispielsweise Transportvolumen pro Einheit oder Transportgeschwindigkeiten. In der Landwirtschaft änderten sich mit der Substitution von Pferden durch Traktoren auch grundlegende Leitgrößen. Beim Einsatz von Pferden konnte der Energieaufwand für die Arbeitsleistungen direkt – über den Futterverbrauch – gemessen werden. Konstruktionsbedingt konnten die Lenker der Zugtiere die Auswirkungen der Arbeit direkt beobachten – beispielsweise die Zustände der Böden beim Pflügen oder des Korns bei der Ernte. Mit der Einführung von Traktoren wurde der Energieaufwand für die Arbeitsleistungen nur mehr durch betriebswirtschaftliche Kenngrößen limitiert. Die erforderlichen Energieträger standen hingegen in vermeintlich unbegrenzten Mengen zur Verfügung. Die Beobachtung dieser Veränderungen entzog sich vollständig dem Beobachtungs- und Erfahrungsbereich der einzelnen Landwirte. Bei den Arbeiten auf landwirtschaftlichen Flächen saß von nun an das Bedienungspersonal vor den eigentlichen Arbeitsgeräten und konnte die Auswirkungen der Arbeit hauptsächlich indirekt, an den Reaktionen der Zugmaschinen und an quantitativen Kenngrößen beobachten – beispielsweise Zeitaufwand oder Erntemenge pro Flächeneinheit. In den Umstellungsphasen waren diese Unterschiede vielen Landwirten durchaus bewusst[445], und sie hielten für bestimmte Arbeitsgänge neben den Traktoren noch eine begrenzte Zahl von Pferden. Der Rückgang des Pferdebestandes in den USA (Abbildung 64) wurde zum Teil durch dieses Verhalten der Landwirte verzögert. Interessant an den Vergleichen der relativen Bestandsveränderungen ist die weitgehend synchrone Entwicklung in den USA und in England, in Frankreich gingen hingegen die Pferdebestände erst mit deutlichen zeitlichen Verzögerungen zurück.

---

445 Clark 2002.

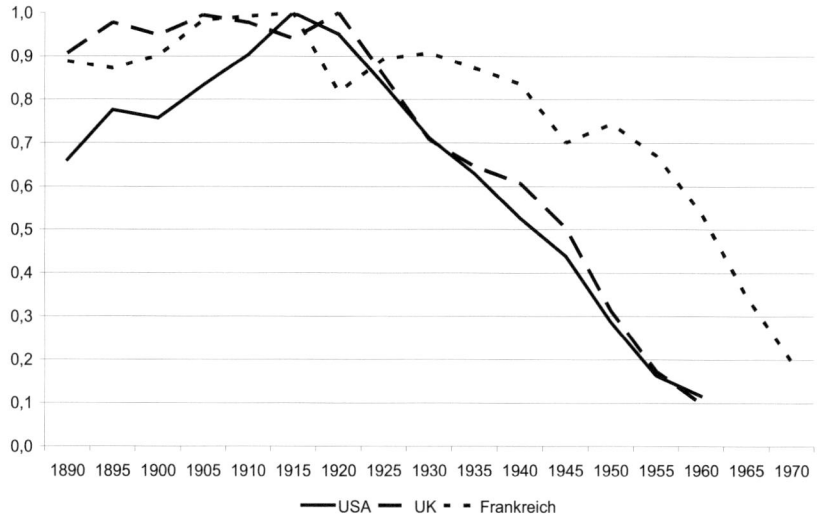

Abbildung 64: Relative Veränderungen der Pferdebestände in den USA, dem Vereinigten Königreich und Frankreich zwischen 1980 und 1970. Datenquellen: US Bureau of the Census 1975; Mitchell 1978.

Die strukturellen Veränderungen in der Landwirtschaft wurden mindestens im gleichen Ausmaß durch die Einführung der industriellen Herstellung von Stickstoffdünger beeinflusst. Wegen der riesigen Vorräte an gasförmigem Stickstoff in der Atmosphäre kann industrieller Stickstoffdünger an jedem Ort der Erde hergestellt werden – sofern die dafür notwendige Energie zur Verfügung steht. Die Versorgung der Nutzpflanzen wurde damit unabhägig von der Verfügbarkeit menschlicher und tierischer Exkremente oder von Salpeterimporten aus Südamerika. Mit der unbegrenzten Verfügbarkeit von mineralischem Dünger und Treibstoffen konnten die Produktivität in der Landwirtschaft laufend gesteigert werden (Abbildung 65).

Die Substitution von Chile-Salpeter durch industriell gewonnenen Stickstoffdünger erfolgte durch die Einführung des *Haber-Bosch-Verfahrens* in ungewöhnlich kurzer Zeit. Der Anteil von Chile-Salpeter an den weltweit gehandelten Stickstoffdüngermengen sank von 99% im Jahr 1909 auf rund 30% im Jahr 1920[446].

Eng mit der Einführung des Haber-Bosch-Verfahrens ist auch die menschliche Nutzung von Energie für Kriege verbunden. Ausreichende Mengen an Stick-

---

446 Lotka 1924.

stoffverbindungen bildeten die Grundlage für den Einsatz von Schusswaffen in militärischen Auseinandersetzungen[447]. Ohne industrielle Produktion von Stickstoffverbindungen hätte deshalb Deutschland den Ersten Weltkrieg wegen Rohstoffmangels für die Sprengstoffproduktion schon nach kurzer Zeit beenden müssen.

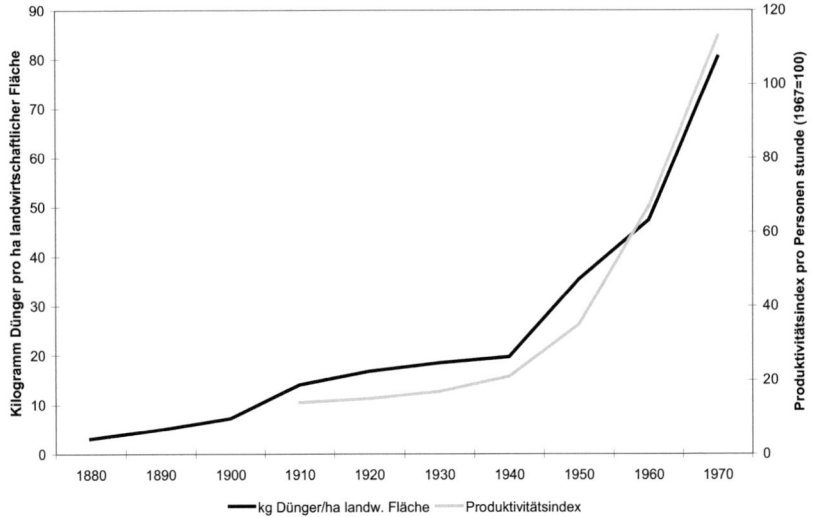

Abbildung 65: Entwicklungen des Düngermitteleinsatzes und der relativen Produktivität pro Arbeitskraft in der US Landwirtschaft bis 1970. Datenquelle: US Bureau of the Census 1975.

Höhere Erträge durch den Einsatz von industriell produziertem Stickstoffdünger wurden durch höhere Abhängigkeit der Landwirtschaft von der Energieversorgung und Industrieunternehmen erkauft. Am Beispiel der amerikanischen Maisproduktion (Abbildung 66) zeigt sich seit 1950 ein relativ konstantes Verhältnis zwischen dem gesamten Energieaufwand für die Produktion und dem Energiegehalt der Ernte[448]. Mit anderen Worten: jede Ertragssteigerung erfordert einen höheren Energieaufwand für die Produktion. Verfechter des Effizienzgedankens seien hier an die Beispiele der Holznutzung im voranstehenden Kapitel erinnert.

---

447 Harding 2007; Brown 2010.
448 Pimentel et al. 1989.

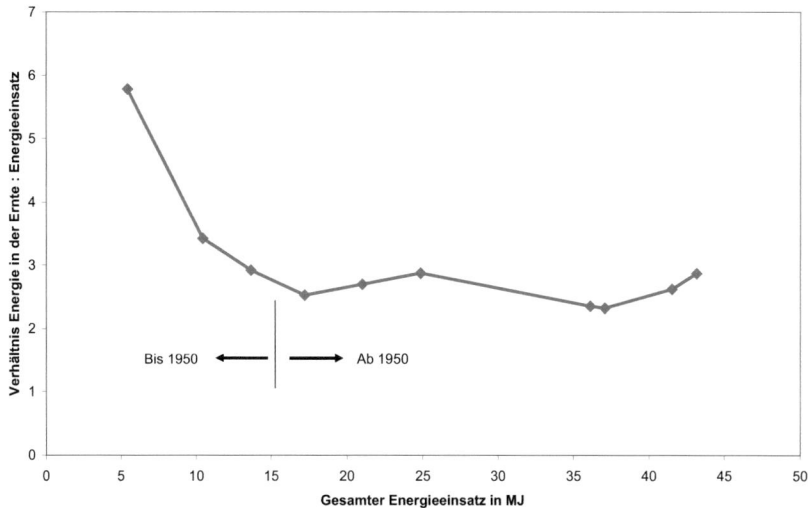

Abbildung 66: Zusammenhänge zwischen dem Gesamtenergieeinsatz für die Produktion von Mais und dem Verhältnis zwischen Energieeinsatz und den in der Ernte gespeicherten Energiemengen in der US Landwirtschaft. Datenquelle: Pimentel et al. 1989.

Mit steigenden Ertragsleistungen stiegen auch der Wasserbedarf und die Wahrscheinlichkeit von Verlusten von Chemikalien, Nährstoffen und Bodenmaterial. Ein Teil des steigenden Wasserbedarfs war durch die Physiologie der Fotosynthese bedingt, ein weiterer Teil war – wie auch Stoffverluste – vor allem auf die Bewirtschaftungsweisen und die weitgehende Offenheit der meisten Anbausysteme zurückzuführen. Die Bewirtschaftungsweisen bestimmten die Pflanzenarten und Fruchtfolgen, die Vegetationsbedeckung und Bearbeitung der Böden sowie die Mengen der eingesetzten Dünger und Chemikalien zur Bekämpfung unerwünschter Tier- und Pflanzenarten. Mit dem mittlerweile weltweiten Handel von agrarischen Erzeugnissen wurden auch die in den Produkten gespeicherten – Inhaltsstoffe – darunter auch Wasser und Pflanzennährstoffe – von den Produktionsgebieten exportiert. Importländer von agrarischen Produkten belasteten die Wasserbilanzen der Herkunftsgebiete nicht nur durch den direkten Entzug der Wassermengen in den jeweiligen Produkten, sondern auch durch den Wasserbedarf bei ihrer Produktion. Die Bilanzierung dieser Wassermengen mit dem Ansatz des „Virtuellen Wassers"[449] ermöglichte erste Untersuchungen der Auswirkungen des Handels mit Agrarprodukten auf die nationalen Wasserbilanzen.

---

449 Chapagain & Hoekstra 2008.

Wichtige Rahmenbedingungen für die Auswirkungen des Wasserbedarfs und der Stoffverluste sind das lokale Klima, die geomorphologischen Gegebenheiten und Bodeneigenschaften[450]. Die konkreten Faktoren für die Entfaltung der Auswirkungen sind jedoch unterschiedlich. Die Auswirkungen des gesteigerten Wasserbedarfs hängen vor allem von der Gesamtmenge der Niederschläge während der Vegetationsperioden ab. Reichen die Regenmengen nicht aus, um den Bedarf der Pflanzen zu decken, so muss zusätzlich Wasser zugeführt werden. Solange die gesamte Regenmenge eines Jahres den Bedarf abdeckt, kann die Wasserversorgung durch künstlich angelegte Speicher oder aus kurzfristigen Grundwasserspeichern regional sichergestellt werden. Übersteigt der Bedarf jedoch die Menge der nutzbaren Jahresniederschläge, so hängt die Bewässerung von der Zufuhr aus anderen Regionen oder der Ausschöpfung langfristiger Grundwasserspeicher ab. So sank beispielsweise der Grundwasserspiegel in Teilen Kaliforniens durch übermäßige Entnahmen für die Landwirtschaft zwischen 1860 und 1960 um bis zu 120 cm[451]. Durch die Bewässerung der Maisfelder sank der Grundwasserspiegel im Ogalla-Aquifer um 3,8 m[452]. Durch die Verluste der Grundwasserreserven erhöhen sich für die Landwirtschaft die Risiken für Ernteausfälle bei zukünftigen Trockenperioden.

Zeitversetzt zu den „Erfolgen" der Ertragssteigerung in der Landwirtschaft in den USA sind mittlerweile global deutliche Verluste der Grundwasserressourcen zu beobachten[453]. Die Dimensionen der Verluste erreichen in manchen Gebieten dramatische Werte, wie in den Agrargebieten Nordchinas mit Absenkungen um bis zu 35 m in 25 Jahren. Gleichzeitig verschlechterte sich auch die Qualität der Grundwässer durch das Einsickern verschmutzter Oberflächengewässer über unzureichend gesicherte Bohrlöcher oder durch das Eindringen von Meerwasser in die oberflächennahen Grundwasserhorizonte von Küstengebieten. Aus dem öffentlichen Bewusstsein wieder verschwunden ist das drastische Beispiel der Überbeanspruchung von Wasserressourcen im Einzugsgebiet des Aralsees[454]. Durch die Ausweitung der Bewässerungen – vor allem für den Anbau von Baumwolle – versiegten um das Jahr 1980 die Zuflüsse zum See, dessen Spiegel von 1960 bis 1993 um rund 15 m sank, was einem Rückgang des Wasservolumens rund 70% entspricht. Der Fischfang brach vollständig zusammen, die Weideflächen gingen um 80% zurück und gleichzeitig veränderte sich die Landschaft in ein trockenes Steppengebiet.

---

450 Hood et al. 2003.
451 Scanlon et al. 2012.
452 Galloway et al. 2007.
453 Foster & Chilton 2003.
454 Létolle & Mainguet 1996.

Verluste von Bodenmaterial und von Pflanzennährstoffen in landwirtschaftlichen Flächen können großflächig nur geschätzt werden. Zu vielfältig sind die kleinräumigen Kombinationen der dafür maßgebenden Einflussfaktoren. Global handelt es sich dabei nicht um Verluste, sondern um Verlagerungen der Substanzen in andere Ökosysteme. Kritisch werden solche Verlagerungen, wenn dabei auf landwirtschaftlichen Flächen Produktionsmöglichkeiten verloren gehen oder in den Ablagerungsgebieten nachteilige Umweltveränderungen auftreten. In den dreißiger Jahren des 20. Jahrhunderts verloren viele Landwirtschaftsbetriebe in den nordamerikanischen Great Plains durch Trockenheit und Winderosion in der so genannten „Dust Bowl" ihre Produktionsgrundlagen. Ursachen dafür waren die Kombination von Trockenheit und großflächiger Umwandlung eines trockenresistenten Prärieökosystems in nicht trockenresistente Ackerflächen[455]. Obwohl nach dem Ereignis die Bemühungen zur Vermeidung von Bodenverlusten in den USA verstärkt wurden, liegen in der konventionellen Landwirtschaft die Bodenverluste um ein bis zwei Zehnerpotenzen höher als die Neubildungsraten der Böden. Solche Bewirtschaftungsweisen können deshalb nur eine – von der ursprünglichen Bodenmächtigkeit abhängige – begrenzte Zeit aufrechterhalten werden[456].

Wasser-, Nährstoff- und Materialverluste können theoretisch in geschlossenen Systemen – beispielsweise Glashauskulturen – weitgehend vermieden werden. Der dabei erforderliche Energieaufwand ist aber deutlich höher und kann beispielsweise in der Gemüseproduktion rund das Dreifache der in der geernteten Biomasse gespeicherten Energie betragen[457].

Bodenverluste, speziell durch Abschwemmung, haben zusätzlich nachteilige Auswirkungen auf die Stromgewinnung aus Wasserkraft. Durch die steigende Zahl der Flusskraftwerke erhöht sich auch die Meng der in den Staubecken abgelagerten Sedimente und senkt das nutzbare Wasservolumen. Die Schätzungen über Erosionsmengen und in den Staubecken zurückgehaltene Anteile weisen große Bandbreiten auf[458]. Generell zeigt sich aber in allen Modellen eine Zunahme der globalen Erosionsrate und der Ablagerungen in Staubecken[459].

Damit offenbart sich eine in mehrfacher Hinsicht skurrile Situation von funktionellen Blockaden menschlicher Nutzungsinteressen: Die steigenden Sedimentströme als Folge der zunehmenden landwirtschaftlichen Produktion reduzieren langfristig die Leistungskapazitäten von Wasserkraftwerken. Durch das Zurückhalten der Sedimente im Landesinneren fehlt in den oft dicht besiedelten Mün-

---

455 Cook et al. 2009.
456 Montgomery 2007.
457 Canakci & Akinci 2006; Ozkan et al. 2011.
458 Walling & Webb 1996; Lal 2003; Syvitski et al. 2005.
459 Walling 2009.

dungsgebieten der Flüsse der Sedimentnachschub, wodurch diese Gebiete verstärkt den Erosionsprozessen durch Wellenbewegungen und Wasserströmungen ausgesetzt sind[460]. Ambivalent sind hingegen die Wirkungen der Ablagerung von pflanzlichen Nährstoffen und organischem Material in den Staubereichen zu sehen. Verluste bei den ursprünglichen Einträgen haben zu einem deutlichen Rückgang der Fischbestände und damit einer weiteren Nahrungsquelle in den Küstengewässern geführt, beispielsweise in Gebieten des Mittelmeeres durch den Bau des Assuanstaudamms[461]. In Einzugsgebieten mit geringen Staudammdichten führten hingegen die mittlerweile großen Mengen an Sedimenten, organischen Materialien, Dünger und Pestiziden zu ökologischen Problemen in den betroffenen Meeresgebieten, beispielsweise der Ostsee, der Adria, im Golf von Mexiko oder an den Küsten Japans[462].

Die zunehmende Ausstattung der landwirtschaftlichen Betriebe mit Maschinen und die steigenden Leistungskennzahlen der einzelnen Maschinen haben die Bewirtschaftung immer größerer Flächen ermöglicht. Mit der Motorisierung der Landwirtschaft ging die Anzahl der Betriebe weiter zurück (Abbildung 67). Die maximale Anzahl der Betriebe wurde zwischen 1930 und 1940 erreicht. Während in dieser Darstellung die Auswirkungen der Dust Bowl nicht erkennbar sind, hat sich die Zahl der Betriebe bis 1970 durch die zunehmenden Mechanisierung halbiert – immer weniger Betriebe bewirtschaften immer größere Flächen.

Nicht dargestellt ist ein weiterer systemischer Effekt – mehr und größere Maschinen brauchen für ihren ökonomischen Einsatz auch größere maschinengerechte Flächen. Ungleichmäßigkeiten des Geländes oder kleinräumige Variationen des Bewuchses sind unter diesen Anforderungen Störfaktoren, die möglichst zu beseitigen sind. Mit dem „Ausräumen der Landschaften" wird auch die Vielfalt an Pflanzen- und Tierarten – zusätzlich verstärkt durch den Einsatz von Pestiziden – deutlich reduziert[463]. Durch die damit verbundenen Verluste an Ökosystemleistungen werden Produktion und Erträge auf landwirtschaftlichen Flächen zunehmend allein vom Einsatz an betriebsfremden Stoffen und Energieträgern abhängig. Eine Entwicklung, die sich in einem anderen Kontexten in Abbildung 65 und Abbildung 66 wieder findet.

---

460 Xu et al. 2009; Zhang et al. 2009.
461 McCall 2008.
462 Selman et al. 2008; Dale et al. 2010; Weber et al. 2012.
463 Le Roux et al. 2008.

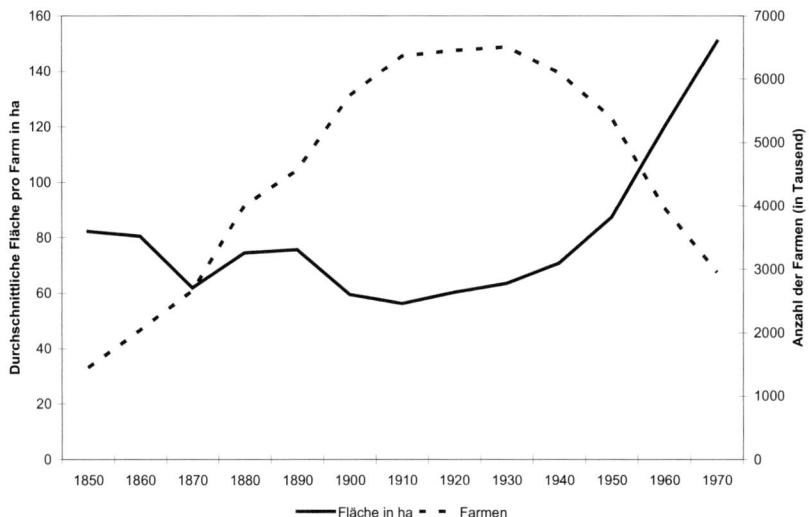

Abbildung 67: Entwicklung der durchschnittlichen Fläche pro Farm und Anzahl der Farmen (in Tausend) in den USA von 1850 bis 1970. Datenquelle: US Bureau of the Census 1975.

6.3 Die Entwicklung seit 1970

So manche Leserin und mancher Leser wird sich die Frage stellen, warum die Entwicklung seit den siebziger Jahren des vorigen Jahrhunderts getrennt behandelt werden soll. Gerade in Verbindung mit Fragestellungen der Energieversorgung erscheint es gerechtfertigt, mit der ersten Ölkrise eine Zäsur zu setzen und sich mit diesem Zeitraum genauer auseinanderzusetzen. Die genauere Betrachtung dieses Zeitraumes hilft auch bei der Suche nach Antworten, warum nach über hundert Jahren und einem rund zwanzig Mal höheren Niveau der Primärenergieumwandlung (Abbildung 68) wieder verstärkt Biomasse für die Primärenergieumwandlung eingesetzt werden soll.

Das System der globalen Rohölversorgung wurde 1973 durch restriktive Maßnahmen wichtiger Förderländer auf eine erste Probe gestellt – in den industrialisierten Ländern besser bekannt unter dem Begriff der „ersten Ölkrise". Die OPEC (Organisation erdölexportierender Länder) drosselte in einem Ölembargo bewusst die Fördermengen um etwa 5%, um die westlichen Länder von ihrer Unterstützung Israels im Jom-Kippur Krieg abzubringen. Der Ölpreis stieg um etwa 70%. Die Wirtschaftskrise verstärkte sich und führte zu einem deutlichen Anstieg der Arbeitslosigkeit und der Insolvenzen von Unternehmen.

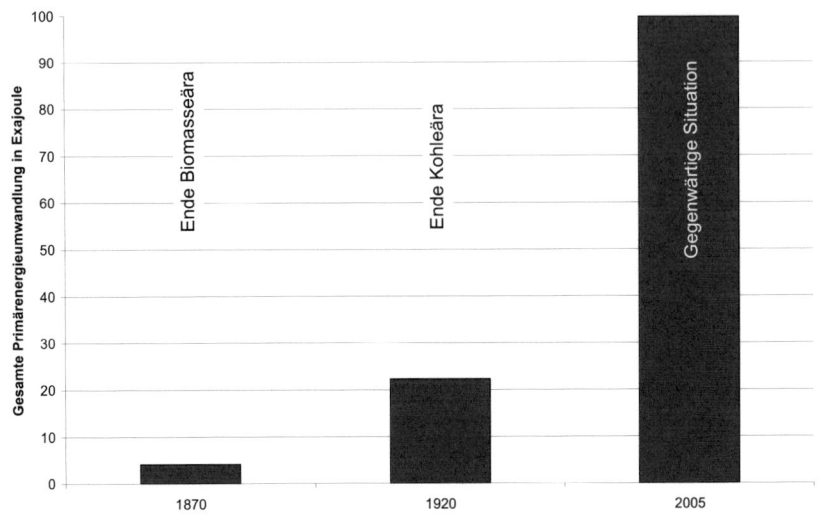

Abbildung 68: Vergleich der gesamten Primärumwandlung in den USA am Ende der Biomasseära (1880), der Kohleära (1940) und der gegenwärtigen Situation (Werte in Exajoule = 10 Joule). Datenquellen: US Bureau of the Census 1975; BP 2011.

Von den verschiedenen Maßnahmen zur „Energieeinsparung" sind bis heute die Sommerzeit und die – mittlerweile in Semesterferien umbenannten – Energieferien in den Schulen erhalten geblieben.

Ein erneuter Preisschub in den Jahren 1979/1980 zur „zweiten Ölkrise" (Abbildung 69). Anlass dafür waren Förderausfälle durch die Revolution im Iran und der Krieg zwischen dem Irak und dem Iran.

Beide Ereignisse haben in den statistischen Daten der Energieversorgung der USA ihre Spuren in den – für die Primärumwandlung – eingesetzten Erdgas- und Rohölmengen hinterlassen (Abbildung 70). Hier ist anzumerken, dass in der Praxis deutliche Unterschiede im Umgang mit Erdöl und Erdgas bei der Förderung bestehen. Während Rohöl nur bei Unfällen oder militärischen Auseinandersetzungen auf den Förderfeldern verbrannt wird, ist dies bei Erdgas eine nach wie vor übliche Praxis. Erst durch eine Initative der Weltbank konnten die so verbrannten Erdgasanteile am Weltverbrauch von 6% im Jahr 2005 auf 4% im Jahr 2011 gesenkt werden. Die dadurch erreichte Reduktion an CO_2-Emissionen ist vergleichbar mit der Stillegung von rund 16 Millionen Personenkraftwagen[464].

---

464   GGFR 2012.

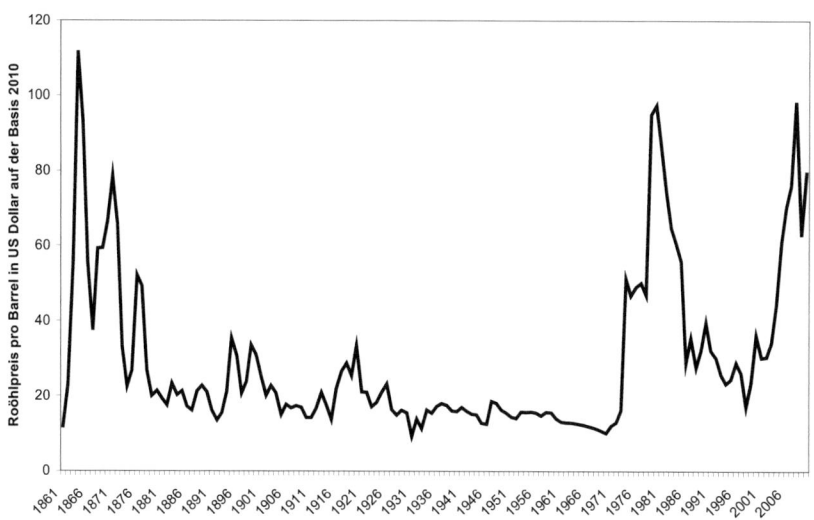

Abbildung 69: Entwicklung der inflationsbereinigten Rohölpreise zwischen 1861 und 2010 in US Dollar. Datenquelle: BP 2011.

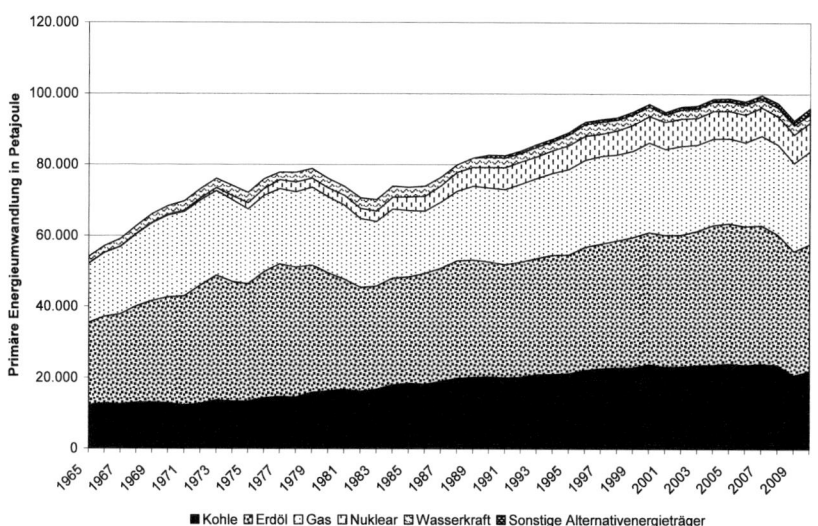

Abbildung 70: Entwicklung der Anteile wichtiger Primärenergieträger an der Energieumwandlung in den USA zwischen 1965 und 2011 (in Petajoule). Datenquelle: BP 2011.

Deutlicher lassen sich die Auswirkungen an der Entwicklung der relativen Anteile von Erdöl, Erdgas und Kohle ablesen (Abbildung 71). Der größte Anteil von Erdöl an der Energieumwandlung wurde im Jahr 1977 mit rund 48% und von Erdgas im Jahr 1971 mit rund 34% erreicht. Danach gingen bei beiden Energieträgern die Anteile zurück und pendelten sich ab 1985 auf mittlere Werte von 39% bei Erdöl und 26% bei Erdgas ein. Bei Kohle wurde hingegen im Jahr ein Minimum von rund 17% im Jahr 1972 erreicht, seit 1985 liegt der mittlere Anteil jedoch bei 24%. Mit anderen Worten, der weiter steigende Energiebedarf konnte in den USA seit 1977 nicht mehr allein durch Erdöl abgedeckt werden. Dafür mussten verstärkt Kohle und zunehmend nukleares Material eingesetzt werden. Trotz dieser Bemühungen gingen die Anteile fossiler und nuklearer Energieträger an der Primärenergieumwandlung von 96,5% im Jahr 1965 auf 95,7% im Jahr 2010 zurück.[465]

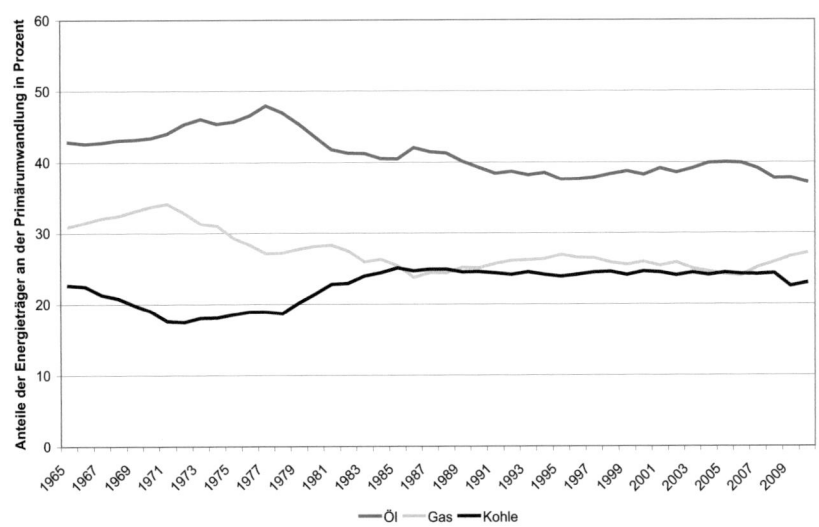

Abbildung 71: Entwicklung der relativen Anteile von Erdöl, Erdgas und Kohle an der Primärumwandlung der USA zwischen 1965 und 2011. Datenquelle: BP 2011.

---

[465] Die USA kompensieren den Produktionsrückgang von Erdöl und Erdgas aus konventionellen Lagerstätten durch die verstärkte Erschließung von nicht konventionellen Energieträgern – wie Schiefergas und Ölsande – zu kompensieren, und erhoffen sich dadurch bis 2040 eine Reduktion der Energieimporte auf rund 10% des Gesamtverbrauchs (AEO 2013).

Die Veränderungen in der Primärenergieversorgung hatten auch deutliche Auswirkungen auf die Preisentwicklung wichtiger landwirtschaftlicher Produkte wie Mais, Weizen und Soja (Abbildung 72). Bereits im Jahr der ersten Ölkrise ist ein deutlicher Anstieg der Produktpreise zu beobachten. Vereinfacht ausgedrückt verdoppelten sich ab diesem Zeitpunkt die durchschnittlichen Preise gegenüber dem Zeitraum 1950 bis 1970. Eine erneute Verdopplung der Preise ist wiederum ab 2005 erkennbar – doch dazu später.

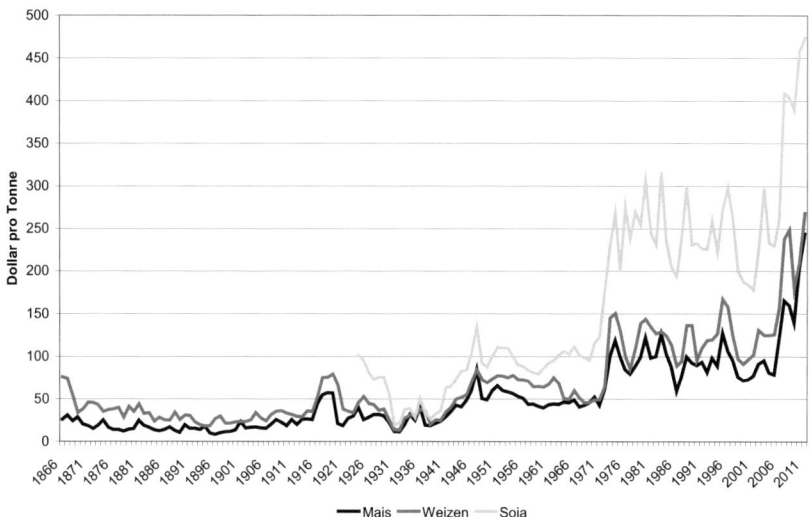

Abbildung 72: Entwicklung der Marktpreise von Mais, Weizen und Soja in den USA bis 2011. Datenquelle: USDA 2012.

Mit den Preiserhöhungen ging auch eine Ausweitung der gesamten Ernteflächen für Mais, Weizen und Soja einher (Abbildung 73) – im Vergleich zur gesamten Periode zwischen 1920 und 1970 wurden die Ernteflächen für diese drei Produkte innerhalb kurzer Zeit und rund 35% vergrößert! Im Gegensatz dazu gingen von 1969 bis 2007 die gesamten bewirtschafteten Flächen um rund 13% und die Zahl der Betriebe um rund 19% zurück. Gewinner dieser Entwicklung waren Großbetriebe mit mindestens 1000 acres[466] Betriebsfläche. Ihr Anteil am gesamten Farmland der USA stiegen von 54% im Jahr 1969 auf 68% im Jahr 2007[467]! Aus betriebswirtschaftlicher Perspektive tendieren Großbetriebe nach dem Prinzip der „economy of scale" zur Spezialisierung, um Geräte und Maschinen mög-

---

466 Rund 404 ha.
467 USDA 1997; USDA 2010.

lichst effizient einzusetzen. Weil dadurch große Mengen einzelner Agrarprodukte bei der Ernte anfallen, orientieren sich ihre Entscheidungen für die Erzeugung bestimmter Produkte an staatlichen Förderungen und großräumigen Märkten und nicht an der regionalen Nachfrage. Ausgeweitet wurden vor allem die Ernteflächen von Mais und Soja, während das Ausmaß der Ernteflächen für Weizen – nach einer kurzen Expansionsperiode – wieder auf das Niveau der sechziger Jahre zurückfiel.

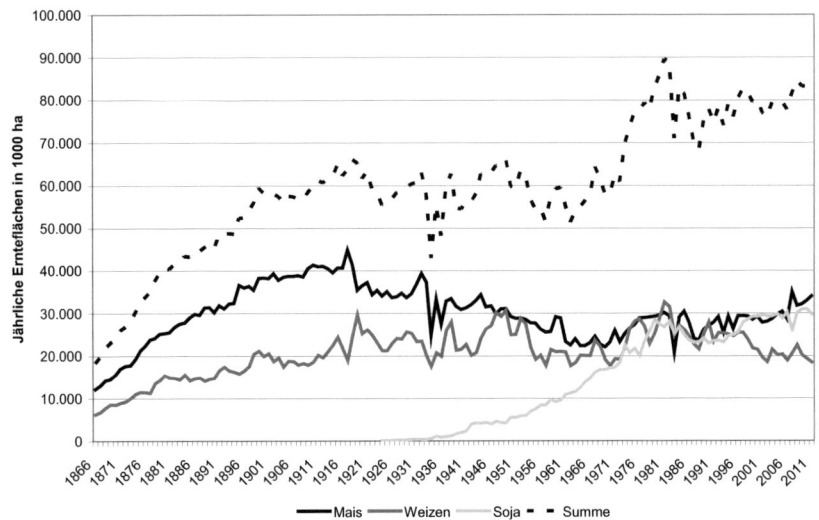

Abbildung 73: Entwicklung der jährlichen Ernteflächen von Mais, Weizen und Soja, sowie ihrer Summen in den USA zwischen 1866 bis 2010. Datenquelle: USDA 2012.

Mais und Soja lassen sich in verschiedenster Weise weiterverarbeiten – unter anderem für Äthanol und Methylester. Dabei anfallende Nebenprodukte sind als Futter in der industrialisierten Tier- und Fischproduktion[468] verwertbar. Durch den Absatz im Treibstoffsektor und im Tierfuttermarkt bieten beide Produkte – aus der Perspektive der erzeugenden Betriebe – Zugänge zu Märkten mit weitgehend unbeschränkten Aufnahmepotenzialen. Beide Märkte werden letztendlich durch unseren Lebensstil bestimmt – durch die global ungebrochenen Trends zum eigenen Kraftfahrzeug und zu größeren Anteilen von Fleisch in der Nahrung. Nachteilig sind aus Sicht der erzeugenden Betriebe die – im Vergleich mit der Erzeugung in subtropischen und tropischen Regionen – höheren Produktionskosten.

---

468   FAO 2012a.

Steuererleichterungen und Förderungen trugen ab den siebziger Jahren zur Steigerung der Äthanolproduktion bei und ermöglichten die Zugänge zum Treibstoffmarkt der USA[469]. Argumente für die Alkoholbeimischung in Benzin lieferten unter anderem die kalifornischen Maßnahmen gegen verkehrsbedingte Umweltbelastungen, sowie die positiven Erfahrungen beim Einsatz von Alkohol als Benzinsubstitut in Brasilien. Zusätzliche Argumente für die Verwendung von Alkohol im Treibstoffsektor lieferten in weiterer Folge die Diskussionen zum Klimaschutz. Zum Schutz des Inlandsmarktes wurden relativ hohe Zölle auf Äthanolimporte – vor allem aus Brasilien – eingeführt. Zu Beginn dieses Jahrhunderts wurde der Marktzugang endgültig durch Aktionspläne[470] zur Beimengung von Alkohol zu Benzin und Methylester zu Diesel abgesichert. Im Jahr 2006 übertrafen erstmals die produzierten Alkoholmengen der USA jene von Brasilien (Abbildung 74). Aus einem ursprünglichen Abfallprodukt zur Verwertung von Produktionsüberschüssen wurde so ein Hauptprodukt, dessen Absatz – gemeinsam mit dem, vor allem in der Massentierhaltung, als Futter eingesetzten Nebenprodukten – allein zwischen 2000 und 2010 um das Achtfache anstieg[471].

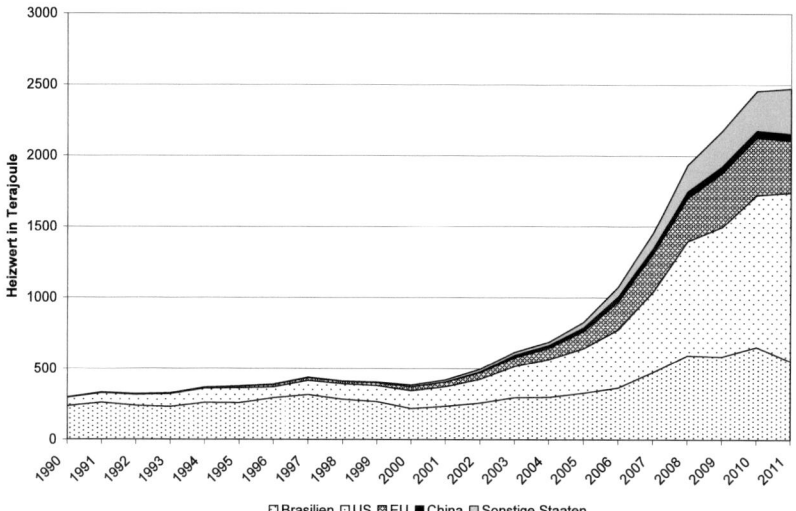

Abbildung 74: Entwicklung der globalen Produktion von Alkohol und Methylester zur Beimengung in Treibstoffen. Datenquelle: BP 2012.

---

469 Dimaranan & Laborde 2012.
470 CEC 2006
471 Boundy et al. 2011; RFA 2011.

Diese Zusammenhänge werden auch in wissenschaftlichen Publikationen[472] mit folgenden Argumenten für die Befürwortung der Treibstoffproduktion aus landwirtschaftlichen Produkten genutzt: Weil bei der Treibstoffgewinnung durch die Nebenprodukte als Tierfutter anfällt, muss der reale Flächenbedarf für die Produktion der Rohstoffpflanzen um jenen Flächenbetrag reduziert werden, der theoretisch für die Futterproduktion benötigt würde. Zur Wertung solcher Argumente sei hier auf das Kapitel 4 verwiesen.

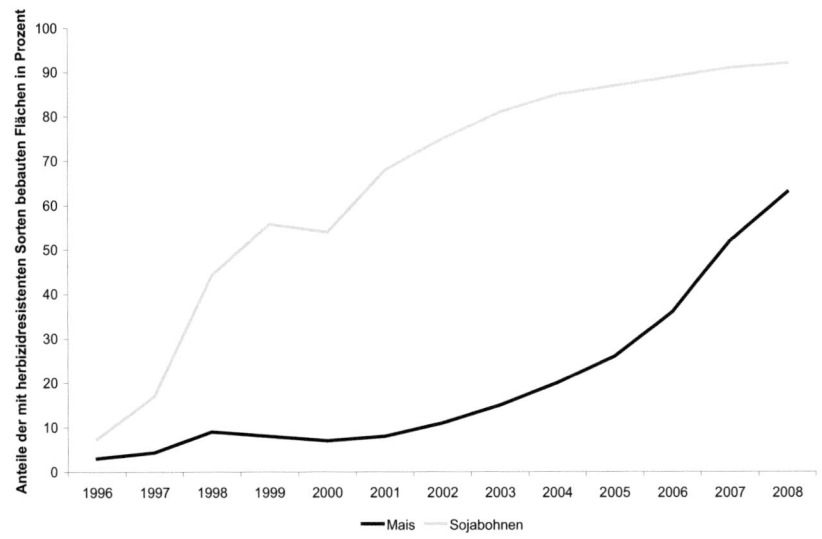

Abbildung 75: Ausweitung der Anteile von Anbauflächen für gentechnisch veränderte, gegen Herbizide resistente Sorten von Soja und Mais in den USA zwischen 1996 und 2008. Datenquelle: Benbrook 2009.

Verbunden mit der industrialisierten Produktion von Soja und Mais ist die zunehmende Verwendung gentechnisch veränderter Sorten. Bis 2008 stiegen die Anteile der Anbauflächen mit herbizidresistenten Sorten in den USA bei Soja auf 92% und bei Mais auf 63%[473] (Abbildung 75). Vielfach sind die Sorten zusätzlich gegen den Befall durch Insekten gentechnisch verändert. Die anfänglichen Vorteile des – im Vergleich zu Anbauflächen mit konventionellen Sorten – geringeren Herbizidaufwandes gingen in den letzten Jahren mit den zunehmenden Resistenzen bei den unerwünschten Pflanzenarten verloren. Mittlerweile über-

---

472 Özdemir et al. 2009.
473 Benbrook 2009.

steigt der spezifische Herbizidaufwand pro Hektar auf Anbauflächen mit gentechnisch veränderten Sorten jenen konventioneller Sorten[474]. Neben der durch den Herbizideinsatz verursachten Umweltbelastung mehren sich bei Tierversuchen die Hinweise auf mögliche Gesundheitsschädigungen als Folge einer längerfristigen Ernährung mit gentechnisch veränderten Sorten[475].

Mit zeitlicher Verzögerung folgte die Europäische Union dem Weg der USA mit der Richtlinie zur Förderung der Verwendung von Biokraftstoffen[476]. Auch hier wurden politische Instrumente wie Steuererleichterungen, staatlichen Förderungen und verpflichtende Beimischungen zur Sicherung des Absatzes eingesetzt. Im Gegensatz zu den USA und Brasilien überwiegt in der EU die Produktion von Methylester aus Pflanzenölen – beispielsweise aus Raps, Soja oder Ölpalmen (Abbildung 76). Mittlerweile findet diese Politik auch zahlreiche Nachahmer in Entwicklungsländern, beispielsweise in Südostasien[477].

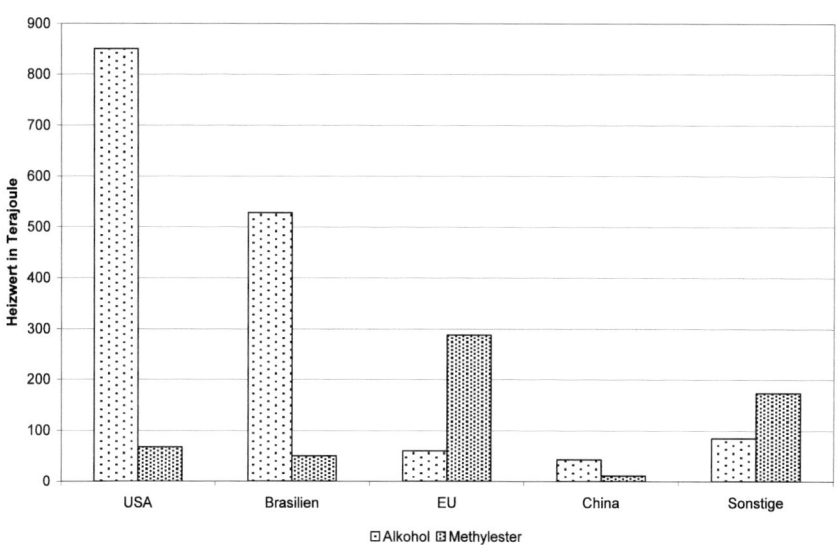

Abbildung 76: Für die Verwendung in Kraftfahrzeugen im Jahr 2009 produzierte Mengen an Alkohol und Methylester in ausgewählten Ländern und der EU, gemessen an den Heizwerten. Datenquelle: Biofuels Plattform 2010.

---

474 Benbrook 2009.
475 Seralini et al. 2007; Velimirov et al. 2008.
476 EU 2003.
477 Sukkasi et al. 2010.

Im systemischen Kontext entstand dadurch ein konkurrierender Markt zum Ernährungssektor, da alle Öle auch in der Lebensmittelproduktion Verwendung finden. Global sind jedoch deutliche Unterschiede in der Nachfrage nach Pflanzenölen für die Ernährung zu beobachten[478]. In Entwicklungsländern zeigt sich – bedingt durch die Bevölkerungsentwicklung und Änderungen des Lebensstils – ein ungebrochener Aufwärtstrend. Hier verschärft sich zunehmend die Konkurrenz zwischen den Absatzmärkten für Lebensmittel und Treibstoffe. In industrialisierten Ländern stagniert hingegen die Nachfrage nach Pflanzenölen im Lebensmittelsektor. Gründe dafür sind unter anderem im zunehmenden Gesundheitsbewusstsein der Gesellschaft und der Auszeichnungspflicht für Inhaltsstoffe in Fertigprodukten zu suchen. Aus wirtschaftlicher Perspektive sichert in Europa die zusätzliche Nachfrage nach Pflanzenölen das langfristige Wachstum in diesem Absatzmarkt. Die Auswirkungen auf die globale Produktion von Pflanzenölen sind im Vergleich zwischen den Perioden 1995-2001 – mit einer Gesamtzunahme von 21,5 Millionen Tonnen – und 2002-2008 – mit einer Steigerung um 35,7 Millionen Tonnen – auf insgesamt 131,8 Millionen Tonnen deutlich erkennbar[479].

Liberalisierungen im amerikanischen Finanzsektor im Jahr 2000[480] ermöglichten den Einstieg von Banken und Investmenthäusern in das Agrargeschäft. Ihr verstärktes Engagement im Agrarsektor hat auch zu den starken Preiserhöhungen bei Agrarprodukten in den letzten Jahren beigetragen (Abbildung 72)[481]. Diese Akteure profitieren von geringeren Erntemengen – wie etwa der Dürre in den Anbaugebieten der USA – in den Jahren 2011 und 2012 –, weil dies höhere Preise und Gewinnaussichten auf den Weltmärkten zur Folge hat. Wegen der – auf absehbare Zeit – steigenden und politisch unterstützen Nachfrage können Spekulanten also von laufend steigenden Einnahmen ausgehen. Die Aussichten auf Gewinne stimulieren – besonders bei hohen Importmengen – zusätzlich den weltweiten Aufkauf von Landflächen durch Investoren für den Anbau von Agrarprodukten[482]. Hier hat die Europäische Union mit Importanteilen bei der Methylesterproduktion von rund 32% weitaus stärkere Impulse gesetzt als die USA mit Importanteilen von rund 1% im Jahr 2011[483]. Zusätzlich erhöhen Lobbyisten auch in der Europäischen Union den Druck auf politische Entscheidungsträger, die Rohstoffmärkte ähnlich der wie in den USA zu liberalisieren[484].

---

478 OECD/FAO 2012.
479 Gunstone 2011.
480 Schuhmann 2011.
481 Heady & Fan 2008; Hirn 2011; Lagi et al. 2012.
482 Haralambous et al. 2009.
483 REN21 2012.
484 Schuhmann 2011,

Welche ökonomischen Dimensionen durch die bereits bestehenden Liberalisierungen erreicht wurden, zeigt der Börsengang des Palmölkonzerns Felda Global – einem Unternehmen mit rund 355.000 ha Plantagenflächen[485] – im Juni 2012, bei dem mehr als 2,5 Milliarden Euro eingenommen wurden[486]. Die überwiegenden Anteile der Plantagenflächen liegen in Indonesien, wo die Anbauflächen für die Palmölproduktion in den letzten Jahrzehnten beträchtlich ausgeweitet wurden (Abbildung 77) – vorwiegend zu Lasten von Regenwaldflächen. Gemeinsam mit Malaysia konnte Indonesien bis zum Jahr 2010 die Erntemengen von Palmölfrüchten auf 170 Millionen Tonnen – 81% der Weltproduktion – steigern, während in Nigeria die Erntemengen von 1961 bis 2010 nur geringfügig auf 8,5 Millionen Tonnen zunahmen[487]. Aktuelle Untersuchungen über die Ausweitungen von Flächen für Palmölplantagen in Südostasien kommen zu dem Schluss, dass die Entwicklung ungehemmt bis zur Rodung aller potenziell geeigneten Flächen fortgesetzt werden wird[488].

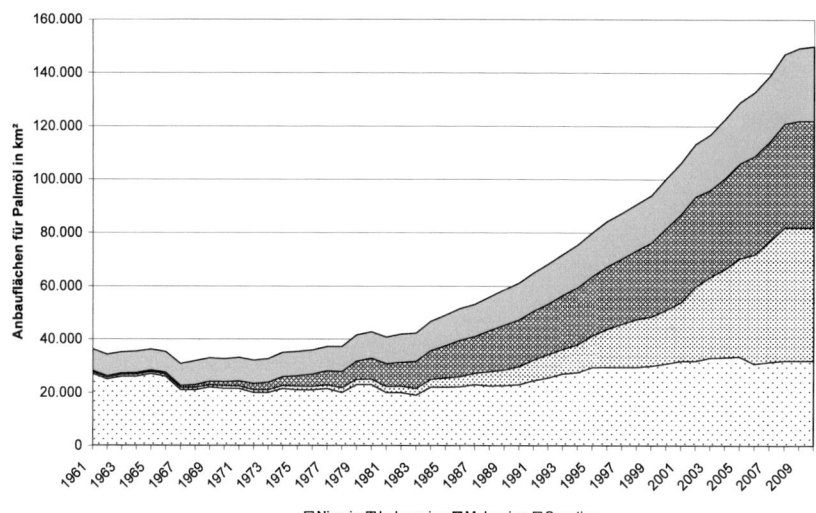

Abbildung 77: Globale Entwicklung der Anbauflächen für die Produktion von Palmöl mit Hervorhebung der Länder mit den gegenwärtig größten Anbauflächen – Indonesien, Malaysia und Nigeria. Datenquelle: FAO Statistik.

---

485 www.feldaglobal.com, abgefragt am 09.08.2012.
486 Responsible Investor 2012.
487 FAO Statistik, www.fao.org
488 Miettinen et al. 2012.

Auch solche Entwicklungen werden durch politische Maßnahmen wie dem – bestenfalls als „Ablasshandel" einstufbaren – Handel mit Emissionszertifikaten unterstützt[489], und dies auch noch unter reger Beteiligung von wissenschaftlichen Einrichtungen und Umweltschutzorganisationen. Unter dem Deckmäntelchen von Zertifikaten wird in Werbebroschüren nicht nur für Investitionen in Plantagen für Agrarprodukte, sondern auch für Tropenholz auf einschlägigen Seiten geworben.

Die globalen Verlagerungen von Produktionsgebieten in den letzten Jahrzehnten sind am Beispiel des Sojabohnenanbaus gut erkennbar[490]. Die globalen Erntemengen stiegen von 26,8 Millionen Tonnen im Jahr 1961 auf 260 Millionen Tonnen im Jahr 2010. Lagen 1961 rund 87,4% der Ernteflächen in den USA und China, sank deren Anteil bis 2010 auf 39,9%. Die größten Zuwächse an Anbauflächen verzeichneten in diesem Zeitraum Brasilien, Argentinien und Indien, die 2010 gemeinsam 40,9% der weltweiten Ernteflächen besaßen (Abbildung 78).

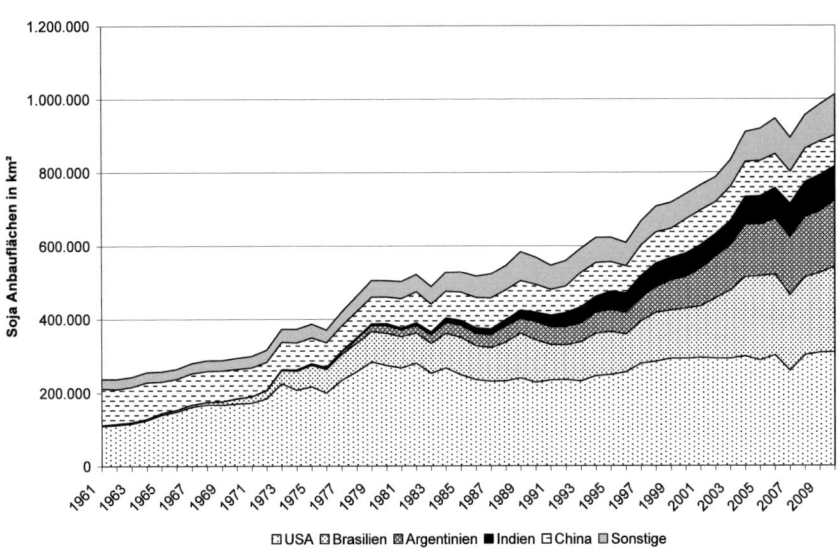

Abbildung 78: Globale Entwicklung der Anbauflächen für die Produktion von Sojabohnen mit Hervorhebung der USA, von China, Brasilien, Argentinien und Indien. Datenquelle: FAO Statistik.

---

489 S. Kap. 4.4.
490 Masudah & Goldsmith 2009; FAO Statistik.

Wie in den USA nahmen weltweit mit der Steigerung der Produktionszahlen die Anteile gentechnisch veränderter Sorten deutlich zu. Im Jahr 2011 waren in Brasilien insgesamt 30,3 und in Argentinien 23,7 Millionen ha mit gentechnisch veränderten Sorten von Sojabohnen, Mais und Baumwolle bepflanzt[491].

6.4 Ein erstes Resümee

Die Erschließung fossiler Energieträger hat über fast zwei Jahrhunderte zu gravierenden Veränderungen der gesellschaftlichen Systeme geführt. Geistige und materielle Ansprüche sind einseitig auf kontinuierliches Wachstum und Ausweitung der Gestaltungsmöglichkeiten ausgerichtet. Durch die Begrenztheit der Vorräte an fossilen Energieträgern und globale politische Veränderungen kann selbst in den USA die Versorgung mit Erdöl und Erdgas seit rund zwei Jahrzehnten nicht mehr dem steigenden Bedarf folgen. Ein Rückgriff auf die derzeit noch großen Kohlevorkommen ist – wegen der höheren Treibhausgasemissionen – nur mit großen Einschränkungen möglich. Anstelle höchst notwendiger – aber gesellschaftlich und politisch problematischer – Änderungen des Nachfragesystems, wird die Suche nach zusätzlichen Energieträgern intensiviert. Die Chance auf einen Zugang zu einem weitgehend unbegrenzten Markt wurde von verschiedenen Interessensvertretern genutzt, um den Einsatz organischen Materials als Energieträger in großem Maßstab zu forcieren. Die zentralen Argumente der Lobbyinggruppen bauen auf der einfachen Annahme auf, dass die Bildung organischen Materials gleich viel CO_2 verbrauche wie bei der Verbrennung freigesetzt werde. Ein Argument, dass uns schon in der Geschichte zu Abbildung 34 begegnet ist. Dabei werden die für die Erhaltung der Lebensgrundlagen notwendigen Ökosystemleistungen völlig negiert. So wird ignoriert, dass bei der Nutzung des organischen Materials für Kraftstoffsubstitute energetische Wirkungsgrade zwischen 10 und 20% erreicht werden[492]. Mit dem euphemistischen Begriff „Biotreibstoff" werden fälschlicherweise Assoziationen mit ökologisch angepassten Wirtschaftsweisen geweckt. In der Realität jedoch erfolgt die Produktion von Agrarprodukten für die Treibstoffproduktion – nicht allein aus ökonomischen Gründen – zunehmend in großflächigen und menschenleeren Monokulturen. Begleitet wird diese Entwicklung vom rasch zunehmenden Einsatz gentechnisch veränderter Sorten und erneut steigenden Einsatz von Chemikalien zur Bekämpfung unerwünschter Organismenarten. Dass positive Exergiebilanzen

---

491 Clive 2011
492 WBGU 2009.

nicht bei allen Produktionspfaden erreicht werden[493], wird ebenso außer acht gelassen oder bestritten wie die negativen Auswirkungen auf den Wasserverbrauch[494], die Versorgung mit Nahrungsmitteln oder die Verdrängung traditioneller Landwirtschaft[495] und die Zerstörung von natürlichen Ökosystemen[496]. Über diese Wirkungskette trägt die Ausweitung der Anbauflächen für Treibstoffe, gemeinsam mit dem zunehmenden Warenaustausch, wesentlich zur Beschleunigung des Artensterbens bei[497].

Diskussionen über den Anachronismus eines Einsatzes von organischem Material für die Abdeckung des globalen Bedarfes zur Energieumwandlung finden bedauerlicherweise nicht statt. Selbst bei optimistischen Annahmen reichen die global vorhandenen Produktionsflächen – auch bei Berücksichtigung der Treibstoffgewinnung aus zellulosehaltigem Material („biogene Treibstoffe 2. Generation") – nicht für die Abdeckung des Bedarfes aus[498]. Werden durchschnittliche Ertragszahlen für ökologische Anbaumethoden angenommen – eine Grundvoraussetzung für die nachhaltige Produktion – so erhöht sich der Flächenbedarf zusätzlich um mindestens ein Drittel[499]. Verschärft wird die Problematik durch systemisch unzureichend fundierte wissenschaftliche Argumente und politische Maßnahmen unter dem Titel „Klimapolitik" – insbesondere durch den, in Kapitel 4.4 erwähnten, weltweiten Handel mit Emissionszertifikaten.

Nicht diskutiert wird auch das unterschiedliche Risiko der Übernutzung von Ökosystemen. Es ist besonders hoch, wenn die Eigenschaften der bereitgestellten Energieträger den gesellschaftlichen Anforderungen entsprechen und ihre Potenziale geringer sind als der absehbare Umwandlungsbedarf. Szenarien[500] für das Jahr 2050 lassen bei Ausschöpfung aller Effizienzverbesserungen einen globalen Umwandlungsbedarf von rund 500 EJ[501] pro Jahr und ohne Effizienzverbesserungen von rund 1100 EJ pro Jahr erwarten. Werden diese Werte den bis dahin zu erwartenden technischen Potenzialen der alternativen Energieflüsse[502] gegenübergestellt, so wäre der gesamte Umwandlungsbedarf nur durch Nutzung der Solarstrahlung vollständig, sowie – mit Einschränkungen – durch Wind und

---

493 Patzek & Pimentel 2005; Giampetro & Mayumi 2009; WBGU 2009.
494 Gerbens-Leenes et al. 2009.
495 Aubry et al. 2011.
496 Boucher et al. 2011.
497 Secretariat of the Convention on Biological Diversity 2010; Lenzen et al. 2012.
498 Giampetro et al. 1997; Patzek & Pimentel 2005; Bringezu et al. 2009.
499 Seufert et al. 2012.
500 GEA 2012.
501 Eta Joule
502 Wegen ihrer großen Entfernungen zu bewohnten Gebieten und den daraus resultierenden Problemen die der Gewinnung und dem Transport sind hier die Potenziale der marinen Energieflüsse nicht berücksichtigt.

Geothermie abzudecken. Extrem hohe Risiken der Übernutzung bestehen bei den ökologisch sensiblen Energieflüssen von Wasserkraft und Biomasse (Abbildung 79), da beide Energieflüsse auch durch ihre weitgehend konstante Verfügbarkeit eine hohe Nutzungsattraktivität aufweisen. Kritiker werden hier darauf verweisen, dass der zukünftige Bedarf aus einem Mix unterschiedlicher Energieflüsse sowie den noch verfügbaren fossilen und nuklearen Energieträgern abgedeckt werden soll. Dem sind folgende Argumente entgegen zuhalten:

– Bei einer Beibehaltung der Wachstumsstrategie ist weltweit auch über das Jahr 2050 hinaus mit einem weiterhin steigenden Umwandlungsbedarf zu rechnen.
– Biomasse und ihre Umwandlungsprodukte lassen sich leicht speichern und wegen ihrer technischen Eigenschaften in die bestehenden Energieversorgungssysteme integrieren.
– Wasserkraft ist relativ kostengünstig in elektrische Energie umwandelbar und damit in bestehende Energieversorgungssysteme integrierbar.
– Technische Umwandlungspotenziale sind in der Regel deutlich höher als die – für die tatsächliche Nutzung entscheidenden – wirtschaftlichen Umwandlungspotenziale[503]. Entscheidend für die Verringerung der Unterschiede zwischen beiden Werten ist die konsequente Weiterentwicklung der Umwandlungstechnologien im Kontext der jeweiligen Strukturen der Energieversorgungssysteme.

Besonders deutlich wird die Problematik bei Betrachtung der systemischen Konsequenzen. Die Entwicklung der Bevölkerungszahlen und der Energieumsätze in den letzten beiden Jahrhunderten beruht auf der Entkopplung der gesellschaftlichen Produktionsprozesse von den Beschränkungen der Ökosysteme. Verluste von Funktionsleistungen der Ökosysteme durch die globale Zunahme von direkten und indirekten Umweltbelastungen[504] sind deshalb auch nicht an den Erträgen der industrialisierten Landwirtschaft und den ökonomischen Kennzahlen der Weltwirtschaft ablesbar.

Auf dem gegenwärtigen – primär durch die Verfügbarkeit fossiler Energieträger beruhenden – Produktionsniveau sollen wieder die Leistungen biologischer Systeme für die Abdeckung der weiterhin steigenden Nachfrage genutzt werden. Analoge Systemvorgänge sind in der Ökonomie zu beobachten, wo die durch Spekulationen von Banken und Investmentgesellschaften virtuell angehäuften astronomischen Schulden durch reale Geldmengen der Volkswirtschaften abgedeckt werden sollen. Die fatalen Auswirkungen solcher Ereignisse auf Gesell-

---

503 Kaltschmitt et al. 2006; GFA 2012
504 Hassan et al. 2005; OECD 2008; FAO 2011; FAO 2012a.

schaft und Wirtschaft sind in der Geschichte vielfach dokumentiert und aktuell direkt mitzuverfolgen.

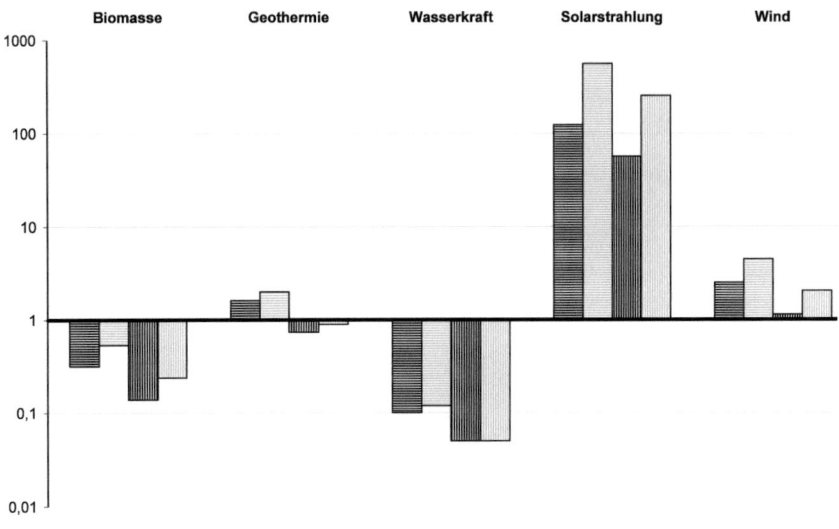

Abbildung 79: Szenarien der Abdeckung der globalen Energieumwandlung im Jahr 2050 bei Ausnutzung aller Einsparungsmöglichkeiten (Vu) und eines hohen Bedarfs (Vo), bezogen auf die Abschätzungen der unteren (min) und oberen (max) technischen Umwandlungspotenziale alternativer Energieflüsse. Datenquelle: GEA 2012.

Dieser systemische „Kurzschluss" birgt – bei einem Einbruch der Versorgung mit fossilen Energieträgern – aus mehreren Gründen ein hohes Risiko mit fatalen Konsequenzen für die globale Entwicklung (Abbildung 80). Ein Grund liegt in den – bereits erwähnten – jedoch weitgehend negierten Hinweisen von nachteiligen Ökosystemveränderungen in den gesellschaftlich und politisch relevanten Entwicklungen der landwirtschaftlichen Produktion. Die fortgesetzte Zerstörung von Ökosystemen wird deshalb über „Ablassregelungen" legalisiert oder einfach hingenommen. Damit gehen – weitgehend unbemerkt von der Öffentlichkeit – die Ökosystemleistungen (Rnat) laufend zurück. Durch den Ausfall der Versorgung mit fossilen Energieträgern sind deutliche Rückgänge in der landwirtschaftlichen Produktion (Rnutz) und der gesellschaftlichen Fähigkeiten zur Kompensation von Naturkatastrophen – beispielsweise Dürren oder Hochwässer zu erwarten. Beruhen große Teile der Exergieversorgung auf Biomasse, so sind unter den genannten Bedingungen global verstärkte Rückgriffe auf natürliche Ressourcen und damit eine Verstärkung der nachteiligen Effekte bis zum Zu-

7 Wege aus der Sackgasse?

7.1 Die großen Herausforderungen

7.1.1 Die Überwindung des evolutionären Erbes

Auch wenn die Kapitelüberschrift auf den ersten Blick irritierend sein mag, es handelt es hier um nichts weniger als **die** zentrale Herausforderung für die Zukunft der menschlichen Gesellschaft, wie sich im Folgenden zeigen wird.

Die größten Widerstände gegen die Überwindung des evolutionären Erbes gründen in den Fundamenten unseres Denkens und Handelns und manifestiert sich überall in unserer Gesellschaft – in der Wissenschaft ebenso wie auch in den höchsten politischen Entscheidungsebenen. Das Festhalten am evolutionären Erbe ist auch deshalb so attraktiv, weil es auf den ersten Blick die Lösung für alle Probleme bietet – das Wachstum.

Die einseitige Ausrichtung auf Wachstum ist eine Grundvoraussetzung für den langfristigen Erhalt vieler Arten. Allerdings gilt diese Aussage nur unter den restriktiven Rahmenbedingungen der Ökosysteme. Jede Überwindung der Rahmenbedingungen führt hingegen unweigerlich zur Zerstörung der Lebensgrundlagen und letztlich zum Zusammenbruch, das gilt auch für kurzfristig erfolgreiche Arten – seien es Wanderheuschrecken, Lemminge oder Menschen. Regionale Zusammenbrüche sind im Laufe der Erdgeschichte vielfach aufgetreten und haben deshalb aber bei den auslösenden Arten nicht zu Totalzusammenbrüchen geführt. Aber mit den technologischen und energetischen Potenzialen hat die Menschheit in den letzten beiden Jahrhunderten die Fähigkeit zur globalen Zerstörung ihrer Lebensgrundlagen erreicht. Antriebskräfte für die Überwindung aller biotischen Barrieren sind Bevölkerungswachstum, laufend steigende Nachfrage nach materiellen Gütern und energetischen Leistungen. Diese Erkenntnis ist nicht neu[505], und sie ist Teil zahlloser Sonntagsreden, in denen ein Zuwachs an persönlichem Glück bei Verzicht auf materielle Güter versprochen wird. Den Rednerinnen und Rednern fällt dabei nicht auf, dass sie mit ihren Aussagen genau so den Pfaden unseres evolutionären Erbes folgen wie Vertreter der Wirtschaft – beide propagieren grenzenloses Wachstum.

---

505 Riedl & Delpos 1996.

Wachstum ist auf allen Ebenen positiv besetzt, sei es das Wachstum der Pflanzen im Frühjahr, das Wachstum der Kinder oder das Wachstum des Wohlstandes. Stillstand oder gar Rückgang sind hingegen negativ besetzt. In äquatorfernen Regionen der Erde werden damit die Jahreszeiten ohne Wachstum verbunden, in Volkswirtschaften oder Unternehmen lösen solche Entwicklungen Alarmsignale aus, und im Lebensablauf wird unter dem Schlagwort „anti aging" gegen den fortschreitenden individuellen Abbau angekämpft.

Auf diesen emotionalen und mentalen Grundlagen soll eine neue Kultur der globalen Selbstbeschränkung entstehen, wenn die Menschheit ihre Lebensgrundlagen nicht zerstören möchte. Dieses Vorhaben wird nicht gelingen, wenn sich nur einige in Selbstbeschränkung üben. Es wird auch nicht allein mit rationalen Argumenten gelingen, da in den Wirtschaftswissenschaften nach wie vor das Credo des notwendigen Wachstums vorherrscht.

Es kann vielleicht gelingen, wenn viele die Vorteile einer – sinnvoll an bestehende Grenzen – angepassten Lebensweise aus eigener Erfahrung kennen lernen und damit eine Vielzahl positiver Erfahrungen machen. Langfristig benötigt dieser Ansatz eine dauerhaft tragfähige Verteilung zwischen kleinräumigen und großräumigen wirtschaftlichen und gesellschaftlichen Prozessen. Der Betriebswissenschafter Manfred Sliwka hat dafür das Wort „Sieblinie" geprägt. Damit ist die metaphorische Übertragung der – für die Qualität des Endproduktes entscheidenden – Korngrößenverteilung in Bausanden auf die Größenverteilung von Unternehmen gemeint. Idealerweise sind in der Sieblinie alle Größenkategorien vertreten, allerdings in der Zahl exponentiell abnehmend von der kleinsten bis zur größten Kategorie. In technologischer Hinsicht böte dieser Ansatz ein Modell für eine Umstellung der Energieversorgung auf alternative Energieträger. Politisch böte sich auch eine Chance für die Europäische Union, wenn sie das Subsidiaritätsprinzip auch in politische Strukturen und Prozesse umsetzen würde.

Solange wir unser Heil in den undurchsichtigen Praktiken der Märkte, in technologischen Lösungen oder in einer blindwütigen Beschleunigung von Innovationen suchen werden wir weiterhin unser Haus verbrennen.

7.1.2 Erkennen von Chancen

Was hält die Zukunft für uns bereit? Katastrophen oder eine strahlende Zukunft dank technologischer Wunderleistungen? Lösungswege lassen sich nur **zwischen** diesen beiden Extrembereichen finden, wenn wir auch die vorhandenen Chancen erkennen.

Wie zu Beginn der Industrialisierung erleben wir gegenwärtig mit der Informationstechnologie erneut einen gewaltigen technologischen Umbruch – mit all den damit verbundenen Chancen und Risken. Und die Anzeichen von Fehlern im Umgang mehren sich.

Ein Beispiel sind die heftig beworbenen „smarten" Lösungen zum effizienten Umgang mit Energie und Ressourcen wie etwa die Informationsangebote für Fahrzeuglenker zur Umfahrung von Verkehrsstaus. Staus erhöhen den Energieumsatz im Verkehr. Die Argumentation, dass durch die angebotenen Informationen zur Umfahrung eines Staus der Energieumsatz gesenkt wird ist unsinnig, weil die Reboundeffekte vergessen werden. Die neuen, „smarten" Informationsangebote suggerieren den Autofahrern, dass sich die Leistungskapazitäten des Straßennetzes unbegrenzt sind. Kurzfristigen Vorteilen für die einzelnen Autolenker – und vor allem für die Hersteller dieser neuen Technologien – stehen langfristige Probleme bei der Bereitstellung von Energieträgern für den Straßenverkehr und den damit verbundenen Umweltbelastungen gegenüber.

Die Werbeargumente der „smart"-Welle vermitteln den Eindruck, dass die akademischen Ausbildungsstätten nur unfähige Idioten hervorgebracht und in der öffentlichen Verwaltung und in Planungsbüros verteilt haben. So soll es mit der „smart mobility" keine Staus und in der „smart city" nur die perfekte, energieeffiziente Verwaltung geben. Auf Knopfdruck sind Störungen behoben und Probleme beseitigt. Solche Ansätze funktionieren in der virtuellen Welt der Computerspiele, in der physischen Welt der Verkehrssysteme und Städte sind ihnen jedoch enge Grenzen bei der Umsetzung gesetzt. Es ist leicht, den Verkehrsfluss entlang einer Strecke zu optimieren. Sobald es sich um ganze Strekkennetze handelt, bestimmen die Abschnittslängen zwischen den Kreuzungen die Rahmenbedingungen für die Optimierung der Verkehrsflüsse. Weitere Rahmenbedingungen ergeben sich aus den Dimensionen und technischen Merkmalen der jeweils eingesetzten Verkehrsmittel. Überschreiten die Verkehrsmengen die Optimierungsmöglichkeiten, so kommt es ohne und mit Computersteuerung zu Überlastungen – den Staus. Diese Zusammenhänge und die notwendigen Lösungswege sind verantwortlichen Planern und Planerinnen schon lange bekannt. Abhängig von Betrachtungsperspektiven und Interessen können Lösungen in grundlegenden Systemumstellungen oder in Teillösungen durch zusätzliche technologische Ausstattungen gesucht werden. Beispiele für den ersten Lösungsansatz finden sich in den Fußgängerzonen vieler Städte, aus denen der – für diese Bereiche ungeeignete – Verkehr mit motorisierten Fahrzeugen weitgehend verbannt wurde. Beispiele für den zweiten Lösungsansatz werden zuhauf unter dem Titel „smarter" Lösungen angepriesen. Nach dem Leitbild von Megamaschinen werden dabei Menschen den Prinzipien und Anforderungen unterworfen, verbunden mit Versprechen nach mehr Komfort und Bequemlichkeit. Nirgends finden sich Hinweise auf die Grenzen der Einsatzmöglichkeiten, die individuellen und gemeinwirtschaftlichen Kosten oder die Auswirkungen auf die Gesellschaftssysteme. Da nur sehr große Konzerne solche Systeme einrichten und betreiben können, stellt sich die Frage, wie weit – speziell bei der Übernahme zentraler Versorgungseinrichtungen durch private Unternehmen – auch die Selbstbestimmungsmöglichkeiten der betroffenen Gesellschaft „outgesourct" werden?

Die Entwicklung und die Folgewirkung der Privatisierung und – nach dem Widerstand der Bevölkerung – Reprivatisierung der Wasserversorgung in Cochabamba (Kolumbien)[506] zeigen deutlich die fundamentalen Unterschiede zwischen öffentlichen und privatwirtschaftlichen Interessenslagen bei der Verwaltung gesellschaftlicher Grundversorgungssysteme.

Diese Missachtung funktioneller Wirkungshierarchien[507] ist einer der Kardinalfehler beim Umgang mit neuen Technologien. Statt neue Technologien auf ihre möglichen Beiträge zur langfristigen Sicherung der Lebensgrundlagen und der gesellschaftlichen Entwicklung zu prüfen – wird untersucht wie Gesellschaft und Umwelt mit den neuen Technologien umgestaltet werden können. Die systemischen Konsequenzen der verfehlten Herangehensweise wurden am Beispiel der fossilen Energieträger bereits ausführlich diskutiert. Informationstechnologie kann beim Einsatz in Maschinen und Anlagen durch geeignete Regelungen zur Minderung des spezifischen energetischen Umwandlungsbedarfes beitragen. Werden jedoch die erzielten Einsparungen für die Erhöhung der Anlagenleistung genutzt, so ergibt sich keine Reduktion beim gesamten energetischen Umwandlungsbedarf, sondern eine zusätzliche Erhöhungen des Ressourcenumsatzes.

Informationstechnologie ersetzt auch keine funktionellen Regelungsprozesse wie wir sie von Ökosystemen kennen (Kapitel 5.2.1). Den gesellschaftlichen Wirtschaftssystemen fehlt die unmittelbare Koppelung von Energie- und Stoffflüssen in Verbindung mit dem Selektionskriterium der Strukturerhaltung. Wir handeln in unseren Gesellschafts- und Wirtschaftssystemen nach den gleichen Mustern wie alle anderen Organismen – mit dem entscheidenden Unterschied, dass wir nur in seltenen Fällen die negativen Konsequenzen selbst tragen müssen. Am deutlichsten wird die mangelnde Erkenntnisfähigkeit in der Phrase vom „nachhaltigen Wachstum", mit der eine immerwährende Mehrung des Wohlstandes suggeriert wird. Im funktionellen Kontext der Systeme entspricht dieser Ansatz dem Prinzip der Selbstorganisierten Kritikalität[508] und garantiert den Weg in den nächsten Zusammenbruch. Wir können uns selbst entscheiden, ob wir die Dinge laufen lassen wie immer oder Verantwortung für die langfristige Entwicklung der menschlichen Gesellschaft übernehmen wollen. Letzteres braucht auch geeignete Kenngrößen bei der Suche nach langfristig tragfähigen Hand-

---

506 Nickson & Vargas 2002; Beltrán 2004.
507 Knoflacher 2011.
508 Bak 1996.

lungsweisen. Wir brauchen dafür auch einen geeigneten gesellschaftlichen Umgang mit Hinweisen auf kritische Entwicklungen, da weder Zahlen noch Computermodelle die individuelle Verantwortung von Entscheidungen ersetzen können. Ein Beispiel für den unadäquaten Umgang mit gesellschaftlichen Herausforderungen liefern die herrschenden Diskussionen über den Klimawandel. Es ist sinnvoll, unser Tun and Handeln auf problematische Entwicklungen zu durchleuchten – es ergibt aber keinen Sinn über das Ausmaß des Klimawandels zu streiten.

7.1.3 Überprüfen vorhandener Paradigmen

Für die Sicherung langfristiger Entwicklungen muss die Suche nach Lösungen immer bei den generell gültigen Wirkungsebenen beginnen. Im konkreten Fall geht es um die Frage, wie die langfristige Versorgung der menschlichen Gesellschaft mit nutzbarer Energie und Ressourcen gesichert werden kann?

Erste Hinweise auf langfristig erfolgreiche Lösungsmöglichkeiten liefern uns die kurz dargestellten Prozesse in Ökosystemen. Durch die enge Koppelung von Exergie- und Stoffflüssen von makroskopischen bis zu molekularen Größenordnungen werden die jeweils verfügbare Exergie weitestgehend genutzt und Verluste durch nicht nutzbare Energieflüsse minimiert. Schwankungen der Energieflüsse werden durch endogene Energiespeicher sowie durch Anpassungsprozesse ausgeglichen. Die Nutzung räumlicher Variationen von energetischen und stofflichen Faktorenkombinationen wird durch lokal und regional angepasste Umwandlungssysteme (= Artenkombinationen) gesichert. Gleichzeitig tragen die lokalen Systeme über die globalen Austauschprozesse von Gasen und Wasser zur Erhaltung wichtiger Lebensgrundlagen bei.

Im Vergleich dazu steht der menschlichen Gesellschaft ein weitaus größeres Spektrum zur Nutzung von Exergieflüssen offen. Biologische Systeme können nur die relativ schmale Bandbreite der fotosynthetisch wirksamen Solarstrahlung nutzen. Der menschlichen Gesellschaft stehen hingegen die Exergiepotenziale der fotovoltaisch und thermisch wirksamen Solarstrahlung, der Luft- und Wasserströmungen sowie der Geothermie zur Verfügung. Sehr unterschiedlich gehandhabt wurde bisher die Vermeidung von Verlusten durch nicht nutzbare Energieflüsse und von Exergieverlusten.

In der gesellschaftlichen Logik orientieren sich die Aufwände für die Vermeidung von Verlusten durch nicht nutzbare Energieflüsse von Hochwasser, Lawinen, Stürmen oder Blitzschlägen vor allem an den kurzfristigen ökonomischen Interessen in den betroffenen Gebieten. Mit dem steigenden Wohlstand in den Industrieländern wurden speziell die vor Hochwasser oder Lawinen „geschützten" Gebiete durch immer aufwändigere bauliche Maßnahmen laufend ausgedehnt. Teilweise überschreiten die Kosten für die Errichtung und Erhaltung die volkswirtschaftlich tragbaren Grenzen soweit, dass wieder gezielt Räume für die Dissipation der Energie freigegeben werden, womit sich die Aufwände für die verbleibenden baulichen Maßnahmen wieder auf tragbare Größenordnungen reduzieren lassen.

Noch nicht diskutiert werden die langfristigen Auswirkungen der abnehmenden Verfügbarkeit fossiler Energieträger auf die zukünftigen Erhaltungsmöglichkeiten von Schutzbauten oder von Rettungs- und Wiederherstellungsmaßnahmen bei Schadensfällen.

Das Konzept der Exergie hat seit der Einführung durch Zoran Rant im Jahr 1953[509] eine sehr unterschiedliche Verbreitung erfahren. Eine Untersuchung von schwedischen Industriebetrieben zeigt, dass die Widerstände gegen die Verwendung des Konzeptes vor allem mentaler Natur sind[510]. Die Ermittlung von Exergieverlusten gewinnt trotz allem bei thermodynamischen Prozessen zunehmend an Bedeutung[511]. In anderen Anwendungsgebieten überwiegt hingegen die Verwendung von Energiebilanzen. Die Unterschiede zwischen beiden Verfahren wurden vom schwedischen Journalisten Alfvén lebensnah und anschaulich annähernd so beschrieben[512]: *Berechnungen mit Energiebilanzen lassen sich mit einem Geldgeschäft vergleichen, bei dem nur die Anzahl der verwendeten Zahlungsmittel ohne Berücksichtigung ihrer Werte verrechnet wird. Dabei würde beispielsweise eine Ein-Euro-Münze gleich gewertet wie ein Hundert-Euro-Schein. Berechnungen mit Exergiebilanzen sind hingegen mit der üblichen Berücksichtigung der jeweiligen Werte der Zahlungsmittel bei Geldgeschäften vergleichbar.* Bei Exergiebilanzen werden also unterschiedliche „Werte" bei energetischen Prozessen berücksichtigt. So hat Wasser bei einem Energiegehalt von 100 Joule unterschiedliche Exergiegehalte – von 24 Joule bei 120°C beziehungsweise 16 Joule bei 80°C. Bei elektrischem Strom und mechanischer Arbeit sind Energie- und Exergiegehalte hingegen gleich groß[513]. Durch die einheitliche Bezugsgröße können verwirrende Kennzahlen bei unterschiedlichen Heizsystemen vermieden und direkte Vergleiche angestellt werden. Beispiele dafür sind die üblichen Leistungszahlen[514] von Wärmepumpen, deren Werte deutlich über 1 liegen, oder die Wirkungsgrade von Brennwertkesseln mit Werten über 100%.

---

509 Stierstadt 2010.
510 Grip et al. 2011.
511 Yi et al. 2004; Dincer & Rosen 2007; Bolaji 2011; Exkin et al. 20121; Stanek 2012.
512 Wall 1986.
513 Dincer & Rosen 2007.
514 Pehnt 2010.

Die exergetischen Wirkungsgrade liegen im ersten bei Fall bei rund 10%[515] und im zweiten Fall bei rund 5%[516].

In Prozessketten lassen sich damit jene Umwandlungsstufen identifizieren, in denen besonders hohe „Wertverluste" der Energie auftreten[517]. Durch die Erweiterung des Konzeptes auf chemische Reaktionen können in Exergiebilanzen auch Exergieverluste von Stoffströmen berücksichtigt werden[518]. Damit ist es möglich, die exergetischen Effekte von kombinierten kalorisch-stofflichen Prozessen mit einer einheitlichen Maßzahl zu beschreiben[519] und effiziente Strategien für Verbesserungen zu entwickeln. Berechnungen der Exergieeffizienz für Norwegen und Schweden für die Jahre 1995 bzw. 1994 weisen in bei der Nutzenergieumwandlung die niedrigsten Exergieeffizienzen in den Sektoren Nahrungsmittel, Beleuchtung, Transport und Raumwärme aus[520] (Abbildung 82).

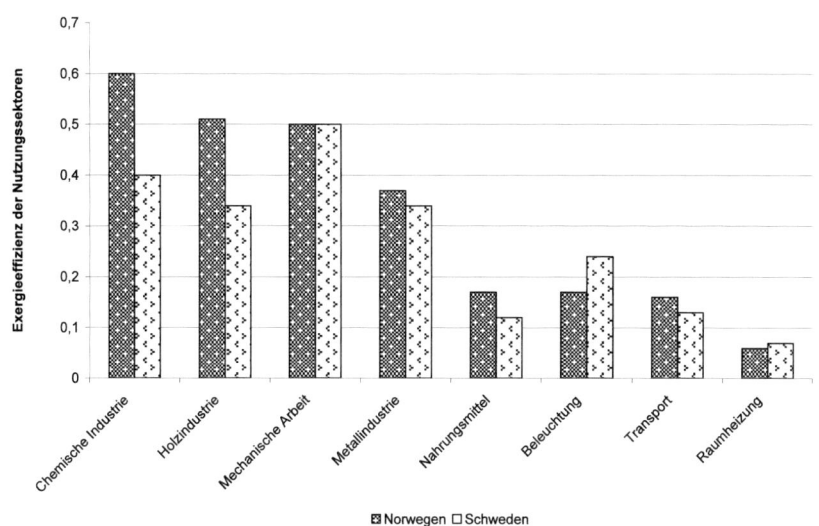

Abbildung 82: Vergleiche der Exergieeffizienz in unterschiedlichen Nutzungssektoren für Norwegen (1995) und Schweden (1994). Datenquelle: Ertesvåg 2001.

---

515 Dincer & Rosen 2007.
516 Bargel 2010.
517 Hepbasli 2008; Dewulf et al.; Ptasinski et al.2008; Torio & Schmidt 2011.
518 Cornelissen 1997; Ertesvåg 2001; Ignatenko et al. 2007; Delgado 2008; Sciubba 2009; Baehr & Kabelac 2012.
519 Yi et al. 2004; Koroneos et al. 2012; Koroneos & Tsarouhis 2012.
520 Ertesvåg 2001.

Aus den Untersuchungen von Recyclingsystemen und Abfallverwertungssystemen[521] wird erkennbar, wie eng die Aspekte von Energie und Ressourcen miteinander verbunden sind. Damit kommen große Herausforderungen auf Wissenschaft und Politik zu, da die Nutzung der Chancen nur durch die Überwindung von Grenzen zwischen Disziplinen und Politikbereichen möglich ist. Untersuchungen von hybriden fotovoltaisch-thermischen Systemen[522] zeigen, welche Verbesserungen der exergetischen Effizienz durch Kombinationen unterschiedlicher Technologien möglich sind. Untersuchungen zeigen aber auch, dass die effiziente Nutzung von alternativen Energietechnologien in einem hohen Ausmaß von der Anpassung an die lokalen und regionalen Energieflüsse abhängt[523].

7.1.4 Gemeinsame Verantwortung in unterschiedlichen Handlungsspielräumen

Jeder Mensch kann zu Lösungen beitragen, wenn ihm seine individuellen Möglichkeiten bewusst sind und Bereitschaft zum Handeln besteht. Wir können in unserem unmittelbaren Verantwortungsbereich sehr lange aktiv zu Lösungen beitragen (Abbildung 83). Der Zeitraum umfasst im Durchschnitt eine Zeitspanne von 60 Jahren. Räumlich ist der unmittelbare Handlungsbereich durch die rechtlich gesicherte Fläche der Einflussmöglichkeiten – sei es eine kleine Wohnung oder ein Gutsbesitz – begrenzt. Die Verhältnisse zwischen räumlichen und zeitlichen Dimensionen liefern auch Hinweise auf wirkungsvolle individuelle Strategien. In der Regel sind wirkungsvolle Beiträge von einer langfristigen und fortgesetzten Umsetzung der gewählten Strategie zu erwarten und von kurzfristigen einmaligen Aktionen.

Durch gemeinsames Handeln mit anderen Personen lassen sich die individuellen Strategien verstärkt umsetzen. Die räumliche Dimension der Einflussmöglichkeiten ist größer, die zeitliche hingegen kürzer als bei den individuellen Handlungsräumen. Kooperative Strategien können auch in kürzeren Umsetzungszeiten ihre Wirkungen entfalten und eignen sich besonders für die Entwicklung von lokal angepassten Lösungen – sei es für die Errichtung von alternativen Energieversorgungssystemen, die gemeinsame Nutzung von Fahrzeugen und Maschinen oder zur Vertretung gemeinsamer Interessen und dem Widerstand gegenüber unerwünschten Entwicklungen.

---

521 Mora & de Oliveira 2006; Ignatenke et al. 2007; Koroneos et al. 2012; Seckin & Bayulken 2012; Seckin et al. 2012.
522 Bosanac et al. 2003; Joshi & Tiwari 2007.
523 Chow 2010.

Wie bereits ausführlich dargelegt, ist die so genannte Klimaproblematik nur Teil einer grundlegenden gesellschaftlichen Systemproblematik. Ansprüche der gegenwärtig vorherrschenden Lebensstile und Wirtschaftsweisen erfordern energetische Ressourcen, die mit den vorhandenen Versorgungssystemen langfristig nicht abdeckbar sind. Der Ansatz, anstatt einer Systemumstellung, die Effizienz in den bestehenden Systemen zu steigern, erhöht die Wahrscheinlichkeit von tiefgehenden Zusammenbrüchen durch nicht vorhersehbare Änderungen globaler Rahmenbedingungen – unter anderem auch des Klimas. Eine erfolgreiche Strategie für die Bewältigung solcher Herausforderungen wäre die Entwicklung ausreichender Flexibilität und unterschiedlicher Optionen. In einer Gesellschaft von „Arbeitsnomaden" sollten – zumindest in der ersten Hälfte des Berufslebens – große Abhängigkeiten von Investitionen in individuelle Standortbindungen vermieden werden. Neben den Nachteilen beim Wohnungswechsel böten sich so auch Vorteile durch den Gewinn an Erfahrung mit unterschiedlichen Wohnungsformen und Umgebungsbedingungen. Die gewonnenen Spielräume ermöglichen – auch unter den rechtlichen Einschränkungen von Mietverhältnissen – die Vermeidung weiterer Kostenbelastungen durch eine sinnvolle, bedarfsgerechte Auswahl der Haushaltsgüter oder durch ein Engagement in kooperativen Aktivitäten. Diese Aktivitäten könnten vielfältige gemeinschaftliche Bemühungen umfassen, wie beispielsweise die gemeinsame Anmietung von Flächen für die Eigenproduktion von Nahrungsmitteln oder im Wohnbereich die Umstellung von Raumwärmesystemen auf andere Energieträger oder die gemeinsam betriebene Verbesserung der thermischen Isolierungen der Wohngebäude. Hinweise auf technische Möglichkeiten und Beispiele finden sich in leicht zugänglicher Literatur[527] oder im Internet.

7.2 Optionen für Eigeninitiativen

7.2.1 Bewusste Gestaltung der individuellen Mobilität

Gemeinschaftlich lassen sich auch Fortbewegungsmittel – beispielsweise Autos – nutzen, wenn Mobilität bewusst gestaltet wird. Was nötig und unnötig ist, bleibt jeder Person selbst überlassen. Wie facettenreich Entscheidungen sein können, zeigt auch die Bandbreite der Fortbewegungsmöglichkeiten. Zwischen Fußmarsch und Flug gibt es eine große Auswahl an unterschiedlichen Fortbewegungsangeboten – trotzdem werden oft Entscheidungen fernab jeglicher Rationalität und zum eigenen Nachteil getroffen. Durch ihre evolutionäre Ausstattung

---

527 von Weizsäcker et al. 2010; Kreutzberger & Thurn 2011.

sind Menschen in der Lage, große Entfernungen zu überwinden[528] und benötigen für die Erhaltung ihrer Gesundheit auch ein Mindestmaß an lokomotorischen Aktivitäten[529]. Ideale Voraussetzungen, um Distanzen von zumindest wenigen Kilometern zu Fuß zurückzulegen – ein idealer Ausgleich zum Bewegungsmangel, den heutzutage viele Berufe mit sich bringen. Die maßgebende Orientierungsgröße in Industriegesellschaften ist jedoch der Zeitaufwand – für alle Arten von Tätigkeiten. Unter diesem Zusatzkriterium bietet sich für kurze Strecken das Radfahren als kostengünstige und gesundheitsverträgliche Form der Fortbewegung an. Im Konzept der Mobilitätspyramide[530] werden Gehen und Radfahren unter „aktiver Mobilität" und Fortbewegungen mit motorisierten Verkehrsmitteln unter „passiver Mobilität" zusammengefasst. Mit diesem begrifflichen Hilfsmittel lässt sich das eigene Mobilitätsverhalten gut beobachten.

Vielfach wird jedoch das Massenverkehrsmittel der Gegenwart – das Auto – auch für die Überwindung kurzer Strecken genutzt. Diese Form der Fortbewegung ist nachteilig für das Individuum – teuer und nicht gesundheitsfördernd – und die Gesellschaft – umweltbelastend und energetisch aufwändig. Bei der Anschaffung eines Autos sind verschiedene Gründe und Motive im Spiel – sei es die oben erwähnte Distanz vom Wohnort zum Arbeitsplatz, persönliche Bequemlichkeit, Statusdenken oder die in teuren Werbekampagnen suggerierte Vorstellung von Freiheit und Selbstbestimmtheit. Intensive Lobbyarbeit globaler Unternehmen fördert die Bereitschaft von Gesellschaft und Politik zur ständigen Verbesserung der Rahmenbedingungen für den Einsatz von motorisierten Fahrzeugen. Trotz dieser Bemühungen sind auch gegenläufige Entwicklungen in den Städten zu beobachten, wo andere Faktoren die Ausweitung der Verkehrsflächen verhindern – beispielsweise hohe lokale Umweltbelastungen und eingeschränkte Flächenverfügbarkeit. Nach aktuellen Untersuchungen besitzen urbane junge Erwachsene in Mitteleuropa weniger Autos und benutzen öfter öffentliche Verkehrsmittel oder Fahrräder als vor einigen Jahren[531].

Die Fähigkeiten globaler Unternehmen zur Anpassung an Änderungen in ihren Handlungsräumen bei gleichzeitiger Wahrung der Eigeninteressen zeigen die Entwicklungen seit dem Beschluss des Kyoto-Protokolls[532]. Relativ geringfügige technische Änderungen ermöglichten die weitgehend störungsfreie Verwendung von Gemischen aus Benzin und Alkoholen sowie von Diesel und Methylestern in den Fahrzeugen. In Verbindung mit dem von der Agrarlobby geprägten Euphemismus „Biosprit" konnte damit die öffentliche Forderung nach – technisch

---

528 Lieberman & Bramble 2007; Kramer & Sylvester 2009.
529 WHO 2006.
530 http://slowmotion.ansichtssache.de.
531 Ifmo 2011; Schönduwe et al. 2012.
532 UN 1998.

leicht machbaren, aber marktstrategisch nachteiligen – Leistungs- und Verbrauchssenkungen entschärft werden. Auch öffentliche Einrichtungen tragen – aus welchen Gründen auch immer – zur Verschleierung der Problematik bei. So weist beispielsweise die amtliche Statistik für Österreich[533] bei den Neuzulassungen von Pkws für den Zeitraum Jänner bis Juli 2012 einen Durchschnittsverbrauch von 5,5 Litern Treibstoff pro 100 Kilometer aus. Der Wert würde nur dann stimmen, wenn von allen Automarken gleich viele Fahrzeuge verkauft worden wären. Werden hingegen die unterschiedlichen Verkaufszahlen der einzelnen Automarken berücksichtigt, ergibt sich ein Durchschnittswert von rund 9 Litern pro 100 Kilometer.

Wie bereits ausführlich dargelegt, führt die Produktion von Treibstoffen aus organischem Material für den allgemeinen Markt direkt in eine extrem problematische Sackgasse. Sinnvolle Einsatzbereiche für diese Art von Treibstoffen bieten sich in Nischenmärkten an – beispielsweise für land- und forstwirtschaftliche Maschinen. Für die restlichen Bereiche der passiven Mobilität stellt sich die Frage, welche Energieträger langfristig die unterschiedlichen Anforderungen, wie beispielsweise geringe Umweltbelastungen, Leistbarkeit oder ausreichenden Fahrkomfort, sichern können.

Von den unterschiedlichen technologischen Optionen werden gegenwärtig Elektrofahrzeuge besonders beworben. Dabei handelt es sich keineswegs um eine neue Technologie. Abgesehen von der Verwendung von Elektromotoren bei den allerersten Automodellen waren Elektroantriebe jahrzehntelang im praktischen Einsatz bei Paketfahrzeugen der Post in Städten oder in Transportkarren auf Bahnhöfen. In der Öffentlichkeit ist durch die Argumente der Lobbying-Gruppen ein einseitig positives Bild von Elektrofahrzeugen entstanden. Neben dem Argument der Umweltfreundlichkeit wird vor allem das Argument der niedrigen Betriebskosten ins Treffen geführt. In Zukunftsszenarien werden die Flotten von Elektrofahrzeugen als ideale Zwischenspeicher für Strom aus dem zeitlich variablen Angebot von Wind- oder Solaranlagen dargestellt. Ein Bild, das sich allein bei ersten Abschätzungen der Praxistauglichkeit[534] nur im begrenzten Ausmaß bestätigen lässt. In ähnlicher Weise kann durch isolierte und auf selektive Annahmen aufbauende Vergleiche die Aussage getroffen werden, dass der Primärenergieaufwand bei Elektrorädern mit einem bestimmten Batterietyp geringer ist als bei alleinigem Antrieb mit Muskelkraft[535].

Mit Batterien ausgestattete Fahrzeuge haben technisch durchaus sinnvolle Einsatzbereiche im Kurzstreckenverkehr – diesen Nachweis haben die früher

---

533 Statistik Austria, Kfz-Statistik. – Erstellt am 09.08.2012.
534 Dallinger et al. 2010
535 Lemire-Elmore 2004.

eingesetzten Flotten der Elektrofahrzeuge im Transportbereich bereits erbracht. Elektroantriebe beeinflussen nicht grundsätzlich die geometrischen Dimensionen von Fahrzeugen – abgesehen vom Platzbedarf für die Batterien. Die massenhafte Rückkehr von PKWs in die zentralen Bereiche von Städten wird deshalb mit den weitgehend identen Problemen der Verkehrsregelungen und der Parkplatznot verbunden sein, wie bei Fahrzeugen mit Verbrennungsmotoren. Die bereits existierenden Flotten von Elektrofahrzeugen – beispielsweise U-Bahnen oder Straßenbahnen – tragen weitaus effizienter zur Erhaltung der motorisierten Mobilität in Städten bei.

Potenzielle Interessentinnen und Interessenten für Elektrofahrzeuge sind mit einer Reihe von Fakten konfrontiert, die bei Kaufentscheidungen mit zu berücksichtigen sind. Gegenwärtig sind die Kaufpreise für die meisten PKWs mit Elektromotoren prohibitiv hoch, aus ökonomischer Perspektive ist eine Anschaffung deshalb irrational. Kaum diskutiert werden die Zusammenhänge zwischen Fahrkomfort und Reichweiten in den kalten Jahreszeiten. Soll der Fahrgastraum bei niedrigen Außentemperaturen ausreichend erwärmt werden, so muss Strom auch für die Heizung verwendet werden. Damit werden die Batterien zusätzlich belastet, in Verbindung mit den geringeren Leistungen bei niedrigen Temperaturen geht damit die erzielbare Reichweite pro Batterieladung deutlich zurück. Diese Problematik ist nur durch den Verzicht auf die Heizung des Innenraumes und mit ausreichender Winterbekleidung für Lenker und Passagiere zu mildern. Die begrenzten Reichweiten von Elektrofahrzeugen schränken ihre Verwendung für ausgedehnte Urlaubsreisen ein. Komplementäre Angebote für die Überwindung langer Strecken wurden und werden von den europäischen Eisenbahnunternehmen konsequent gestrichen oder durch unzumutbare Angebote – seien es unattraktive Verbindungen oder komplizierte Buchungsprozeduren – möglichst passagierfeindlich gestaltet.

Wer sich gegen ein Elektrofahrzeug entscheidet, muss dennoch nicht an mangelndem Umweltbewusstsein leiden. Wie Lebenszyklusanalysen[536] zeigen, wird das Ausmaß der gesamten Umweltbelastung durch Elektrofahrzeuge wesentlich von der Herkunft des Stroms bestimmt. Stammt der Strom aus Umwandlungsanlagen mit regenerativen Primärenergiequellen wie Wind oder Solarstrahlung, so ergeben sich deutliche Reduktionen der Umweltbelastungen. Stammt der Strom hingegen aus kohlebetriebenen Umwandlungsanlagen, so können sich ungünstigere Werte ergeben als bei Fahrzeugen mit Verbrennungsmotoren und Abgasreinigungsanlagen auf dem aktuellen Stand der Technik. Unabhängig davon weisen Elektrofahrzeuge mit kleineren Batterien günstigere Werte wegen des ge-

---

536 Lane 2006; Helms et al. 2010; Wellbrock et al. 2011.

ringeren Eigengewichts und der geringeren Umweltbelastungen bei der Produktion auf[537].

Als potenzieller Ausweg für umweltbewusste Personen werden von zahlreichen Herstellern Hybridfahrzeuge mit Elektro- und Verbrennungsmotoren angeboten. Mit dem Kauf solcher Fahrzeuge ist jedoch keine endgültige Befreiung von Umweltsorgen, sondern die Übernahme der vollen Verantwortung für die Umweltbelastungen durch die Benutzer verbunden. Fahrverhalten, Auswahl und Zusammensetzung der Fahrstrecken oder Auswahl der Ladezeiträume für die Batterien bestimmen in hohem Ausmaß die Gesamtwirkungen solcher Fahrzeuge[538]. Wer den Elektroantrieb vorwiegend als Booster für den Verbrennungsantrieb nutzt, wird mit Sicherheit höhere Umweltbelastungen verursachen als eine Lenkerin oder ein Lenker mit bedachter Fahrweise in einem verbrauchsarmen und am aktuellen Stand der Umwelttechnik befindlichen Fahrzeug mit Verbrennungsmotor.

Angesichts der schwer absehbaren Veränderungen im Bereich der Energieversorgung lässt sich die zukünftige Bedeutung von Fahrzeugen mit Brennstoffzellen[539] nicht exakt bestimmen. Aus heutiger technologischer Perspektive erscheint für den Einsatz in PKWs die Kombination von Brennstoffzellen mit Batterien am aussichtsreichsten. Wichtige Rollen für die Umweltwirkungen solcher Fahrzeuge spielen die Art der Primärenergieträger und die Verteilungswege des Stroms. Die höchste energetische Effizienz wird bei der Nutzung von Windenergie für die Wasserstoffproduktion erreicht[540].

Um die Verwendung von Kraftfahrzeugen lieferten und liefern sich Befürworter und Gegner heftige verbale Schlachten mit unterschiedlichsten Argumenten. Im Zentrum der Diskussionen steht meist die Frage, ob öffentliche Verkehrsmittel oder PKWs bevorzugt werden sollen. Vielfach geschieht das ohne Berücksichtigung der exergetisch und ökonomisch sinnvollen Einsatzbereiche der unterschiedlichen Verkehrsmittel – und einer entscheidenden Rahmenbedingung: Solange Menschen Fußmärsche oder Radfahrten auf den ersten und letzten Kilometern ihrer Reisen scheuen, werden PKWs attraktiv bleiben – zumindest solange die damit verbundenen ökonomischen Belastungen verkraftbar sind. Letztlich haben unsere individuellen Entscheidungen bei der Wahl des Wohnortes und der Art der Fortbewegung einen großen Einfluss auf den Exergieumsatz und die Umweltbelastungen durch den Verkehr. Komplementär dazu tragen politische Entscheidungen über die Gestaltung langfristig wirkender physischer –

---

537 Michalek et al. 2011.
538 Lane 2006; Helms et al. 2010; Wellbrock et al. 2011.
539 Fuell Cell Today 2012.
540 Hacatoglu et al. 2012.

beispielsweise beim Bau von Straßen – und gesetzlicher Rahmenbedingungen – beispielsweise in der Raumordnung oder bei Abgaben und Förderungen – zu den langfristigen Entwicklungen des Verkehrsaufkommens bei.

7.2.2 Bewusste Gestaltung der Ernährung

Große Handlungsspielräume, Lebensstile, unvollständige Informationen, Ideologien und kulturelle Einflüsse beeinflussen Entscheidungen der persönlichen Ernährung. Gleichzeitig bestimmen wir mit unseren Ernährungsgewohnheiten die Rahmenbedingungen der Produktionsketten von der Landwirtschaft bis hin zu Geschäften oder Restaurants. Je näher wir an den Quellen der Produktionsketten – entweder auf regionalen Märkten oder direkt bei den Produktionsbetrieben – unsere Nahrung besorgen, desto niedriger kann der Exergie- und Ressourcendurchsatz in der gesamten Kette ausfallen. Beispielsweise sind nicht verwertbare Teile von Gemüse und Obst direkt in den Betrieben kompostierbar, oder Transportgefäße können mehrfach verwendet werden. Konsumenten müssen allerdings ausreichende Kenntnisse über die Rohprodukte und deren Verfügbarkeit im Jahresablauf sowie Zeit für die Zubereitung der Speisen besitzen, um diesen Weg der Ernährung sinnvoll zu nutzen. Mit zunehmender Länge der Produktionsketten geht die Übersicht über Herkunft und Aufbereitungsschritte für die Konsumenten verloren, und umso größer werden die Handlungsspielräume für Lebensmittelkonzerne, und umso besser werden auch die Entfaltungsmöglichkeiten für die industrielle Tier- und Pflanzenproduktion. Damit verbunden sind auch zunehmende Energie- und Ressourcenaufwände in den Produktionsketten. Konsumenten benötigen nur geringe bis gar keine Kenntnisse über Eigenschaften und Qualität der Ausgangsprodukte und deren Zubereitung – und haben die Speisen nach minimalen Aufwärmzeiten essensfertig am Tisch. Gleichzeitig fallen in den Haushalten große Abfallmengen durch die nicht wiederverwertbaren Lebensmittelverpackungen an. Mindestens gleich große Abfallmengen fallen auch bei den Fertigmenüs von Servicediensten mit Hauszustellung an.

Nicht nur der Einstieg in die Produktionsketten, auch die Zusammensetzung der Nahrung und die Organisation der Vorratshaltung in den Haushalten beeinflussen die Energie- und Ressourcenaufwände für die Ernährung. Allein durch die Kenntnis der Energieflüsse in Ökosystemen ist klar, dass für die Entstehung einer Nahrungseinheit tierischer Produkte höhere Primäraufwände an Energie und Ressourcen erforderlich sind, als für pflanzliche Produkte. Aus dieser Perspektive wäre es für die langfristige Sicherung der globalen Ernährung eindeutig günstiger[541], wenn sich die gesamte Menschheit rein vegetarisch ernährt. In Verbindung mit den Diskussionen zur Senkung von Treibhausgasemissionen steht der Verzehr von Rindfleisch besonders in der Kritik. Rinder emittieren als Wiederkäuer – wie auch Ziegen und Schafe – aus den bakteriellen Umsetzungsprozessen in ihren Mägen das Treibhausgas Methan. Untersuchungen zeigen, dass die Gesamtemissionen bei der Verwendung von Zusatzfutter besonders hoch sind, auch wenn Rinder zumindest zeitweise auf der Weide gehalten werden[542]. Deutlich niedriger sind hingegen die Emissionen aus der biologischen Rinderhaltung ohne Zusatzfütterung[543]. Bei den Diskussionen über den Rindfleischkonsum wird oft außer Acht gelassen, dass Gräser von Wiederkäuern am effizientesten in Fleisch und Milch umgewandelt werden können[544]. Es geht auch hier um die Frage nach den Optimalbereichen der Nahrungszusammensetzung. Aus der Perspektive der Umweltwirkungen ist diese Frage nur im Kontext der jeweiligen regionalen ökologischen Bedingungen beantwortbar. Aus der Perspektive des Nahrungskonsums lassen sich hingegen vereinfachte Richtwerte formulieren. Real lagen im Jahr 2003 die Gewichtsanteile von Fleisch und Fisch an der Nahrung in Industrieländern bei 16,5% und in Entwicklungsländern bei 8,4%[545]. Obwohl beide Werte die – für eine gesunde Ernährung ausreichenden[546] – Gewichtsanteile von rund 7% überschreiten, wird global mit weiter steigenden Anteilen von Fleisch und Fisch gerechnet. Ausschlaggebend für diese Entwicklungen sind vor allem steigender Wohlstand in Verbindung mit zunehmender Urbanisierung und Industrialisierung der Nahrungsproduktion[547]. Während sich Diskussionen und Vorschläge für eine Änderung des Entwicklungstrends vor allem auf die Reduktion des Fleischkonsums konzentrieren[548], finden die dramatischen Auswirkungen auf die globalen Fischbestände[549] weit weniger öffentliche Aufmerksamkeit. Welche energetischen Auswirkungen mit der steigenden Nachfrage nach Seefisch bei abnehmenden Fischbeständen verbunden sind, zeigen Untersuchungen der Grundschleppnetzfischerei in Großbritannien. Zwischen 1889 bis 2009 hat der Energieaufwand pro Einheit gelandeter Fischmenge um das 17-fache zugenommen[550]!

---

541 Moomaw et al. 2012.
542 Nguyen et al. 2012.
543 Haas et al. 2001.
544 Kirchgessner 1987.
545 Kearney 2010.
546 Stehle et al. 2005.
547 Kearney 2010.
548 FAO 2006; Hamerschlag 2011; Moomaw et al. 2012.
549 Agnew at al. 2009; FAO 2012a.
550 Thurstan et al. 2010.

Die Informationsvielfalt bei Lebensmitteln ist verwirrend und beim Einkauf nicht überschaubar. Zusätzlich versucht die Lebensmittelindustrie das Konsumverhalten nach ihren wirtschaftlichen Interessen zu beeinflussen. Trotzdem kann die einzelne Frau oder der einzelne Mann nach relativ einfachen Regeln – unter Wahrung eigener Vorteile – zur Minderung der Gesamtproblematik beitragen. Eine möglichst vielfältige Zusammensetzung der Nahrung, orientiert an – aber nicht sklavisch fixiert – einfachen Hilfsmitteln wie dem Ernährungskreis oder der -pyramide[551], sowie dem Alter und körperlichen Belastungen angepasste Nahrungsmengen tragen zur Erhaltung der Gesundheit bei. Anpassungen der Nahrungsauswahl an die regionalen Angebote im Jahresablauf mindern die Ausgaben für Lebensmittel. Wer den Verlockungen der Angebotsvielfalt widersteht, und soviel einkauft, wie er voraussichtlich braucht, schont die eigene Brieftasche und vermeidet unnötige Lebensmittelabfälle[552].

Angesichts der gegenwärtigen wirtschaftlichen Entwicklungen und der Arbeitslosenzahlen in Europa wäre es zynisch, Ernährungsfragen nur aus der Wohlstandsperspektive zu betrachten. Es stellt sich aber die Frage, in welcher Weise die Gesellschaft den Herausforderungen beggenen wird. In der momentan vorherrschenden „Kultur des Egoismus" haben Großkonzerne ein leichtes Spiel bei der Durchsetzung ihrer Interessen. Dass sie diese auch wahren wollen, zeigt die Ankündigung eines Konzerns, zukünftig auch Kleinstmengen von Nahrungsmitteln für ärmere Gesellschaftsschichten auf den Markt zu bringen. Ein systemisch absurder Weg, bei dem über lange Produktionsketten hohe Kosten für Transport, Verpackung und Verarbeitung sowie die notwendigen Gewinne für die involvierten Unternehmenseinheiten anfallen – die letztendlich von den Armen der Gesellschaft zu tragen sind. Dazu gibt es interessante Gegenmodelle, die auch in Agglomerationen in Form der *Urbanen Landwirtschaft* umsetzbar sind[553]. Ein erstes, unfreiwilliges Experiment fand in Kuba nach dem Zusammenbruch der Sowjetunion im Jahr 1989 statt. Durch den Ausfall des Haupthandelspartners brachen die Absatzmöglichkeiten für die Hauptprodukte der Landwirtschaft und die Nahrungsversorgung für die Bevölkerung zusammen. Ohne externe Wirtschaftshilfe wurde durch Umstellungen auf regionale und an die Nachfrage angepasste, kooperative Produktionsformen auch in Städten die Nahrungsversorgung wieder verbessert. Ähnliche Modelle sind mittlerweile in verschiedenen Ländern erfolgreich etabliert und auch für Europa anzudenken. Kurze Produktionsketten, die Vermeidung von Exergie- und Ressourcenverlusten und kleine Betriebsstrukturen in unterschiedlichen Formen stellen ein echtes Gegen-

---

551 Stehle et al. 2005.
552 Kreutzberger & Thurn 2011.
553 Cruz & Medina 2001; van Veenhuizen & Danso 2007; de Zeeuw & Dubbeling 2009.

modell zu den gegenwärtig vorherrschenden Wirtschaftsformen dar. Bei der Realisierung dieser Alternativmodelle ist deshalb mit massiven direkten und indirekten – durch Lobbying über Richtlinien und Gesetze formulierten – Widerständen zu rechnen. Eine erfolgreiche Umsetzung von Alternativmodellen ist also nicht von „oben" – von womöglich „starken Männern oder Frauen" –, sondern nur von Eigeninitiativen und Kooperationen engagierter Personen zu erwarten.

7.2.3 Bewusste Gestaltung des Energieumsatzes im Haushalt

Über die gesamte Nutzungsdauer von Wohngebäuden entfallen rund 90% des gesamten Umwandlungsbedarfs auf die Nutzung und rund 10% auf die Herstellung der Konstruktionsmaterialien, den Bau und die Erhaltung[554]. Der Umwandlungsbedarf für die Nutzung wird durch unterschiedliche Faktoren beeinflusst. In Abbildung 84 sind im oberen Bild die Einflüsse unterschiedlicher Klimabedingungen auf Wohngebäude mit Wärmerückgewinnung in den Belüftungssystemen[555] erkennbar. Innerhalb vergleichbarer Klimazonen beeinflussen sowohl unterschiedliche konstruktive Auslegungen – erkennbar am Vergleich zwischen Portugal und Spanien – als auch unterschiedliche Nutzungsansprüche – unteres Bild – den Umwandlungsbedarf[556].

Grundsätzlich haben die Nutzungsansprüche einen großen Einfluss auf den energetischen Umwandlungsbedarf in Haushalten. Den individuellen Gestaltungsmöglichkeiten sind im Alltag jedoch unterschiedliche Grenzen gesetzt. Seien es enge ökonomische Spielräume, organisatorische Bedingungen wie festgelegte Zeiten der Berufstätigkeit, rechtliche Bestimmungen oder soziale Verpflichtungen. Für ein verantwortungsvolles individuelles Handeln ist es wichtig, Möglichkeiten und Grenzen zu kennen und in den Entscheidungen zu berücksichtigen. Nur so sind auch einseitig orientierte Argumente leichter erkennbar – egal, ob sie von Ideologien oder Interessen getragen werden. Aktuelle Beispiele dafür liefert die derzeitige Mode der „smarten" Lösungen – egal ob „smart cities", „smart grids", „smart mobility" oder „smart meter" – mit der zentralen Behauptung, dass alle Probleme durch Informationstechnologien gelöst werden können. Dabei werden physische oder organisatorische Rahmenbedingungen, unter denen die angebotenen Lösungen sinnlos sind konsequent ausgeblendet. So soll uns das „smart meter" Informationen über jene Zeiten liefern, in denen der Strompreis niedrig ist und Geräte mit hohem Stromverbrauch günstiger betrieben

---

554 Rossi et al. 2012.
555 Rossi et al. 2012.
556 Shah et al. 2008; Ortiz et al. 2010; Rossi et al. 2012.

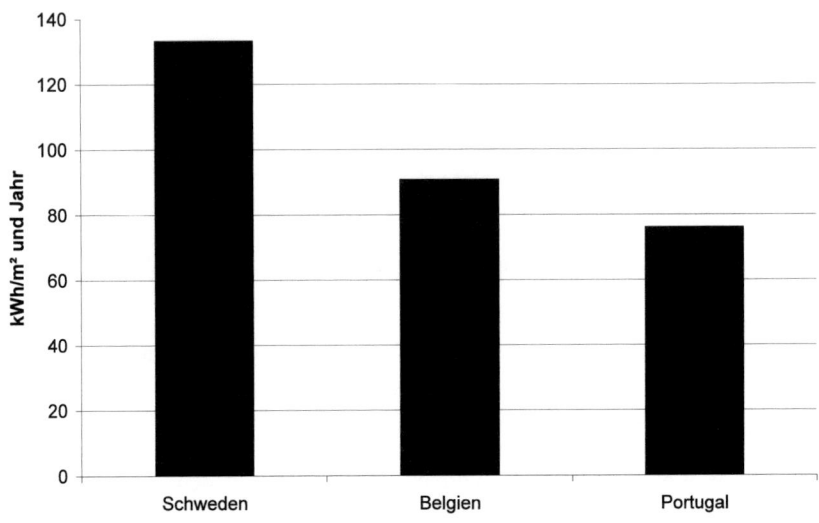

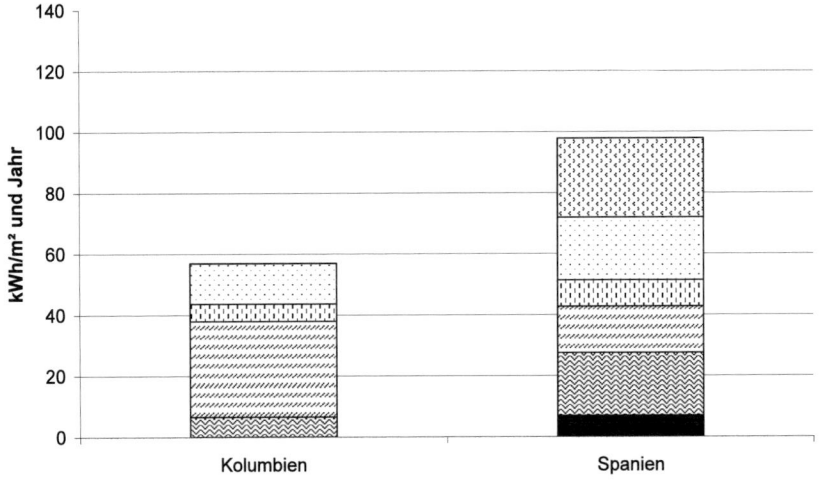

Abbildung 84: Beispiele der Auswirkungen unterschiedlicher Einflussfaktoren auf den Endenergiebedarf in Wohnhäusern (in kWh pro Quadratmeter und Jahr). Oben) Wohnhäuser in unterschiedlichen Klimazonen mit Wärmerückgewinnung. Unten) Wohnhäuser in vergleichbaren Klimazonen mit unterschiedlichen Nutzungsansprüchen der Bewohner. Datengrundlagen: Rossi et al. 2012; Ortiz et al. 2010.

werden können. Für die überwiegende Zahl der Haushalte sind solche Informationen von geringem Wert, weil der übliche Tagesablauf nur wenig Spielraum für den Betrieb großer Geräte bietet. Die Benutzung einer Waschmaschine zur kostengünstigen mitternächtlichen Stunde wird in Mehrfamilienhäusern sehr rasch Probleme hervorrufen. Es wäre auch günstiger, Speisen spätnachts zuzubereiten oder ein Bad zu nehmen. Energiebewussten Endverbrauchern bringt das „smart meter" kaum zusätzliche Vorteile – ihre verbrauchsarmen Geräte werden deshalb nicht weniger Strom benötigen. Beteiligt sich hingegen der einzelne Haushalt auch an der Bereitstellung von elektrischer Energie – beispielsweise über Fotovoltaikanlagen –, so erleichtert die Installation von „smart meters" das technische Zusammenspiel in den Stromnetzen und die Verrechnung von Einspeisungen und Entnahmen.

Generell enthüllt die technischen Auslegung und Bewerbung der „smart meter" die einseitigen Machtinteressen der Energiekonzerne: Technisch wäre es leicht möglich, die Kunden über die Herkunft des aktuell angebotenen elektrischen Stroms zu informieren. Umweltbewusste Kunden mit ausreichend Spielraum für die Regelung ihres Strombedarfes könnten Geräte mit hohen Leistungskennzahlen dann in Betrieb nehmen, wenn das aktuelle Stromangebot vor allem von Wind-, Solar- oder eventuell Wasserkraftwerken bereitgestellt wird. Die angebotsbezogene Steuerung der Stromabnahme ließe sich leicht automatisch regeln. Genauso leicht könnte auf den einzelnen Rechnungen der Primärenergiemix des jeweils bezogenen elektrischen Stroms ausgewiesen werden. Umweltbewusste Konsumenten, die extra für sogenannten „Ökostrom" bezahlen, wären dann auch über die tatsächliche Herkunft ihres bezogenen Stromes informiert. In der Realität finden sich in den Diskussionen über die „smart meter" keine Spuren solcher Überlegungen zur Erhöhung der Mündigkeit von Konsumenten – weil damit schlicht auch die Aktivitäten der Energiekonzerne transparenter würden. Der massive Druck der Wirtschaftslobby für die Einführung von „smart meter" wird auch aus den offiziellen Dokumenten der Europäischen Union ersichtlich. Die Einführung von „intelligenten Zählern" wird sowohl in der Richtlinie über Energieeffizienz[557], als auch zum Elektrizitätsbinnenmarkt[558] gefordert. Das Thema findet sich auch im Arbeitsplan[559] für die Umsetzung der Ökodesign-Richtlinie – schon unter dem Begriff „Smart meters". Am deutlichsten werden die Absichten im Rahmenprogramm für Wettbewerbsfähigkeit und

---

557 EU 2006; EU 2012.
558 EU 2009c.
559 Council 2012.

Innovation[560], in dem ein Programm „intelligente Energie" für die Förderung der Wirtschaft gefordert wird.

Wer bei der Anschaffung neuer Geräte und ihrer Nutzung konsequent auf Energieeffizienz achtet, kann weitaus mehr zur Entlastung des eigenen Budgets und zur Reduktion des generellen Energie- und Ressourcenumsatzes beitragen als durch die Installation eines „smart meters". Auch hier ist Realismus angebracht – jedes Gerät hat seine spezifische Lebensdauer, die durchaus 15 bis 20 Jahre betragen kann. Ein vorzeitiger Austausch kann nicht nur das eigene Budget übermäßig belasten, sondern auch die Energie- und Ressourcenumsätze in den Produktionsketten erhöhen.

Vorsicht ist auch gegenüber technologischen Neuerungen angebracht, die – ohne umfassende Berücksichtigung ihrer Auswirkungen – übereilt eingeführt werden, wie das Beispiel der so genannten „Energiesparlampen" zeigt[561]. Mit den massiv propagierten und von der Politik verordneten „Energiesparlampen" haben die Konsumenten letztendlich teuer erkauften, potenziellen Sondermüll im Hause. Konsumenten können diese – auch durch die Politik mitverschuldete – Situation nur durch eigenständiges Handeln durch die Anschaffung von weitaus weniger bedenklichen LED-Leuchtkörpern kompensieren. Aber auch bei diesen Leuchtkörpern ist Vorsicht angebracht, wenn sie Gemälde im Hause haben, da ein Strahlungsbereich von LED-Leuchtkörpern zumindest das im 19. und 20. Jahrhundert verwendete Chromgelb verfärben kann[562].

Wer in einem Mehrfamilienhaus lebt, kann durch eigenes, energieeffizientes Handeln nur geringe Einsparungen erzielen, wenn der Energieumsatz nur pauschal ermittelt wird – beispielsweise bei Raumwärmesystemen. Unter solchen Rahmenbedingungen können sich weniger energiebewusste Mitbewohner ihren Mehrverbrauch von anderen Parteien mitfinanzieren lassen. Eine Änderung dieser Situation ist nur durch die Installation von individuellen Zählern in den einzelnen Wohneinheiten erreichbar.

7.2.4 Bewusster Umgang mit Immobilienbesitz

Immobilienbesitz wird auf unterschiedliche Weisen erworben, in den meisten Fällen durch Bau, Kauf oder Erbschaft. Wichtige Motive sind finanzielle Absicherung und soziale Präsentation. Durch die Wahl des Standortes sowie der Gestaltung des Gebäudes und der Freiflächen können mit Immobilien die indivi-

---

560 Europäisches Parlament 2006.
561 Berz et al. 2011.
562 Monico et al. 2010.

duellen Vorstellungen von der eigenen sozialen Position weitaus deutlicher repräsentiert werden, als beispielsweise mit einem Automobil. Diese individuellen Wertehaltungen müssen nicht zwangsläufig mit funktionellen Sichtweisen über Ressourceneffizienz oder Energieumsatz verbunden sein. Anders als etwa bei landwirtschaftlichen Gebäuden der vorindustriellen Zeit[563], bestehen bei Gebäuden der Gegenwart kaum mehr funktionelle Zusammenhänge zwischen konstruktiven Gebäudemerkmalen und den jeweiligen Nutzungsarten. Ähnliches gilt für die Gestaltung der Freiflächen – vor allem bei Eigenheimen. Durch die rein ästhetische Gestaltung der Außenflächen soll ein bestimmter sozialer Status signalisiert werden – zumal heutzutage auch keine unmittelbare Notwendigkeit zum Anbau eigener Nahrungsmittel besteht. Es ist auch kaum möglich, die Freiflächen in Siedlungsgebieten den ökologischen Selbstorganisationsprozessen zu überlassen, da – auch von der Gesellschaft – erkennbare Zeichen[564] der „Kultivierung" erwartet werden.

Wer ernsthaft die Gestaltungsmöglichkeiten einer eigenen Immobilie für die Minimierung des Energie- und Ressourcenaufwandes nutzen möchte, wird dafür die Beratung und Planung durch fachkundige Expertinnen und Experten brauchen. Aber auch ohne Fachkenntnisse können einige Grundregeln beachtet werden. Eine Grundvoraussetzung für die langfristige Reduktion des Energie- und Ressourcenaufwandes ist die optimierte, konstruktive und materialtechnische Gestaltung der Außenhaut des Gebäudes. Gemeint ist damit die Abstimmung zwischen den technischen Möglichkeiten der thermischen Isolierung und der passiven Solarnutzung mit den Nutzungsansprüchen der Immobilienbesitzer. Auch in einem energetisch perfekt gestalteten Gebäude werden die real erreichbaren Werte des Energieumsatzes wesentlich vom Verhalten der Bewohner bestimmt[565]. Erfahrene Planerinnen und Planer werden deshalb nicht technisch maximale, sondern angepasste Lösungen anstreben. So können beispielsweise Wünsche nach großen Fensteröffnungen für passive Solarsysteme genutzt werden. Unter Berücksichtigung der erwartbaren Klimaänderungen sollten in den Planungen die Reduktionsmöglichkeiten für Heizung und Kühlung berücksichtigt werden. Der verbleibende, möglichst geringe Energieaufwand für Heizung und Kühlung der Innenräume sollte so weit wie möglich aus Quellen mit niedrigen Exergiegehalten abgedeckt werden. Beispiele solcher Quellen sind Solar- und Erdwärmekollektoren oder Abwärme aus Produktionsprozessen. Exergetisch ungünstig ist hingegen die direkte Nutzung von Feuerungsanlagen für die Raumwärmegewinnung. Speziell für Gemeinschaftslösungen besteht hier ein

---

563 Ellenberg 1978.
564 Makowski & Buderath 1983.
565 Haas et al. 1998.

großes Potenzial bei Errichtung und Betrieb integrierter Energieversorgungssysteme auf lokaler Ebene. Dafür können unterschiedliche Primärenergiequellen in verschiedenen Kombinationen mit geeigneten Speichersystemen für die Abdeckung der zeitlich variablen Nachfrage zum Einsatz kommen[566]. Integrierte lokale Energieversorgungssysteme können aus einer größeren Zahl dezentraler Umwandlungsanlagen – beispielsweise hybrider fotovoltaisch-thermischer Solarkollektoren auf Dachflächen – und dezentraler Speicheranlagen bestehen. Auch bei den thermischen Speichern besteht eine große Auswahlmöglichkeit an technologischen Lösungen. Neben thermischen Systemen mit und ohne Phasenumwandlungen können auch reversible chemische Prozesse für die Speicherung thermischer Energie genutzt werden[567]. Hohe exergetische Wirkungsgrade werden mit Speichern in Aquiferen[568] erreicht[569]. Solche Speichersysteme bergen allerdings bei unsachgemäßer Ausführung das Risiko von Schadstoffeinträgen ins Grundwasser. Für die technische Regelung und Kostenermittlung der kombinierten Versorgungssysteme ergeben sich hier besondere Herausforderungen für den Einsatz von „smart grids".

Freiflächen von Wohngrundstücken werden in der Gegenwart – selbst in ländlichen Gebieten – vorwiegend nach ästhetischen Gesichtspunkten gestaltet. Nutzungen für die Nahrungsmittelproduktion, wie in früheren Hausgärten, werden zunehmend durch einheitliche Grünflächen und Hecken verdrängt. Statt der Nutzung der Exergiepotenziale wird für die ästhetische Gestaltung zusätzlich Energie für den Betrieb von Gartengeräten umgesetzt. Wichtige Gründe dafür sind geänderte Arbeitsbedingungen, Überschneidungen von potenziellen Erntezeiten mit Urlaubszeiten sowie konkurrierende, ganzjährige Angebote von Obst und Gemüse in den Supermärkten. Theoretisch könnte auch die anfallende Biomasse der Rasen- und Heckenpflege energetisch genutzt werden. Nach US-amerikanischen Schätzungen liegt die jährliche Trockenmasseproduktion von Grünflächen in urbanen Gebieten zwischen 0,8 und rund 6 Kilogramm pro Quadratmeter und Jahr[570]. Durch geeignete Sammelsysteme könnten auch in Siedlungsgebieten die erforderlichen Mengen für die Umwandlung in Biogasanlagen oder Blockheizkraftwerken bereitgestellt werden.

---

566 Torio & Schmidt 2011.
567 Sharma et al. 2009.
568 Aquifer = grundwasserführende Schicht
569 Caliskan et al. 2012.
570 Falk 1980; Springer 2012.

7.3 Gesellschaftliche Herausforderungen

7.3.1 Stärkung der gesellschaftlichen Selbstorganisation

Üblicherweise wird der individuellen die politische Herausforderung gegenübergestellt. Diese vereinfachte Sichtweise erleichtert die Formulierung von Forderungen, blendet aber die vielschichtigen Verflechtungen von Macht und Verantwortung in der Gesellschaft aus. In der gegenwärtigen Wirtschaftskrise wird erkennbar, wie weit politische Gestaltungsmöglichkeiten verloren gegangen sind oder aktiv aufgegeben wurden. Neben Korruption und Vetternwirtschaft haben überzogene öffentliche Ausgaben die Schuldenlast der Staaten ständig erhöht. Im Scheinwerferlicht öffentlicher Diskussionen steht dabei immer die Kritik an Sozialausgaben und den Gehältern für Staatsbedienstete. In guter neoliberaler Ideologie werden die oftmals höheren Ausgaben für Infrastruktur und Rüstung nie einer kritischen Betrachtung unterzogen. Vor allem, weil die Notwendigkeit dieser Ausgaben nicht in Frage gestellt wird, da es sich um wesentliche Geschäftsbereiche von Großkonzernen handelt und Banken und Investoren über viele Jahrzehnte sichere Gewinne aus den für diese Ausgaben aufgenommenen Kredite lukrieren. Trotz der Zusammenbrüche von Energieversorgungsunternehmen und Banken[571] wird weiterhin ungeniert behauptet, dass private Unternehmen wirtschaftlicher Arbeiten als öffentliche Institutionen. Wie bei Lebenszyklusanalysen (Kapitel 4.3) gelten diese Aussagen nur innerhalb bestimmter Systemgrenzen. Innerhalb eines Unternehmens trifft diese Aussage zu, weil möglichst hohe Gewinne erzielt werden sollen. In den Systemgrenzen von Volkswirtschaften sind solche Aussagen jedoch mehr als fragwürdig – zumindest im Kontext der Erfüllung öffentlicher Aufgaben. Unter diesen Rahmenbedingungen erreichen private Unternehmen sehr rasch eine Monopolstellung, die zusätzliche Gewinnsteigerungen garantiert – sei es über Preise, durch öffentliche Zuschüsse oder unterlassene Investitionen. Die katastrophalen Folgen solcher Konstruktionen sind im englischen Bahnsystem als Folge der Privatisierung unter der konservativen Premierministerin Margaret Thatcher eindringlich zu tage getreten. Trotzdem versucht die Europäische Kommission den Weg der „Liberalisierung" in möglichst allen Bereichen öffentlicher Aufgaben durchzusetzen. Ein Ansatz, mit dem die Europäische Union weder die Herausforderungen gesellschaftlicher Veränderungen, noch der notwendigen Umstellungen in den Energieversorgungssystemen schaffen kann – weil damit jegliches Vertrauen in politisches Handeln verspielt wird.

---

571 Wilmarth 2007; Lipman 2012.

Demokratische Gesellschaften können langfristige Ziele nur erreichen, wenn dafür notwenige politische Entscheidungen von Wählern und Massenmedien auch aktiv unterstützt werden. Theoretisch reichen die Potenziale alternativer Energieflüsse aus, um den Umwandlungsbedarf der menschlichen Gesellschaft abzudecken[572]. Entscheidend für die langfristige Entwicklung ist die Ausrichtung der Energieversorgungssysteme auf die zentralen Energieflüssen der Solarstrahlung und die regionalen Potenziale von Wind und Geothermie (Abbildung 79) und die Anpassung des Umwandlungsbedarfs an die Kapazitätsgrenzen. Ob die menschliche Gesellschaft auch in der Lage ist, langfristig hauszuhalten, hängt von einigen kritischen Faktoren ab. Ein zentraler Faktor ist die gesellschaftliche Interpretation des Begriffes „Nachhaltigkeit". Wenn Nachhaltigkeit mehr sein soll als eine Worthülse für Sonntagsreden braucht es auch ein Verständnis für die relativen hierarchischen Beziehungen zwischen den üblichen drei „Säulen"[573]. Die Erhaltung ökologischer Funktionen sichert die Lebensgrundlagen der menschlichen Gesellschaft. Wird diese für eine langfristige Entwicklung essentielle Basis beispielsweise durch ungehemmte Ausdehnung von anthropogenen Nutzungsflächen zerstört, so ist es müßig, über Zielerfüllungen in den beiden anderen „Säulen" zu diskutieren. Führen soziale Ungleichgewichte zu Hungersnöten oder Kriegen, so kommt die „ökonomische Nachhaltigkeit" bestenfalls einer kleinen Gruppe von Personen zugute. Umgekehrt bedarf es bestimmter ökonomischer Leistungen für die Erhaltung gesellschaftlicher Ausgewogenheit, die wiederum eine wichtige Voraussetzung für die freiwillige Selbstbeschränkung beim Populationswachstum ist. Die Umstellung der Energieversorgung greift tief in alle drei Ebenen des Nachhaltigkeitsprinzips und damit in alle Systembereiche ein. Fehler bei der Umsetzung können rasch zu etwas führen, was im der im gegenwärtig positiv besetzten Schlagwort der „Dritten Industriellen Revolution"[574] enthalten ist.

Umstellungen von Energieversorgungssystemen benötigen einen Zeitraum von Jahrzehnten für die Neuorientierung der Gesellschaft und die Etablierung der dafür notwendigen Technologien. Auf diesem Weg sind viele Hindernisse zu überwinden, von denen viele in der Beschaffenheit unserer Gesellschaft begründet sind.

---

572 Krewitt et al. 2009; GEA 2012.
573 Im sogenannten „Drei-Säulen-Modell" entsteht Nachhaltigkeit durch das gleichzeitige und gleichberechtigte Umsetzen von umweltbezogenen, wirtschaftlichen und sozialen Zielen.
574 Clark II 2010.

7.3.2 Grenzen der Planbarkeit

Der Glaube an die perfekte Planbarkeit zukünftiger Entwicklungen ist weit verbreitet. Verantwortungsträgern erleichtert er Entscheidungen und Konsulenten ermöglicht er ein bequemes Einkommen. Durch leistungsfähige Computergrafiken wird auch der Öffentlichkeit die Beherrschbarkeit fast aller Ereignisse suggeriert. Dass dieser Glaube auch die Urteilsfindung in einem juristischen Streitfall beeinflussen kann, illustriert das Urteil eines italienischen Bezirksgerichtes im September 2011: Sechs Geologen und ein ehemaliger Beamter wurden verurteilt, weil sie – nach Ansicht des Gerichts – nicht präzise vor dem starken Erdbeben in L'Aquila im April 2009 gewarnt hatten ein tragisches Beispiel für das fehlende Verständnis für die Grenzen von Vorhersagen.

Im Zusammenhang mit Klimaänderungen und Umstellungen der Energieversorgung sind weitgehend ähnliche Haltungen und Denkmuster zu finden. Hätten im Falle des Erdbebens von L'Aquila langfristige Verbesserungen der Gebäudekonstruktionen wesentlich zur Minderung der Schäden beigetragen, so könnten eine ausreichende Gebäudeisolierung und der Bau von Arkaden in dicht bebauten Gebieten die Auswirkungen von Klimaänderungen langfristig mildern.

Stattdessen werden mit aufwändigen Computermodellen die Auslegungen von Klimaanlagen auf Basis virtueller Daten aus ebenfalls aufwändigen Klimamodellen berechnet. Unter Berücksichtigung der Unsicherheiten in den Szenarien ist die Detailgenauigkeit der Berechnungsergebnisse völlig nutzlos, erweckt aber bei fachunkundigen Personen den Eindruck seriöser wissenschaftlicher Arbeit.

Lobbyisten aus der Informatikbranche präsentieren bei jeder Gelegenheit eindrucksvolle Videos über die effiziente und segensreiche Beherrschbarkeit des eigenen Heims und ganzer Städte durch Informationstechnologien. Nicht erwähnt wird dabei, wie viel Macht damit in Konzernen akkumuliert wird und wie ernüchternd die tatsächlichen Leistungen der Informationssysteme für den einzelnen Nutzer sein können. Ein Beispiel dafür sind etwa die – speziell bei LKW's – gehäuft auftretenden Irrfahrten durch die zunehmende Verbreitung von Navigationsgeräten[575].

Der bewusste Umgang mit Unsicherheit bei der Entscheidungsfindung führt zu anderen Lösungswegen. Hasardeure setzen unter solchen Bedingungen auf eine einzige Karte, verantwortungsvolle Personen hingegen auf ein bewährtes Prinzip der Evolution – auf Diversität. Singuläre, großtechnische Ansätze wie Fusionsreaktoren oder Mega-Solarkraftwerke in Wüstengebieten sind mit zahlreichen Risiken und Problemen verbunden. So ist die technische Realisierbarkeit bei Fusionskraftwerken nach wie vor ungeklärt, zudem verschärfen sich damit

---

[575] ADAC 2008.

die Probleme mit radioaktivem Abfall[576]. Mega-Solarkraftwerke in Wüstengebieten sind technisch machbar, ihre Nutzbarkeit unterliegt hingegen den Unwägbarkeiten politischer Veränderungen. Projekte solcher Größenordnungen spielen Großkonzernen in die Hände, die sowohl Kapital als auch subtile Methoden für die Realisierung ihrer Pläne[577] einsetzen können. Das finanzielle Risiko bleibt hingegen bei den Steuerzahlern der beteiligten Staaten. Angesichts der Armutsmigration von Nordafrika in Richtung Europa ist das *Desertec-Projekt*[578] eines der extremsten Beispiele des technokratischen Neo-Liberalismus. Anstelle von technologischen Hilfestellungen für den Aufbau energetisch autarker Wirtschaftssysteme in den afrikanischen Ländern wird das Elend und der Tod unzähliger Menschen zugunsten kolonialer Großtechnologie in Kauf genommen.

Unter Berücksichtigung gesellschaftlicher und wirtschaftlicher Rationalitäten ist global weiterhin vom Einsatz nuklearer und fossiler Energieträger in großtechnischen Anlagen auszugehen[579]. Zur Minderung der damit verbundenen nachteiligen Klimaeffekte soll das Kohlendioxid mit so genannten *Carbon Capture and Storage* (CCS) von den Abgasen aus Verbrennungsanlagen abgetrennt und im Untergrund gespeichert werden. Auf jeden Fall sind damit weitere Umwandlungsverluste verbunden. Gegenwärtige Schätzungen gehen von zusätzlichen Umwandlungsverlusten in einer Bandbreite zwischen 4% und 20% aus. Völlig offen ist zudem die Frage der langfristigen Dichtigkeit der dafür ausgewählten geologischen Speicher[580].

7.3.3 Anpassung durch Vielfalt

Was hingegen wirklich gebraucht wird, sind technologische Lösungen, mit denen die kleinräumig variablen Potenziale alternativer Energieressourcen langfristig genutzt werden können[581].

Wegen der zeitlichen Variabilität der Energieflüsse alternativer Energiequellen – beispielsweise der Solarstrahlung und von Windströmungen – benötigen regionale Systeme auch leistungsfähige Energiespeicher. Erst durch die Kombination von Umwandlungs- und Speichersystemen sind die bestehenden Ansprüche der Endnutzer ohne zusätzliche Belastungen überregionaler Versorgungssysteme erfüllbar. Eine offene Förderung für Forschung und Entwicklung ist mit ei-

---

576 Stierstadt 2010.
577 Perkins 2008.
578 Desertec Foundation 2009; Werenfels & Westphal 2010.
579 GEA 2012.
580 Zapp et al. 2012.
581 Pehnt 2006.

Bewohner peripherer Gebiete haben auch höhere Ausgaben für ihre Mobilität[585]. Um die damit verbundenen Kostenbelastungen niedrig zu halten, überbieten sich politische Parteien mit Zusagen und auch der Realisierung von finanziellen Kompensationen, beispielsweise über Steuernachlässe – wie Pendlerpauschalen – oder Direktzuschüsse. Damit werden die Zersiedlungstendenzen verstärkt, da Unternehmen ihre Standorte nicht an den Strukturen öffentlicher Verkehrssysteme ausrichten müssen. Supermärkte können sich auf der „grünen Wiese" eines regen Kundenstroms sicher sein; Abteilungen oder ganze Betriebseinheiten können rasch an andere Standort verlegt werden, weil die notwendigen Fachkräfte ihre Pendelrouten ebenso rasch ändern können. Verstärkt werden alle damit strukturell verbundenen Kosten, beispielsweise für Infrastrukturen der Siedlungswasserwirtschaft, Müllentsorgung oder der Betreuungsdienste für pflegebedürftige Personen. Die Lösung des Problems ist nur durch eine strategisch konsequente Gestaltung von Raum- und Siedlungsstrukturen in Verbindung mit klar kommunizierten Rücknahmen der finanziellen Kompensationen zu erreichen. Solche Umstellungen brauchen bei bestehenden Strukturen Jahrzehnte, wenn sie sozial verträglich sein sollen. In Planungsgebieten wären sie hingegen sofort realisierbar.

Die Reduktion des gesellschaftlichen Energieumsatzes erfordert auch die grundlegende Überprüfung der vorherrschenden Paradigmen über Infrastrukturen. Ihr Ausbau und Erhalt bindet Finanzmittel und trägt in der gegenwärtigen Form wesentlich zu den laufenden Erhöhungen des Energieumsatzes im Verkehrsbereich bei. Vorschub dafür leisten die Regeln des so genannten „freien Wettbewerbs", welche die Realität physikalischer Gesetze und gesellschaftlichen Verhaltens völlig ignorieren. Jedes Verkehrsmittel kann – entsprechend seinen Eigenschaften – nur innerhalb eines bestimmten Bereiches energetisch effizient und für die Nachfrager akzeptabel betrieben werden. Sollen Verkehrssysteme und Infrastrukturen – im oben dargelegten Sinne – zur nachhaltigen Entwicklung beitragen, so gibt es – in Abhängigkeit von den jeweiligen Strukturen der Raumnutzung – unterschiedliche Optimalbereiche für die einzelnen Verkehrssysteme.

An den aktuellen Diskussionen über die Energieeffizienz von Hochgeschwindigkeitszügen lassen sich die Optimalbereiche von Verkehrsmitteln und die Zusammenhänge zwischen Verkehrssystemen und Infrastruktur illustrieren. Ansatzpunkt der Diskussionen ist die grundsätzliche Zunahme des Energieumsatzes mit der Beschleunigung und Geschwindigkeit. Damit stellt sich die Frage, ob die im Durchschnitt geringen spezifischen Energieumsätze im Schienenverkehr (Abbildung 86) durch den Hochgeschwindigkeitsbetrieb wesentlich verschlechtert werden.

---

[585] Statistik Austria 2006.

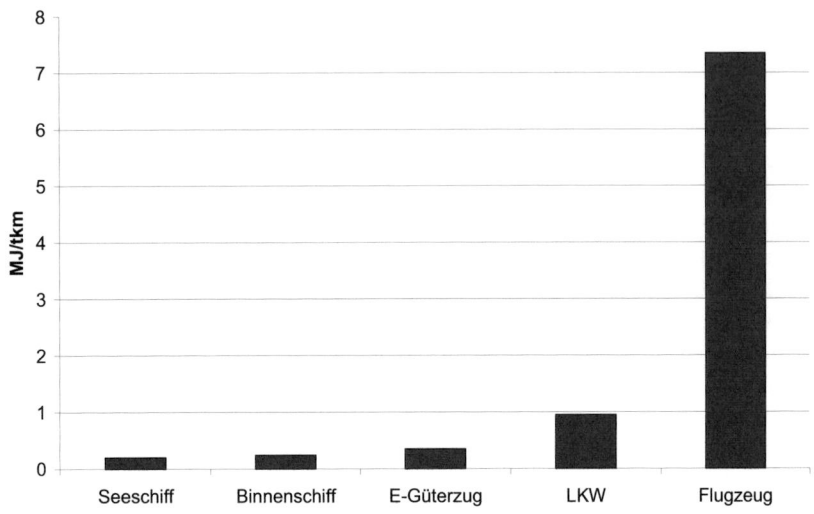

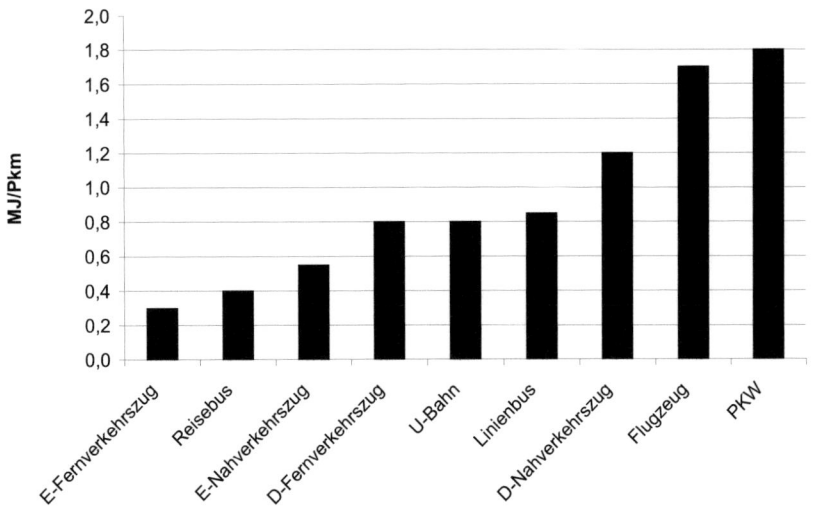

Abbildung 86: Oben) Durchschnittliche spezifische Energieumsätze im Güterverkehr (Angaben in Megajoule pro Tonnenkilometer) und unten) Personenverkehr (Angaben im Megajoule pro Personenkilometer) unterschiedlicher Verkehrsmittel. Datenquellen: Kranke et al. 2011; www.thema-energie.de.

Berechnungen für spanische Hochgeschwindigkeitszüge zeigen entgegen den Erwartungen niedrigere spezifische Energieumsätze[586]. Als Gründe werden unter anderem leichtere Bauweise, effizientere Traktionssysteme, aerodynamisch günstigere Formen und bessere Trassenführungen angegeben. Nicht berücksichtigt sind in diesen Berechnungen die anteilsmäßigen Energieumsätze für den Betrieb der Infrastruktur. Lebenszyklusanalysen für kalifornische Verkehrssysteme mit Berücksichtigung der Infrastruktur[587] zeigen für Hochgeschwindigkeitszüge hingegen etwas höhere spezifische Energieumsätze als bei anderen Schienenverkehrssystemen. Einen wesentlichen Einfluss hat jedoch der angenommene Besetzungsgrad auf die spezifischen Energieumsätze, die mit abnehmender Auslastung bis zum Zehnfachen des Wertes bei weitgehender Vollauslastung ansteigen können.

Durch die ungehemmte Anwendung der Regeln des „freien Wettbewerbs" werden ökonomische und materielle Ressourcen zum Nachteil der Gesellschaft verschwendet, weil über große Gebiete Verkehrssysteme parallel und suboptimal betrieben werden. Sinnvoll wären hingegen akkordierte Lösungen für das möglichst friktionsfreie Zusammenspiel unterschiedlicher Verkehrssysteme und unterstützende, räumlich differenzierte Schwerpunkte beim Ausbau der jeweils notwendigen Infrastruktur. Ein reibungsfreies Zusammenspiel unterschiedlicher Verkehrssysteme kann sich nicht allein auf die Abstimmung von Fahrplänen beschränken, es muss auch die Ansprüche der Benutzer berücksichtigen. Im Personenverkehr sind nicht nur allein reisende sportliche Personen ohne Gepäck, sondern Personen unterschiedlichster Konstitution und mit einer großen Bandbreite an Gegenständen – von Kinderwägen bis zu Reisegepäck – unterwegs. Hier können oft kleine, konstruktive Lösungen an den Umsteigestellen und in den einzelnen Verkehrsmitteln die Teilnahme am intermodalen Verkehr wesentlich erleichtern. Beispiele dafür wären Einrichtungen für die rasche, unkomplizierte und kostengünstige Mitnahme von Gepäck in Verkehrsmitteln, sowie dessen sichere Verwahrung an Umsteigestellen.

7.3.5 Reorganisation der Stoffflüsse

Die Zusammenhänge zwischen Stoffflüssen und Energieumsätzen werden in den Diskussionen über die Herausforderungen zukünftiger Energieversorgung weitgehend ignoriert. Bestenfalls wird über potenzielle Einschränkungen für die

---

586 Garcia 2010,
587 Chester & Horvath 2010.

Entwicklung neuer Umwandlungstechnologien durch die unzureichende Verfügbarkeit bestimmter Rohstoffe gesprochen[588].

Ein wichtiger Grund, warum die Verbindung zwischen den beiden Themen in den Diskussionen fehlt, ist im allgemeinen Paradigma von den „nicht erneuerbaren Ressourcen" zu suchen. Danach werden Materialien „verbraucht" und nach der Nutzung zu „Abfall". Diese Sichtweise findet sich in zahlreichen wissenschaftlichen Publikationen oder gesetzlichen Regelungen. Besondere Aufmerksamkeit erreichen globale Abschätzungen über Zeithorizonte der Ressourcenverfügbarkeit, beispielsweise die Publikation *The Limits to Growth*[589]. Aus ökologischer Perspektive ist dieses Paradigma ein wohlgehütetes Erbe der menschlichen Evolution. Jede Art nutzt Ressourcen in der für sie geeigneten Weise und gibt sie wieder ab, ohne sich um ihren Verbleib zu kümmern. Erst im Systemzusammenhang wird erkennbar, dass die Wiederaufbereitung von Stoffen eine essentielle Voraussetzung für den langfristigen Bestand der Ökosysteme ist (Kapitel 5). So enthalten Ausscheidungen soviel energetische Ressourcen, dass sie theoretisch auch als Tierfutter verwendbar wären[590]. Aus physikalisch-chemischer Sicht können Stoffe nicht verschwinden, sondern nur in andere Bindungsformen umgewandelt und andere Verteilungsverhältnisse transferiert werden. Sie sind beliebig erneuerbar, Grenzen ergeben sich aus dem dafür notwendigen energetischen Umwandlungsbedarf. Vergleichende Untersuchungen zwischen unterschiedlichen Verwertungsstrategien weisen mittlerweile für einzelne technische Materialien die exergetischen Vorteile von Wiedergewinnungsverfahren nach[591].

Die Optimierung in technischen Produktionssystemen orientiert sich an den spezifischen Eigenschaften der Eingangsprodukte, den Aufwänden in den Produktionsprozessen und der Funktionalität ihrer Produkte. Aspekte der Abfallverwertung werden nur soweit berücksichtigt, als dies durch gesetzliche Regelungen gefordert wird. Verstärkt wird diese Entwicklung durch verzerrte politische Rahmenbedingungen, die gleichzeitig den unbeschränkten Warenverkehr und große Unterschiede bei Umwelt- und Sozialregelungen zwischen den Ländern zulassen. Aus marktwirtschaftlicher Sicht ist es logisch, durch eine globale Verteilung von Produktionsstufen die Kosten für Produktion und Umweltmaßnahmen zu minimieren. Durch zunehmende Miniaturisierung und Integration unterschiedlichster Materialien wird die Wiedergewinnung von Stoffen bei Reparaturen oder aus Altgeräten extrem aufwändig. Als Konsequenz daraus sind in Produkten und Abfällen enthaltene chemische Elemente für weitere Nutzungen

---

588 Wadia et al. 2009; van Breevoort & de Vos 2011.
589 Meadows et al. 1972.
590 Hennig & Poppe 1976.
591 Mora & de Oliveira 2006; Ignatenko et al. 2007; Gaustad 2009; Blengini & Garbarino 2010; Wurtshorn et al. 2010; Seckin & Bayulken 2012.

nicht mehr verfügbar. Einzelne Ausnahmen – beispielsweise die Wiederaufbereitung von Eisen[592] – vermitteln hingegen den Eindruck, dass sich die dargestellte Problematik leicht lösen ließe. Tatsächlich sind die Logistik und die Methoden der Wiedergewinnung auf die spezifischen Eigenschaften von Eisenmetallen optimiert und erschweren in ihrer gegenwärtigen Form die Rückgewinnung anderer enthaltener Materialien. Vielfach werden Materialien nur in einer minderen Qualität wiederverwertet (down-cycling) und nach wenigen Zyklen als Abfall entsorgt.

Große Hindernisse gegen eine Neubeurteilung der Wiedernutzung von Stoffen wurden im Laufe der Zeit durch politische Regelungen in scheinbar davon unabhängigen Bereichen aufgebaut – vor allem in Hygiene und Umweltschutz. Hygienebestimmungen verbieten beispielsweise die über Jahrhunderte geübte Weiterverwendung von Nahrungsmittelabfällen als Tierfutter. Regelungen des Umweltschutzes konzentrieren sich auf die Vermeidung nachteiliger Effekte durch freigesetzte Substanzen. Wichtige Orientierungsgrößen sind dabei kritische Konzentrationsgrenzwerte für verschieden Stoffe, die bei der Freisetzung nicht überschritten werden sollten. Stimuliert werden damit Verdünnungsstrategien, die völlig konträr zu – für die Wiederverwertung vorteilhaften – Konzentrationsstrategien stehen (Abbildung 87).

Im Spannungsfeld der widersprüchlichen Anforderungen kommt der Trennung von unterschiedlichen Materialien vor den jeweils spezifischen Aufbereitungsverfahren eine Schlüsselrolle zu. Unter den gegenwärtigen Bedingungen des Wirtschaftssystems stehen der Entwicklung dieses Bereiches vor allem wirtschaftliche Aspekte und unzureichende Berücksichtigung der Wiederaufbereitungsmöglichkeiten bei der Planung und Konstruktion von Produkten im Wege. Wirtschaftliche Aspekte betreffen vor allem das Verhältnis zwischen den Aufbereitungskosten und den lukrierbaren Erträgen für die dabei gewonnenen Materialien. Diese Faktoren werden in einem hohen Ausmaß durch die konstruktive Gestaltung der aufzubereitenden Produkte beeinflusst. Produkte mit einer Vielfalt unterschiedlicher und in jeweils kleinen Mengen enthaltener Stoffe verursachen deutlich höhere Aufbereitungskosten und bringen geringere Erträge als Produkte mit einer geringen Zahl, leicht trennbarer Stoffe.

Umstellungen der Produktionsprinzipien erfordern die Neugestaltung wesentlicher politischer Rahmenbedingungen, da die Lebenszyklen von Produkten von einer Vielzahl unterschiedlicher Unternehmen bestimmt werden. Wichtige Voraussetzungen für zielgerichtete Maßnahmen sind integrierte Bewertungen mit Lebenszyklusanalysen, in denen stoffliche und energetische Dimensionen ge-

---

[592] Davis et al. 2007.

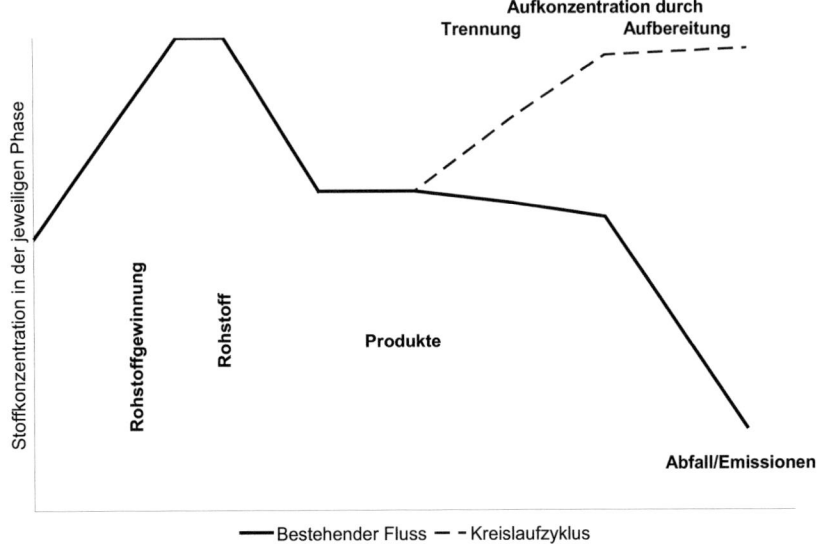

Abbildung 87: Schematische Darstellung der Konzentration von Stoffen in bestehenden Materialflüssen im Vergleich zu den Erfordernissen von Kreislaufzyklen.

meinsam mit ökonomischen Aspekten und Umweltauswirkungen untersucht werden. In Verbindung damit sind wichtige offene Punkte in der Forschung und Umsetzung zu berücksichtigen ([593]):

– Design und Auswahl recyclingfreundlicher Produkte
– Erfassung und Überwindung von Hindernissen für die Wiedernutzung
– Entwicklung effizienter Sammel- und Logistiksysteme
– Vermeidung des „down-cyclings"

Umstellungen großindustrieller Produktionssysteme benötigen Zeiträume von einigen Jahrzehnten und klare, langfristig stabile politische Rahmenbedingungen. Kleinere Produktionssysteme können sich hingegen in kürzeren Zeiträumen umstellen, wenn regionale Rahmenbedingungen die wirtschaftliche Lebensfähigkeit sichern.

---

593 Gaustad 2009.

8 Schlussfolgerungen

In der gegenwärtigen gesellschaftlichen und politischen Diskussion über den Umgang mit Klimaänderungen und die Sicherung zukünftiger Energieversorgung zeigen sich viele Widersprüche und Tendenzen zu kurzsichtigem Handeln. Nicht hinterfragte Paradigmen – beispielsweise jenes der „erneuerbaren Energie" – lassen viel Spielraum für Scheinlösungen und die Durchsetzung von Lobbyinteressen.

Auf den Grundlagen dieser Denkstrukturen hat sich in den letzten Jahrzehnten aus den Bemühungen, Agrarüberschüsse zu verwerten, eine stetig wachsende Bewegung entwickelt, die so genannte „Biotreibstoffe" propagiert. Die kritischen Gegenstimmen konzentrieren sich dabei vor allem auf die damit verbundenen nachteiligen Auswirkungen auf die Lebensmittelproduktion und Lebensmittelpreise. Warnungen vor langfristig negativen Auswirkungen auf die Ökosysteme finden hingegen kam Gehör.

Dafür sind unterschiedliche Gründe anzuführen:

- Organische Materialien lassen sich mit relativ geringem technischen Aufwand für die Energieumwandlung nutzen und sind zu beliebigen Zeitpunkten einsetzbar.
- Selbst umweltbewusste Personen bedenken kaum die relativen Wirkungshierarchien zwischen den vielfach zitierten „drei Säulen der Nachhaltigkeit". Die Erhaltung ökologischer Funktionen sichert die Lebensgrundlagen der menschlichen Gesellschaft. Wird diese Basis langfristiger Entwicklung beispielsweise durch ungehemmte Ausdehnung von anthropogenen Nutzungsflächen zerstört, so ist es müßig über Zielerfüllungen in den beiden anderen „Säulen" zu diskutieren. Führen soziale Ungleichgewichte zu Hungersnöten oder Kriegen, so kommt die „ökonomische Nachhaltigkeit" bestenfalls einer kleinen Gruppe von Personen zu gute. Umgekehrt bedarf es bestimmter ökonomischer Leistungen zur Erhaltung gesellschaftlicher Ausgewogenheit, welche wiederum eine wichtige Voraussetzung für die eine freiwillige Beschränkung des Populationswachstums ist.
- Gesellschaftliche und wissenschaftliche Paradigmen sind nach wie vor von den Erfahrungen der evolutionären Auseinandersetzungen mit den einschränkenden Rahmenbedingungen der Ökosysteme geprägt, die erst vor rund einem

Jahrhundert in vielen Bereichen überwunden wurden. Eine wichtige Rahmenbedingung war dabei die zunehmende Nutzung fossiler Energieträger.
- Der vorherrschende technokratische Glaube, dass alles plan- und gestaltbar ist,, dass in Diskussions- und Entscheidungsprozessen auch Unbestimmbarkeiten und Unsicherheiten berücksichtigt werden.
- Unzureichende Kenntnisse über die Bedeutung von Ökosystemleistungen für die langfristige Erhaltung von essentiellen Lebensgrundlagen der Menschheit fördern die Unterschätzung nachteiliger Auswirkungen von Ökosystemveränderungen. Als Beispiel dafür ist die unkritische Übertragung regional entwickelter land- und forstwirtschaftlicher Produktionsweisen in dafür ungeeignete Regionen zu nennen.
- Die einseitige Orientierung politischer Entscheidungen auf die Reduktion von Treibhausgasemissionen eröffnet große Spielräume für die übereilte und nicht ausreichend durchdachte Durchsetzung ausschließlich ökonomisch motivierter Interessen unterschiedlicher Lobbying-Gruppen.

Ähnliches wie für die Problematik der „Biotreibstoffe" gilt auch für die Nutzung von Fließgewässern zur Energieumwandlung. Für die Abdeckung des in den nächsten Jahrzehnten zu erwartenden, globalen energetischen Umwandlungsbedarfs der menschlichen Gesellschaft können Energieflüsse in der Biomasse und in den Fließgewässern nur marginale Beiträge leisten. Allein von einer Umstellung der Energieversorgungssysteme auf die direkte Nutzung der Solarstrahlung und Windenergie kann eine langfristige Abdeckung des globalen gesellschaftlichen Umwandlungsbedarfs erwartet werden. Wegen der großen Unterschiede in den regional und lokal verfügbaren alternativen Energieflüssen werden Lösungen durch regional angepasste Umwandlungs- und Speichersysteme benötigt.

Unzureichend berücksichtigt wurden bisher die engen Zusammenhänge zwischen strukturellen Gegebenheiten und Stoffflüssen mit dem energetischen Umwandlungsbedarf. Anregungen für eine vertiefte Auseinandersetzung mit diesem Themenkomplex finden sich in großer Vielfalt in den Prozessen der Ökosysteme. Für die erfolgreiche Übertragung auf unser Gesellschaftssystem sind jedoch systemisch basierte Abstraktionsleistungen und keine reduktionistischen Ansätze erforderlich. Aus den bisher vorliegenden Erkenntnissen sind wesentliche Beiträge zur Absenkung des energetischen Umwandlungsbedarfs durch die Reorganisation von Siedlungs- und Infrastrukturen aber auch für Konstruktionsprinzipien von Gütern zur Erzielung ausreichend hoher Recyclingraten ableitbar.

Die größte nichttechnische Herausforderung besteht in der Wahrnehmung der Verantwortung und langfristigen Unterstützung der notwendigen Umgestaltung auf allen gesellschaftlichen Ebenen. Besonders kritisch sind dabei die langen Zeiträume und – aus der individuellen Perspektive – langsamen Geschwindigkeiten von Systemumstellungen. Sie benötigen sowohl die Beteiligung aller gesellschaftlichen Akteure als auch die langfristige Beibehaltung legislativer Rahmenbedingungen. Angesichts der relativ kurzen Legislaturperioden in der Politik besteht hier die Gefahr von unsystematischen Änderungen und damit von Verzögerungen bei der Umsetzung. Letztendlich bleibt die Frage offen, ob wir Menschen in der Lage sind, eine globale Gesellschaft ohne ständig steigende Ansprüche an die materielle und energetische Versorgung langfristig aufrecht zu erhalten.

9 Referenzen

Abe K., Ziemer R.R. (1991): Effect of Tree Roots on Shallow-Seated Landslides. USDA Forest Service, Gen. Tech. Rep. PSW-GTR-130.1991.

ADAC (2008): Verkehrsprobleme durch den massenhaften Einsatz von Navigationsgeräten. ADAC, München.

AEO (2013): Annual Energy Outlook 2013 Early Release Overview. U.S. Energy Information Administration.

Agnew D.J., Pearce J., Pramod G., Peatman T., Watson R., Beddington J.R., Pitcher T.J. (2009): Estimating the Worldwide Extent of Illegal Fishing. PLoS ONE 4,2: e4570. doi:10.1371/journal.pone.004570.

Aidley D.J. (1981): Animal migration. Cambridge University Press, Cambridge.

Aleklett K., Campbell C.J. (2003): The peak and decline of world oil and gas production. Minerals and Energy – Raw Materials Report 18,1: 5–20.

Alexander R. McNeill (2006): Principles of Animal Locomotion. Princeton University Press, Princeton.

Ali A.A., Carcaillet C., Bergeron Y. (2009): Long-term fire frequency variability in the eastern Canadian boreal forest: the influence of climate vs. local factors. Global Change Biology 15: 1230-1241.

Anderson R.G., Canadell J.G., Randerson J.T., Jackson R.B., Hungate B.A., Baldocchi D.D., Ban-Weiss G.A., Bonan G.B., Caldeira K., Cao L., Diffenbaugh N.S., Gurney K.R., Kueppers L.M., Law B.E., Luyssaert S., O'Halloran T.L. (2011): Biophysical considerations in forestry for climate protection. Front. Ecol Environ. 9,3: 174-182.

Anhuf D., Ledru M.-P., Behling H., Da Cruz Jr. F.W., Cordeiro R.C., Van der Hammen T., Karmann I., Marengo J.A., De Oliveira P.E., Pessenda L., Siffedine A., Albuquerque A.L., Da Silva Dias P.L. (2006): Paleo-environmental change in Amazonian and African rainforest during the LGM. Paleogrography, Palaeoclimatology, Palaeoecology 239: 510-527.

Anselmetti F.S., Hodell D.A., Ariztegui D., Brenner M., Rosenmeier M.F. (2007): Quantification of soil erosion rates related to ancient Maya deforestation. Geology 35,10: 915-918.

Arnaud-Haond S., Duarte C.M., Diaz-Almela E., Marbà N., Sintes T., Serrão E.A. (2012): Implications of Extreme Life Span in Clonal Organisms: Millenary Clones in Meadows of the Threatened Seagrass *Posidonia oceanica*. PLoS ONE 7,2: e30454. doi: 10.1371/journal.pone.0030454.

Arndt C., Schiedek D., Felbeck H. (1998): Metabolic responses of the hydrothermal vent tube worm *Riftia pachyptila* to severe hypoxia. Mar. Ecol. Prog. Ser. 174: 151-158.

Ash J. (1987): Stunted Cloud-forest in Taveuni, Fiji. Pacific Science 41,1-4: 191-199.

Atkins P.W. (2001): Physikalische Chemie; 3. Auflage. Wiley-VCH, Weinheim.

Aubry S., Seufert P., Suárez S. M. (2011): (Bio)fueling injustice? Europe's responsibility to counter climate change without provoking land grabbing and compounding food insecurity in Africa. EuropeAfrica, Roma.

Autumn K., Sitti M., Liang Y.A., Peattle A.M., Hansen W.R., Sponberg S., Kenny T.W., Fearing R., Israelachvili J.N., Full R. J. (2002): Evidence for van der Waals adhesion in gecko setae. PNAS 99,19: 12252-12256.

Autumn K. (2006): Properties, Principles, and Parameters of the Gecko Adhesive System. In: Smith A., Callow J. (eds.): Biological Adhesives, Springer: 225-256.

Aydin M., Verhulst K.R., Saltzman E.S., Battle M.O., Montzka S.A., Blake D.R., Tang Q., Prather M.J. (2011): Recent decreases in fossil-fuel emissions of ethane and methane derived from firn air. Nature 476: 198-201.

Babusiaux D., Bauquis P.-R. (2007): Depletion of Petroleum Reserves and Oil Price trends. IDP, Paris.

Baehr H.D., Kabelac S. (2012): Thermodynamik. Springer, Berlin.

Baerns M., Behr A., Brehm A., Gmehling J., Hofmann H., Onken U., Renken A. (2006): Technische Chemie. Wiley – VCH, Weinheim.

Baird M.E., Roughan M., Brander R.W., Middleton J.H., Nippard G.J. (2004): Mass-transfer-limited nitrate uptake on a coral reef flat, Warraber Island, Torres Strait, Australia. Coral Reefs 23: 386-396.

Bak P. (1996): How nature works. Copernicus, New York.

Bakos G.C. (2009): Distributed power generation: A case study of small scale PV power plant in Greece. Applied Energy 86: 1757-1766.

Balogh-Brunstad Z., Keller C.K., Gill R.A., Bormann B.T., Li C.Y. (2008): The effect of bacteria and fungi on chemical weathering and chemical denudation fluxes in pine growth experiments. Biogeochemistry, doi: 10.1007/s10533-008-9202-y.

Bardet J.-P., Dupâquier J. (1997): Histoire des populations de l'Europe I. Fayard, Paris.

Bardet J.-P., Dupâquier J. (1998): Histoire des populations de l'Europe II. Fayard, Paris.

Bardgett R.D., Bowman W.D., Kaufmann R., Schmidt S.K. (2005): A temporal approach to linking aboveground and belowground ecology. Trends Ecol. Evol. 20,11: 634-641.

Bargel S. (2010): Entwicklung eines exergiebasierten Analysemodells zum umfassenden Technologievergleich von Wärmeversorgungssystemen unter Berücksichtigung des Einflusses einer veränderlichen Außentemperatur. Dissertation, Ruhr Universität Bochum.

Barnosky A.D. (2008): Megafauna biomass tradeoff as a driver of Quaternary and future extinctions. PNAS 105: 11543-11548.

Bashan Y., Vierheillig H., Salazar B.G., de-Bashan L.E. (2006): Primary colonization and breakdown of igneous rocks by endemic, succulent elephant trees (*Pachycormus discolour*) of the deserts in Baja California, Mexico. Naturwissenschaften 93: 344-347.

Basieux P. (1995): Die Welt als Roulette. Rohwolt, Reinbeck.

Bastianoni S., Marchettini N. (1997): Energy/exergy ratio as a measure of the level of organization of systems. Ecol. Model 99: 33-40.

Baumgartner W., Saxe F., Weth A., Hajas D., Sigumonrong; Emmerlich J., Singheiser M., Böhme W., Schneider J.M. (2007): The Sandfish`s Skin: Morphology, Chemistry and Reconstruction. J. Bionic Engineering 4: 1-9.

Baur B., Schmidlin S. (2008): Effects of Invasive Non-Native Species on the Native Biodiversity in the River Rhine. In: Nentwig W. (ed.): Biological Invasions. Springer, Berlin: 257-271.

Bayas J.C.L., Marohn C., Dercon G., Dewi S., Piepho H.P., Joshi L., van Noordwijk M., Cadisch G. (2011): Influence of coastal vegetation on the 2004 tsunami wave impact in west Aceh. PNAS 46: 18612-18617.

Behre K.-E. (1993): Die nacheiszeitliche Meeresspiegelbewegungen und ihre Auswirkungen auf die Küstenlandschaft und deren Besiedlung. In: Schellnhuber H.-J., Sterr H. (Hrsg.): Klimaänderung und Küste. Springer, Berlin: 57-76.

Bejan A. (2001): Constructal Theory: From engineering design to predicting shape and structure in Nature. Engenharia Tèrmica 1: 27-31.

Bejan A., Marden J.H. (2006): Unifying constructal theory for scale effects in running, swimming and flying. J. Experimental Biology 209: 238-248.

Belnap J., Lange O.L. (eds.), (2003): Biological Soil Crusts: Structure, Function, and Management. Ecological Studies 150; Springer, Berlin.

Beltrán E.P. (2ß̈4): Water Privatization and Conflict: Women from the Cohabamba Valley. Global Issue Papers 4.

Benbrook C. (2009): Impacts of Genetically Engineered Crops on Pesticide Use in the United States: The First Thirteen Years. Critical Issue Report; The Organic Center.

Benbrook C., Carman C., Clark E.A., Daley C., Filwider W., Hansen M., Leifert C., Martens K., Paine L., Petkewitz L., Jodarski G., Thicke F., Velez J., Wegner G. (2010): A Dairy Farm's Footprint: Evaluating the Impacts of Conventional and Organic Farming Systems. Critical Issue Report; The Organic Center.

Bennett A.F. (1991): The evolution of activity capacity. J.exp. Biol. 160: 1-23.

Benton M.J., Twichett R.J. (2003): How to kill (almost) all life: the end-Permian extinction event. Trends in Ecology and Evolution 18,7: 358–365.

Berkner L.V., Marshall L.C. (1965): On the Origin and Rise of Oxygen Concentration in the Earth's Atmosphere. J. Atm. Sc. 22,3: 225-261.

Berner R.A. (1997): The Rise of Plants and Their Effect on Weathering and Atmospheric CO_2. Science 276: 544-546.

Berz P., Höge H., Krajewski M., Hrsg. (2011): Das Glühbirnenbuch. Braumüller, Wien.

Binimelis R., Born W., Monterroso I., Rodríguez-Labajos B. (2008): Socio-Economic Impact and Assessment of Biological Invasions. In: Nentwig W. (ed.): Biological Invasions. Springer, Berlin.

Biofuels Platform (2010): Production of biofuels in the world. Lausanne; www.eners.ch.

Blaxter K. (1989): Energy metabolism in animals and man. Cambridge Univerity Press, Cambridge.

Blengini G.A., Garbarino E. (2010): Resources and waste management in Turin (Italy): the role of recycled aggregates in the sustainability supply mix. J. of Cleaner Production 18: 1021-1030.

Boegman L., Loewen M.R., Hamblin P.F., Culver D.A. (2008): Vertical mixing and weak stratification over zebra mussel colonies in western Lake Erie. Limnol. Oceanogr. 53,3: 1093-1110.

Bohn H.F., Federle W. (2004): Insect aquaplaning: *Nepenthes* pitcher plants capture prey with the peristome, a fully wettable water-lubricated anisotropic surface. PNAS 101,39: 14138-14143.

Boizard S.M.D.S.V. (2007): The ecology and anchorage mechanics of Kelp holdfast. Thesis, Univ. British Columbia.

Bolaji B.O. (2011): Exergetic Analysis of Solar Energy drying Systems. Natural Resources 2: 92-97.

Bonan G. (2008): Ecological Climatology. Cambridge University Press, Cambridge.

Bonan G.B., Levis S., Kergoat L., Oleson K.W. (2002): Landscapes as patches of plant functional types: An integrating concept for climate and ecosystem models. Global Biogeochemical Cycles 16,2,5: 1-23.

Bonfante P., Genre A. (2010): Mechanisms underlying beneficial plant-fungus interactions in mycorrhizal symbiosis. Nature Communications, doi: 10.1038/ncomms1046.

Bonin H., Eichhorst W., Florman C., Hansen M.O., Skiöld L., Stuhler J., Tatsiramos K., Thomasen H., Zimmermann K.F. (2008): Geographic Mobility in the European Union: Optimising its Economic and Social Benefits: IZA Research Report No. 19.

Bormann B.T., Wang D., Bormann F.H., Benoit G., April R., Snyder M.C. (1998): Rapid, plant-induced weathering in an aggrading experimental ecosystem. Biogeochemistry 43: 129-155.

Borsos E., Makra L., Béczi R., Vitányi B., Szentpéteri M. (2003): Anthropogenic air pollution in the ancient times. Acta Climatologica et Chorologica 36-37: 5-15.

Bosanac M., Sørensen B., Katic I., Sørensen H., Nielsen B., Badran J. (2003): Photovoltaic/Thermal Solar Collectors and Their Potential in Denmark. EFP project 1713/00-0014, Final Report.

Boucher D., Elias P., Lininger K., May-Tobin C., Roquemore S., Saxon E. (2011): The Root of the Problem; What's driving tropical deforestation today? Union of Concerned Scientists, Cambridge.

Boucher O., Pham M. (2002): History of sulphate aerosol radiative forcings. Geophysical research letters 29,9, 10.1029/2001GL014048.

Boundy B., Diegel S.W., Wright L., Davis S.C. (2011): Biomass Energy Data Book: Edition 4. U.S. Department of Energy.

BP (2009): Statistical Review of World Energy. www.bp.com/ statisticalreview.

BP (2011): Statistical Review of World Energy 2011. www.bp.com/statistical review.

BP (2012): Statistical Review of World Energy 2012. www.bp.com/statistical review.

Brady P.V., Dorn R.I., Brazel A.J., Clark J., Moore R.B., Glidewell T. (1999): Direct measurement of the combined effects of lichen, rainfall, and temperature on silicate weathering. Geochimica et Cosmochimica Acta 63, 19/20: 3293-3300.

Brandstetter T. (2008): Kräfte messen. Kadmos, Berlin.

Braun J., v. (2007): The World Food Situation. IFPRI, Washington.

Breidenbach R.W., Saxton M.J., Hansen L.D., Criddle R.S. (1997): Heat Generation and Dissipation in Plants: Can the alternative Oxidative Phosphorylation Pathway Serve a Thermoregulatory Role in Plant Tissues Other Than Specialized Organs? Plant Physiol. 114: 1137-1140.

Bringezu S., Schütz H., Arnold K., Merten F., Kabasci S., Borelbach P., Michels C., Reinhardt G.A., Rettenmaier N. (2009): Global implications of biomass and biofuel use in Germany – Recent trends and future scenarios for domestic and foreign agricultural land use and resulting GHG emissions. J. Cleaner Production 17: 557-568.

Brodrib T.J., McAdam S.A.M. (2011): Passive Origins of Stomatal Control in Vascular Plants. Science 311: 582-585.

Bronson D., Mooney P., Wetter K.J. (2010): Retooling the planet? Swedish Society for Nature Conservation, Stockholm.

Brown G.I. (2010): Explosives, history with a bang. The History Press, Stroud.

Bruijnzeel L.A. (1990): Hydrology of moist tropical forests and effects of conversion: a state of knowledge review. Netherlands IHP Committee, Amsterdam.

Büntgen U., Tegel W., Nicolussi K., McCormick M., Frank D., Trouet V., Kaplan J.O., Herzig F., Heussner K.-U., Wanner H., Luterbach J., Esper J. (2011): 2500 Years of European Climate Variability and Human Susceptibility. Science 331: 578-582.

Burns T.P. (1989): Lindeman's contradiction and the trophic structure of ecosystems. Ecology 70(5): 1355-1362.

Bush M.B., de Oliveira P.E. (2006): The rise and fall of the Refugial Hypothesis of Amazonian Speciation: a paleoecological perspective. Biota Neotrop. 2006,6,1.

Busse F.H. (1990): Dynamische Strukturbildung in Flüssigkeiten und Planetenatmosphären. In: Gerok W. (Hrsg.): Ordnung und Chaos. Hirzel, Stuttgart: 283-296.

Butcher S.S., Charlson R.J., Orians G.H., Wolfe G.W. (eds.), (1992): Global Biogeochemical Cycles. Academic Press, London.

Butzer K.W. (2005): Environmental history in the Mediterranean world: cross-disciplinary investigation of cause-and-effect for degradation and soil erosion. J. Archaeological Science 32: 1773-1800.

Caliskan H., Dincer I., Hapbasli A. (2012): Thermodynamic analyses and assessment of various thermal energy storage systems for buildings. Energy Conversion and Management 62: 109-122.

Campbell A.L., Naik R.R., Sowards L., Stone M.O. (2002): Biological infrared imaging and sensing. Micron 33: 211-225.

Canadell J.G., Pataki D.E., Gifford R., Houghton R.A., Luo Y., Raupach M.R., Smith P., Steffen W. (2007a): Saturation of the Terrestrial Carbon Sink. In: Canadell J.G., Pataki D., Pitelka L. (eds.): Terrestrial Ecosystems in a Changing World, Springer, Heidelberg: 59-78.

Canadell J.G., Kirschbaum M.U.F., Kurz W.A., Sanz M.-J., Schlamadinger B., Yamagata Y. (2007b): Factoring out natural and indirect human effects on terrestrial carbon sources and sinks. Env. Science & Policy 10: 370-384.

Canakci M., Akinci I. (2006): Energy use pattern analyses of greenhouse vegetable production. Energy 11: 1243-1256.

Casas-Crivillé A., Valera F. (2005): The European bee-eater (Merops apiaster) as an ecosystem engineer in arid environments. J. of Arid Environments 60: 227-238.

Castells M. (2000): The Rise of the Network Society. Blackwell, Malden.

Castro J.M., Dingwell D.B. (2009): Rapid ascent of rhyolitic magma at Chaitén volcano, Chile. Nature 461: 780–783.

Catalan J., Ventura M., Vives I., Grimalt J.O. (2004): The Roles of Food and Water in the Bioaccumulation of Organochlorine Compounds in High Mountain Lake Fish. Env. Sci. Tech. 38: 4269–4275.

Cavalcanti G.G. (2004): Effects of sediment deposition in aboveground net primary productivity, vegetation composition, structure, and fine root dynamics in riparian forests. Thesis, Auburn University, Alabama.

CEC (2006): Bioenergy action plan for California. California Energy Commission.

Chapagain A.K., Hoekstra A.Y. (2008): The global component of freshwater demand and supply: an assessment of virtual water flos between nations as a result of trade in agricultural and industrial products. Water International 33,1: 19-32.

Chapin F.S., Randerson J.T., McGuire A.D., Foley J.A., Field C.B. (2008): Changing feedback in the climate-biosphere system. Front. Ecol. Environ. 6(6): 313-320.

Charney J., Quirk W.J., Chow S.-H., Kornfield J. (1977): A Comparative Study of the Effects of Albedo Change on Drought in Semi-Arid Regions. J. Atmos Sci. 34: 1366-1355.

Cherif M., Loreau M. (2007): Stoichiometric Constraints on Resource Use, Competitive Interactions, and Elemental Cycling in Microbial Decomposers. The American Naturalist 169,6: 709-724.

Cheslak E.F., Lamarra V.A. (1981): The residence time of energy as a measure of ecological organization. In: Mitsch W.J., Bossermann R.W., Klopatek J.M. (eds.): Energy and Ecological Modelling. Elsevier, New York: 591-600.

Chester M., Horvath A. (2010): Life-Cycle Environmental Assessment of Californaia High Speed Rail. ACCESS 37: 25-30.

Chittka L., Thomson J.D. (eds.), (2001): Cognitive Ecology of Pollination. Cambridge University Press, Cambridge.

Chow T.T. (2010): A review on photovoltaic/thermal hybrid solar technology. Applied Energy 97: 365-379.

Churkina G., Schimel D., Braswell B.H., Xiao X. (2005): Spatial analysis of growing season length control over net ecosystem exchange. Global Change Biology 11,10: 1777-1787.

Ciabocco G., Boccia L., Ripa M.N. (2009): Energy dissipation of rockfalls by coppice structures. Nat. Hazards Earth Sci. 9: 993-1001.

Ciais P., Manning A:C., Reichstein M., Zaehle S., Bopp L. (2007): Nitrification amplifies the decreasing trends of atmospheric oxygen and implies a larger land carbon intake. Global Biogeochemical Cycles 21, GB2030, doi: 10.1029/2006GB002799.

Clark II W.W. (2010): The Third Industrial Revolution. In: Clark II W.W. (edt.): Sustainable Communities Design Handbook, Elsevier: 9-22.

Clark II W.W., Eisenberg L. (2008): Agile sustainable communities: On-site renewable energy generation. Utility Policy 16: 262-274.

Clark D.A., Brown S., Kicklighter D.W., Chambers J.Q., Thomlinson J.R., Ni J., Holland E.A. (2001): Net primary production in tropical forests: An evaluation and synthesis of existing field data. Ecol. Applications 11,2: 371-384.

Clark L.J., Whalley W.R., Barraclough P.B. (2003): How do roots penetrate strong soil? Plant and Soil 255: 93-104.

Clark S.H. (2002): Regulation and the Revolution in United States Farm Productivity. Cambridge University Press, Cambridge.

Cleveland C.C., Liptzin D. (2007): C:N:P stoichiometry in soil: is there a „Redfield ratio" for the microbial biomass? Biogeochemistry 85: 235-252.

Cleveland C.C., Townsend A.R., Taylor P., Alvarez-Clare S., Bustamante M.M.C., Chuyong G., Dobrowsky S.Z., Grierson P., Harms K.E., Houlton B.Z., Marklein A., Parton W., Porder S., Reed S.C., Sierra C.A., Silver W.L., Tanner E.V.J., Wieder W.R. (2011): Relationships among net primary productivity, nutrients, and climate in tropical rain forest: a pan-tropical analysis. Ecology Letters: doi: 10.1111/j.1461-0248.2011.01658.x.

Clive J. (2011): Global Status of Commercialized Biotech/GM Crops: 2011. ISAAA, Brief 43.

Coe M.T., Costa M.H., Soares-Filho B.S. (2009): The influence of historical and potential future deforestation on the stream flow of the Amazon River – Land surface processes and atmospheric feedbacks. J. Hydrol. 369: 165-174.

Comanns P., Effertz C., Hischen F., Staudt K., Böhme W., Baumgartner W. (2011): Moisture harvesting and water transport through specialized microstructures on the integument of lizards. Beilstein J. Nanotechnol. 2: 204-214.

Comito J.A., Rusignuolo B.R. (2000): Structural complexity in mussel beds: the fractal geometry of surface topography. J. Experimental Marine Biology and Ecology 255: 133-152.

Cook B.I., Miller R.L.Seager R. (2009): Amplification of the North American „Dust Bowl" drought trough human-induced land degradation. PNAS 106,13: 4997-5001.

Coopersmith J. (2010): Energy the Subtle Concept. Oxford University Press, New York.

Cordain L., Miller J.B., Eaton S.B., Mann N., Holt S.H.A., Speth J.D. (2000): Plant-animal subsistence ratios and macronutrient energy estimations in worldwide hunter-gatherer diets. Am. J. Clin. Nutr. 71: 682–692.

Cornielsen C.D. (2003): Nutrient uptake by seagrass communities and associated organisms: Impact of hydrodynamic regime quantified through field measurements and use of an isotope label. Thesis, University of South Florida, Paper 1349.

Corneliesen R.L. (1997): Thermodynamics and sustainable development. Thesis, Universiteit Twente.

Cornwell W.K., Cornelissen J.H.C., Amatangelo K., Dorrepaal E., Eviner V.T., Godoy O., Hobbie S.E., Hoorens B., Kurokawa H., Pérez-Harguindeguy N., Quested H.M., Santiago L.S., Wardle D.A., Wright I.J., Aerts R., Allison S.D., van Bodegom P., Brovkin V., Chatain A., Callaghan T.V., Diaz S., Garnier E., Gurvich D.E., Kazakou E., Klein J.A., Read J., Reich P.B., Soudzilovskaia N.A., Vaierette M.V., Westoby M. (2008): Plant species traits are the predominant control on litter decomposition rates within biomes worldwide. Ecology Letters 11: 1065-1071.

Correa S.B., Winemiller K.O., López-Fernández H., Galetti M. (2007): Evolutionary Perspectives on Seed Consumption and Dispersal by Fish. BioScience 57,9: 748-756.

Cotula L., Vermeulen S., Leonard R., Keeley J. (2009): Land grab or development opportunity? Agricultural investment and international land deals in Africa. IIED/FAO/IFAD, London/Rome.

Council (2012): Establishment of the Working Plan 2012-214 under the Ecodesign Directive. Commission Staff Working Document 17624/12.

Couvreur M., Christiaen B., Verheyen K., Hermy M. (2004): Large herbivores as mobile links between isolated nature reserves through adhesive seed dispersal. Applied Vegetation Science 7: 229-236.

Couvreur T.L.P., Forest F., Baker W.J. (2011): Origin and global diversification patterns of tropical rain forests: inferences from a complete genus-level phylogeny of palms. BMC Biology 9: 44.

Craine J. M. (2009): Resource Strategies of Wild Plants. Princeton University Press, Princeton.

Cramer W. (1995): Net Primary Productivity Model Intercomparison Activity IGBP/Gaim Report Series 5.

Crutzen P.J., Mosier A.R., Smith K.A., Winiwarter W. (2007): N2O release from agro-biofuel production negates global warming reduction by replacing fossil fuels. Atmos. Chem. Phys. Discuss. 7: 11191-11205.

Cruz M.C., Medina R.S. (2001): Agriculture in the City. Randle Publishers, Kingston.

Dahl A.L. (1973): Surface Area in Ecological Analysis: Quantification of Benthics Coral-Reed Algae. Marine Biology 23: 239-249.

Dale V.H., Kline K.L., Wiens J., Fargione J. (2010): Biofuels: Implications for Land Use and Biodiversity. Biofuels and Sustainability Reports, Ecological Society of America.

Dallaviz K.C., Henderson S.M., Mullarney J.C. (2010): Wave dissipation by flexible vegetation. Draft, Geophys. Res. Let.

Dallinger D., Krampe D., Wietschel (2010): Vehicle-to-grid regulation based on a dynamic simulation of mobility behaviour. Working Paper Sustainability and Innovation No. S 4/2010; Fraunhofer ISI.

Damm E., Helmke E., Thoms S., Schauer U., Nöthig E., Bakker K., Kiene R.P. (2010): Methane production in aerobic oligotrophic surface water in the central Arctic Ocean. Biogeosciences 7: 1099-1108.

Danchin É., Giraldeau L.-A., Cézilly F. (Eds.), (2008): Behavioural Ecology. Oxford University Press, Oxford.

Daunton M.J. (1995): Progress and Poverty. Oxford University Press, Oxford.

Davenport J., Hughes R.N., Shorten M., Larsen P.S. (2011): Drag reduction by air release promotes fast ascent in jumping emperor penguins – a novel hypothesis. Marine Ecology Prograss Series 430: 171-182.

Davidson E.A., de Araújo A.C., Artaxo P., Balch J.K., Brown J.F., Bustamante M.M.C., Coe M.T., DeFries R.S., Keller M., Longo M., Munger J.W., Schroeder W., Soares-Filho B.S., Souza Jr. C.M., Wofsy S.C. (2012): The Amazon basin in transition. Nature 481: 321-328.

Davidson E.A., Janssens I.A. (2006): Temperature sensitivity of soil carbon decomposition and feedbacks to climate change. Nature 440,9: 165-173.

Davies P.C.W., Rieper E., Tyszynski J.A. (2013): Self-organization and entropy in a living cell. BioSystems 111: 1-10.

Davis J., Geyer R., Ley J., He M., Clift R., Kwan A., Sansom M., Jackson T. (2007): Time-dependent material flow analysis of iron and steel in the UK. Part 2: Scrap generation and recycling. Resources Conservation & Recycling 51: 118-140.

Davis M. (2005): Die Geburt der Dritten Welt. Assoziation A, Berlin.

Dawson T.E. (1998): Fog in the California redwood forest: ecosystem input and use by plants. Oecologia 117: 476-485.

Dazhong W., Pimentel D. (1989): Energy Flow in Agroecosystems of Northeast China. In: Gliessman S. R. (edt.): Agroecology. Springer, New York: 322-336.
Deegan L.A., Johnson D.S., Warren R.S., Peterson B.J., Fleeger J.W., Fagherazzi S., Wollheim W.M. (2012): Coastal eutrophication as a driver of salt marsh loss. Nature 490: 388-392.
Delgado A.V. (2006): Exergy Evolution of the Mineral Capital on Earth. Thesis, University of Zaragoza.
Denman, K.L., Brasseur G., Chidthaisong A., Ciais P., Cox P.M., Dickinson R.E., Hauglustaine D., Heinze C., Holland E., Jacob D., Lohmann U., Ramachandran S., da Silva Dias P.L., Wofsy S.C., Zhang X. (2007): Couplings Between Changes in the Climate System and Biogeochemistry. In: Solomon S., Qin D., Manning M., Chen Z., Marquis M., Averyt K.B., Tignor M., Miller H.L. (eds.): Climate Change 2007: The Physical Science Basis. Contribution of Working Group I to the Fourth Assessment Report of the Intergovernmental Panel on Climate Change. Cambridge University Press, Cambridge: 499-587.
Descartes R. (1637): Discours de la Méthode. In: Ostwald H., Hrsg. (2001) Reclam 18100, Stuttgart.
Desertec Foundation (2009): Clean Power from Deserts. Protext Verlag, Bonn.
Dewulf J., van Langenhove H., Muys B., Bruers S., Bakshi B.R., Grubb G.F., Paulus D.M., Sciubba E. (2008): Exergy: Ist Potential and Limitations in Environmental Science and Technology. Environmental Science & Technology42,7: 2221-2232.
de Zeeuw J., Dubbeling M. (2009): Cities, Food and Agriculture: Challenges and the Way Forward. RUAF Working Paper No.3, Leusden; www.ruaf.org.
Diamond J. (2000): Arm und Reich. Fischer, Frankfurt am Main.
Diamond J. (2005): Collapse. Penguin Books, London.
Diffenbaugh N.J., Sloan L.C. (2002): Global climate sensitivity to land surface change: The Mid Holocene revisited. Geoph. Res. Let. 20,10,114:1-4.
Dijkstra H.A., Ghil M. (2005): Low-frequency variability of the large-scale ocean circulation: a dynamical systems approach. Rev. Geophysics 43.
Dimaranan B.V., Laborde D. (2012): Ethanol Trade Policy and Global Biofuel Mandates. IAAE Triennial Conference, Foz do Iguaçu, 18-24 August 2012.
Dincer I., Rosen M.A. (2007): Exergy. Elsevier, Amsterdam.
Dokulil M.T., Teubner K. (2003): Eutrophication and restoration of shallow lakes – the concept of stable equilibria revisited. Hydrobiologia 506-509: 29-35.
Dokulil M.T., Donabaum K., Pall K. (2006): Alternative stable states in floodplain ecosystems. Ecohydrology & Hydrobiology 6,1-2: 37-42.

Dokulil M.T., Donabaum K., Teubner K. (2007): Modifications in phytoplankton size structure by environmental constraints induced by regime shifts in an urban lake. Hydrobiologia 578: 59-63.

Donabaum K., Pall K., Teubner K., Dokulil M.T. (2004): Alternative stable states, resilience and hysteresis during recovery from eutrophication – A case study. SILnews 43: 1-4.

Dorgan K.M., Arwade S.R., Jumars P.A. (2008): Worms as wedges: Effects of sediment mechanics on burrowing behaviour. J. of Marine Research 66: 219-254.

Dorit R. L. (2011): The Humpty-Dumpty Problem. American Scientist 99,4: 293-295.

Dotterweich M. (2008): The history of soil erosion and fluvial deposits in small catchments of central Europe: Deciphering the long-term interaction between humans and the environment – A review. Geomorphology 101: 192-208.

Dull R.A., Nevle R.J., Woods W.I., Bird D.K., Avnery S., Denevan W.M. (2010): The Columbian Encounter and the Little Ice Age: Abrupt Land Use Change, Fire, and Greenhouse Forcing. An. Ass. American Geographers 100,4: 1-17.

Ebensberger L.A., Cofré H. (2001): On the evolution of group-living in the New World cursorial hysticognath rodents. Behavioral Ecology 12,2: 227-236.

Ebner M., Mirande T., Roth-Nebelsick A. (2011): Efficient fog harvesting by *Stipagrostis sabulicola* (Namib dune bushman grass). J. of Arid Environments 75: 524-531.

Economist (2011): Buttonwood Running out of options. Economist 400,8744: 60.

Eibl-Eibesfeld I. (1984): Die biologischen Grundlagen des menschlichen Verhaltens. Piper, München.

Eiserhardt W.L., Bjorholm S., Svenning J.-C., Rangel T.F., Balslev H. (2011): Testing the Water-Energy Theory on American Palms (Arecaceae) Using Geographically Weighted Regression. PLoS ONE 6,11: e27027. doi:10.1371/journal.pone.0027027.

Elginoz N., Kabdasli M.S., Tanik A. (2011): Effects of *Posidonia Oceanica* Seagrass Meadows in Storm Waves. J. Coastal Rese. SI 64: 373-377.

Ellenberg H. (1978): Vegetation Mitteleuropas mit den Alpen. Ulmer, Stuttgart.

Ellenberg H. (1990): Bauernhaus und Landschaft in ökologischer und historischer Sicht. Ulmer, Stuttgart.

Enquete-Kommission (1995): Mehr Zukunft für die Erde – Nachhaltige Energiepolitik für dauerhaften Klimaschutz. Economica Verlag, Bonn.

Enquist B.J., Niklas K.J. (2001): Invariant scaling relations across tree-dominated communities. Nature 410: 655-660.

Enquist B.J., Economo E.P., Huxman T.E., Allen A.P., Ignace D.D., Gillooly J.F. (2003): Scaling metabolism from organisms to ecosystems. Nature 423: 639-642.
Erhardt-Martinez K. (2010): Rebound, Technology and People: Mitigating the Rebound Effect with Energy-Resource Management and People Centered Initiatives. ACEEE Summer Study on energy Efficiency in Buildings: 7-76-7-91.
Ertesvåg I.S. (2001): Society Exergy Analysis: A Comparison of Different Societies. Energy 26,3: 253-271.
EU (2003): Richtlinie 2003/30/EG des Europäischen Parlaments und des Rates vom 8. März 2003 zur Förderung der Verwendung von Biokraftstoffen oder anderen erneuerbaren Kraftstoffen im Verkehrssektor. Amtsblatt der Europäischen Union vom 17.6.2003.
EU (2005a): Aktionsplan für Biomasse. KOM (2005) 628, Brüssel.
EU (2005b): Richtlinie 2005/32/EG des Europäischen Parlaments und des Rates vom 6. Juli 2005 zur Schaffung eines Rahmens für die Festlegung von Anforderungen an die umweltgerechte Gestaltung energiebetriebener Produkte und zur Änderung der Richtlinie 92/42/EWG des Rates sowie der Richtlinien 96/57/EG und 2000/55/EG des Europäischen Parlaments und des Rates. Amtsblatt der Europäischen Union vom 22.7.2005.
EU (2006): Richtlinie 2006/32/EG des Europäischen Parlaments und des Rates vom 5. April 2006 über Endenergieeffizienz und Energiedienstleistungen und zur Aufhebung der Richtlinie 93/76/EWG des Rates. Amtsblatt der Europäischen Union vom 24.6.2006.
EU (2009a): Verordnung (EG) Nr. 244/2009 der Kommission vom 18. März 2009 zur Durchführung der Richtlinie 2005/32/EG des Europäischen Parlaments und des Rates im Hinblick auf die Festlegung von Anforderungen an die umweltgerechte Gestaltung von Haushaltslampen mit ungebündeltem Licht. Amtsblatt der Europäischen Union vom 24.3.2009.
EU (2009b): Richtlinie 2009/125/EG des Europäischen Parlaments und des Rates vom 21. Oktober 2009 zur Schaffung eines Rahmens für die Festlegung von Anforderungen an die umweltgerechte Gestaltung energieverbrauchsrelevanter Produkte. Amtsblatt der Europäischen Union vom 31.10.2009.
EU (2009c): Richtlinie 2009/72/EG des Europäischen Parlaments und des Rates vom 13. Juli 2009 über gemeinsame Vorschriften für den Elektrizitätsbinnenmarkt und zur Aufhebung der Richtlinie 2003/54/EG. Amtsblatt der Europäischen Union vom 14.08.2009.
EU (2012): Richtlinie 2012/27/EU des Europäischen Parlaments und des Rates vom 25. Oktober 2012 zur Energieeffizienz, zur Änderung der Richtlinien 2009/125/EG und 2010/30/EU und zur Aufhebung der Richtlinien 2004/8/EG

und 2006/32/EG. Amtsblatt der Europäischen Union vom 14. November 2012.

EU-Vertrag (1997): EU- und EG-Vertrag; Konsolidierte Fassungen im Rahmen des Vertrages von Amsterdam. Nomos, Baden-Baden.

Europäisches Parlament (2006): Beschluss Nr. 1639/2006/EG des Europäischen Parlaments und des Rates vom 24. Oktober 2006 zur Einrichtung eines Rahmenprogramms für Wettbewerbsfähigkeit und Innovation (2007-2013). Amtsblatt der Europäischen Union vom 9.11.2006.

Facchini F. (2006): Die Ursprünge der Menschheit. Theiss Verlag, Stuttgart.

Fairbridge R.W., Finkl Jnr. C.W. (1979): Soil Science Part 1; Physics, Chemistry, Biology, Fertility, and Technology. Dowden, Hutchington & Ross, Stroudsburg.

Falk J.H. (1980): The primary productivity of lawns in a temperate environment. J. of Applied Ecology 17: 689-696.

FAO (2006): Livestock's long shadow. Food and Agriculture Organization of the United Nations, Rome.

FAO (2008): The State of Food Insecurity in the World 2008. Food and Agriculture Organization of the United Nations, Rome.

FAO (2009): The State of Food Insecurity in the World 2009. Food and Agriculture Organization of the United Nations, Rome.

FAO (2010): FAO Statistical Yearbook 2010. Food and Agriculture Organization of the United Nations, Rome.

FAO (2011): The state of the world's land and water resources for food and agriculture. Food and Agriculture Organization of the United Nations, Rome.

FAO (2012a): The state of world fisheries and aquaculture. Food and Agriculture Organization of the United Nations, Rome.

FAO (2012b): FAO Statistical Yearbook 2012. Food and Agriculture Organization of the United Nations, Rome.

Fath B.D., Patten B.C., Choi J.S. (2001): Complementarity of Ecological Goal Functions. J. theor. Biol. 208: 493-506.

Feldbaur P., Lehners J.-P. (Hrsg.), (2008): Die Welt im 16. Jahrhundert. Mandelbaum Verlag, Wien.

Feng L., Li S., Li Y., Li H., Zhang L., Zhai J., Song Y., Liu B., Jiang L., Zhu D. (2002): Super-Hydrophobic Surfaces: From Natural to Artificial. Adv. Mater. 14,24: 1857-1860.

Ferguson B.A., Dreisbach T.A., Parks C.G., Filip G.M., Schmitt C.L. (2003): Coarse-scale population structure of pathenogenic Armillaria species in a mixed-conifer forest in the Blue Mountains of northeast Oregon. Can. J. For. Res. 33: 612-623.

Field C.B., Behrenfeld M.J., Randerson J.T., Falkowski P. (1998): Primary Production of the Biosphere: Integrating Terrestrial and Oceanic Components. Science 281: 237-240.
Fischer G., van Velthuizen H., Shah M., Nachtergaele F. (2002): Global Agroecological Assessment for Agriculture in the 21st Century: Methodology and Results. IIASA, Laxenburg.
Fish F.E., Lauder G.V. (2006): Passive and Active Flow Control by Swimming Fishes and Mammals. Annu. Rev. Fluid Mechanics 38: 193-224.
Fisher M.C., Henk D.A., Briggs C.J., Brownstein J.S., Madoff L.C., McCraw S., Gurr S.S.J. (2012): Emerging fungal threats to animal, Plant and ecosystem health. Nature 484: 186-194.
Foerster, H. v. (1999): Sicht und Einsicht. Carl Auer, Heidelberg.
Foley J.A., Defries R., Asner G.P., Barford C., Bonan G., Carpenter S.R., Chapin F.S., Coe M.T., Daily G.C., Gibbs H.K., Helkowski J.H., Holloway T., Howard E.A., Kucharik C.J., Monfreda C., Patz J.A., Prentice I.C., Ramankutty N. Snyder P.K. (2005): Global Consequences of Land Use. Science 309: 570–574.
Foster D.R., Aber J.D. (eds.), (2004): Forests in Time. Yale University Press, New Haven.
Foster S.S.D., Chilton P.J. (2003): Groundwater: the processes and global significance of aquifer degradation. Phil. Trans. R. Soc. Lond. B 358: 1957-1972.
Fox C.W., Roff D.A., Fairbairn D. J. (eds.) (2001): Evolutionary Ecology. Oxford University Press, Oxford.
Frank K.T., Petrie B., Fisher J.A.D., Leggett W.C. (2011): Transient dynamics of an altered large marine ecosystem. Nature 477: 86-89.
Friis C., Reenberg A. (2010): Land Grab in Africa: Emerging land system drivers in a teleconnected world. GLP Report No.1; GLP-IPO, Copenhagen.
Fritsch B. (1993): Mensch – Umwelt – Wissen. Vdf, Zürich.
Fuchs M., Lang A., Wagner G.A. (2004): The history of Holocene soil eosion in the Phlious Basin, NE Peloponnese, based on optical dating. The Holocene 14,3: 334-345.
Fuel Cell Today (2012): Fuel Cell Electric Vehicles: The Road Ahead. www.fuelcelltoday.com.
Gafta D., Crişan F. (2010) Scaling allometric relationships in pure, crowded, even-aged stands: do tree shade-tolerance, reproductive mode and wood productivity matter? Ann. For. Res. 53,2: 141-149.
Galloway J.N., Burke M., Bradford G.E., Naylor R., Falcon W., Chapagain A.K., Gaskell J.C., McCullough E., Mooney H.A., Oleson K.L.L., Steinfeld H., Wassenaar T., Smil V. (2007): International Trade in Meat: The Tip of the Pork Chop. Ambio, 36,8: 622-629.

Garby L., Larsen P.S. (2008): Bioenergetics. Cambridge University Press, Cambridge.
Garcia A. (2010): High speed, energy consumption and emissions. UIC report.
Gärtner M., Griesbach B., Jung F. (2012): Rating agencies, self-fulfilling prophecy and multiple equilibria? An empirical model of the European sovereign debt crisis 2009-2011. Discussion Paper no.2012-15, Universität St. Gallen.
Gates D.M. (1980): Biophysical Ecology. Springer, New York.
Gaustad G.G. (2009): Towards sustainability usage: time – dependent evaluation of upgrading technologies for recycling. Ph.D. Thesis, MIT.
GEA (2012): Global Energy Assessment – Toward a Sustainable Future. Cambridge University Press, Cambridge.
Geider R.J., Delucia E.H., Falkowski P.G., Finzi A.C., Grime J.P., Grace J., Kana T.M., La Roche J., Long S.P., Osborne B.A., Platt T., Prentice J.C., Raven J.A., Schlesinger W.H., Smetacek V., Stuart V., Sathyendranath S., Thomas R.B., Vogelmann T.C., Williams P., Woodward F.I. (2001): Primary productivity of planet earth: biological determinants and physical constraints in terrestrial and aquatic habitats. Global Change Biology 7: 849-882.
Geiger R. (1960): Das Klima der bodennahen Luftschichten. Vieweg & Sohn, Braunschweig.
Geipel R. (1992): Naturrisiken – Katastrophenbewältigung im sozialen Umfeld. Wissenschaftliche Buchgesellschaft, Darmstadt.
Gelfenbaum G., Jaffe B. (2003): Erosion and Sedimentation of the 17 July, 1998 Papua New Guinea Tsunami. Pure Appl. Geophys. 160: 1969-1999.
Gerbens-Leenes P.W., Hoekstra A.Y., van der Meer Th. (2009): The water footprint of energy from biomass: A quantitative assessment and consequences of an increasing share of bio-energy in energy supply. Ecological Economics 68: 1052-1060.
GGFR (2012): GGFR Partners Mark 10th Anniversary by Scaling up Flaring Reduction Efforts. The News Flare, Issue 13: 1-2.
Ghazoul J., Sheil D. (2010): Tropical Rain Forest Ecology, Diversity, and Conservation. Oxford University Press, Oxford.
Giampetro M., Ulgiati S., Pimentel D. (1997): Feasibility of Large-Scale Biofuel Production. BioScience 47,9: 587-600.
Giampetro M. (2004): Multi-scale integrated analysis of agroecosystems. CRC Press, Boca Raton.
Giampetro M., Mayumi K. (2009): The biofuel delusion. Earthscan, London.
Gibbons M., Limoges C., Nowotny H., Schwartzmann S., Scott P., Trow M. (1994): The New Production of Knowledge: The Dynamics of Science and Research in Contemporary Societies. Sage, London.

Gibson D.J. (2009): Grasses & Grassland Ecology. Oxford University Press, Oxford.

Giedion S. (1978): Raum, Zeit, Architektur. Artemis, Zürich.

Giedion S. (1987): Die Herrschaft der Mechanisierung. Athenäum, Frankfurt am Main.

Gieselmann (2011): Bulb Fiction. In: Berz P., Höge H., Krajewski M., Hrsg.: Das Glühbirnenbuch. Braumüller, Wien: 7-45.

Gilbertson T., Reyes O. (2010): Globaler Emissionshandel. Brandes & Apsel, Frankfurt am Main.

Glaser B. (2006): Prehistorically modified soils of central Amazonia: a model for sustainable agriculture in the twenty-first century. Phil. Trans. R. Soc. B 362: 187-196.

Gleiss A.C., Jorgensen S.J., Liebsch N., Sala J.E., Norman B., Hays G.C., Quintana F., Grundy E., Campagna C., Trites A.W., Block B.A., Wilson R.P. (2011): Convergent evolution in locomotory patterns of flying and swimming animals. Nature communications, doi:10.1038/ncomms1350.

Gödel K. (1931): Über formal unentscheidbare Sätze der Principia Mathematica und ihrer verwandten Systeme. Monatshefte für Mathematik und Physik 38: 173-198.

Goheen J.R., Young T.P., Keesing F., Palmer T.M. (2007): Consequences of herbivory by native ungulates for the reproduction of a savanna tree. J. Ecology 95: 129-138.

Goldstein K. (2006): Kurt Gödel. Piper, München.

Grace J., José J.S., Meir P., Miranda H.S., Montes R.A. (2006): Productivity and carbon fluxes of tropical savannas. J. Biogeogr. 33: 387-400.

Grant P.R., Grant R. (2011): How and Why Species Multiply. Princeton University Press, Princeton.

Gregg W.W., Conkright M.E., Ginoux P., O'Reilly J.E., Casey N.W. (2003): Ocean primary production and climate: Global decadal Changes. Geophysical Res. Letters 30,15,3: 1-4.

Grimaldi D., Engel M.S. (2005): Evolution of the Insects. Cambridge University Press, Cambridge.

Grip C.-E., Elfgren E., Söderström M., Thollander P., Berntsson T., Åsblad A., Wang C. (2011): Possibilities and problems in using exergy expressions in process integration. World Renewable Energy Congress, 8-13 May 2011, Linköping.

Grossart H.-P. Frindte K., Dziallas C., Eckert W., Tang K.W. (2011): Microbial methane production in oxygenated water column of an oligotrophic lake. PNAS 108,49: 19657-19661.

Grotzinger J., Jordan T.H., Press F., Siever R. (2008): Allgemeine Geologie. Springer, Berlin.

Gullison R.E., Frumhoff P.C., Canadell J.G., Field C.B., Nepstad D.C., Hayhoe K., Avissar R., Curran L.M., Friedlingstein P., Jones C.D., Nobre C. (2007): Tropical Forests and Climate Policy. Science 316: 985-986.

Gumin H., Meier H. (Hrsg.), (2006): Einführung in den Konstruktivismus. Piper, München.

Gunstone F.D. (2011): Production and Trade of Vegetable Oils. In: Gunstone F.D. (edt.): Vegetable Oils in Food Technology: Composition, Properties and Uses. Wiley& Blackwell, Chichester: 1-24.

Haarmann H. (2011): Die Rätsel der Donauzivilisation; Die Entdeckung der ältesten Hochkultur Europas. Beck, München.

Haas R., Auer H., Biermayr P. (1998): The impact of consumer behavior on residential energy demand for space heating. Energy and Buildings 27: 195-205.

Haas G., Wetterich F., Köpke U. (2001): Comparing intensive, extensified and organic grassland farming in southern Germany by process life cycle assessment. Agriculture, Ecosystems and Environment 83: 43-53.

Haase J., Brandl R., Scheu S., Schädler M. (2008): Above and belowground interactions are mediated by nutrient availability. Ecology 89,11: 3072-3081.

Hacatoglu K., Rosen M.A., Dincer I. (2012): Comparative life cycle assessment of hydrogen and other selected fuels. Int. J. of Hydrogen Energy 37: 9933-9940.

Haeckel E. (1870): Über Entwicklungsgang und Aufgabe der Zoologie. Z. Naturw. 5: 353-370.

Hafner F. (1979): Steiermarks Wald in Geschichte und Gegenwart. Agrarverlag, Wien.

Haken H., Wunderlin A. (1991): Die Selbststrukturierung der Materie. Vieweg, Braunschweig.

Hammerle A., Haslwanter A., Tappeiner U., Cernusca A., Wohlfart F. (2007): Lead area controls on energy partitioning of a mountain grassland. Bioegosciences Discuss. 4: 3607-3638.

Hamerschlag K. (2011): Meat eater's guide to climate change + health. Environmental working group.

Hansell M. (2005): Animal Architecture. Oxford University Press, Oxford.

Haralambous S., Liversage H., Romano M. (2009): The Growing Demand for Land; Risks and Opportunities for Smallholder Farmers. IFAD Discussion Paper, Rome.

Harding D. (Hrsg.), (2007): Waffenenzyklopädie. Motorbuch Verlag, Stuttgart.

Hartmann A., Schmid M., van Tuinen D., Berg G. (2009): Plant-driven selection of microbes. Plant Soil 321: 234-257.

Hassan R., Scholes R., Ash N. (eds.),(2005): Ecosystems and human well-being – The Millenium Ecosystem Assessment Series; Island Press, Washington.

He N., Han X., Yu G., Chen Q. (2011): Divergent Changes in Plant Community Composition under 3-Decade Grazing Exclusion in Continental Steppe. PLoS ONE 6,11: e26506. doi: 10.1371/ journal.pone.0026506.

He X., Zhou J., Zhang X., Tang K. (2006): Soil erosion response to climatic change and human activity during the Quarternary on the Loess Plateau, China. Reg. Environ. Change 6: 62-70.

Heady D., Fan S. (2008): Anatomy of a Crisis; The Causes and Consequences of Surging Food Prices. IFPRI Discussion Paper 00831.

Heepe L., Varenberg M., Itovich Y., Gorb S.N. (2010): Suction component in adhesion of mushroom-shaped microstructure. J.R.Soc. Interface, doi: 10.1098/rsif.2010.0420.

Heimann M. (2011): Enigma of the recent methane budget. Nature 476: 157-158.

Hellberg E., Niklasson M., Granström A. (2004): Influence of landscape structure on patterns of forest fires in boreal forest landscapes in Sweden. Can. J. For. Res. 34: 332-338.

Helms H., Pehnt M., Lambrecht U., Liebich A. (2010): Electric vehicle and plug-in hybrid energy efficiency and life cycle emissions. 18th International Symposium Transport and Air Pollution: 113-124.

Hennig A., Poppe S. (Hrsg.), (1976): Abprodukte tierischer Herkunft als Futtermittel. Verlag Ferdinand Enke, Stuttgart.

Hepbasli A. (2006): A key review on exergetic analysis and assessment of renewable energy resources for a sustainable future. Renewable & Sustainable Energy Reviews 12: 593-661.

Hermann W.A. (2005): Quantifying the global exergy resources. doi:10.1016/f.energy.2005.09.006.

Hessels L.K., Lente H., v. (2008): Re-thinking new knowledge production: A literature review and a research agenda. Research Policy 37: 740-746.

Hirn W. (2011): Der Kampf ums Brot. Fischer, Frankfurt am Main.

Hodge A., Berta G., Doussan C., Merchan F., Crespi M. (2009): Plant root growth, architecture and function. Plant Soil 321: 153-187.

Hoffman P.F., Schrag D.P. (2000): Snowball Earth. Scientific American, January 2000: 68-75.

Hofstede G., Hofstede G.J., Minkov M. (2010): Cultures and Organisations; Software of the Mind. McGraw Hill, New York.

Hogarth P.J. (2010): The Biology of Mangroves and Seagrasses. Oxford University Press, Oxford.

Holland J.J. (1998): Emergence from Chaos to Order. Perseus, Cambridge.

Hölldobler B., Wilson E.O. (1990): The Ants. Belknap Press.

Holling C.S. (1973): Resilience and stability of ecological systems. Ann. Review of Ecology and Systematics 4: 1-23.

Holgren K., Kirkinen K., Savolainen I. (2008): Climate impact of peat fuel utilisation. In: Strack M. (edt.): Peatlands and Climate Change. IPS, Jyväskylä: 123-147.

Hong S., Candelone J.-P., Patterson C.C., Boutron C.F. (1994): Greenland Ice Evidence of Hemispheric Lead Pollution Two Millennia Ago by Greek and Roman Civilizations. Science 265: 1841-1843.

Hong S. Candelone J.-P., Patterson C.C., Boutron C.F. (1996): History of Ancient Copper Smelting Pollution During Roman and Medieval Times Recorded in Greenland Ice. Science 272: 246-249.

Hood E.A., Williams M.W., Caine N. (2003): Landscape Controls on Organic and Inorganic Nitrogen Leaching across an Alpine/Subalpine Ecotone, Green Lakes Valley, Colorado Front Range. Ecosystems 6: 31-45.

Hoorn C., Wesselingh F.P., ter Steege H., Bermudez M.A., Mora A., Sevink J., Sanmartin I., Sanchez-Meseguer A., Anderson C.L., Figueiredo J.P., Jaramillo C., Riff D., Negri F.R., Hooghiemstra H., Lundberg J., Stadler T., Särkinen T., Antonelli A. (2010): Amazonia Through Time: Andean Uplift, Climate Change, Landscape Evolution, and Biodiversity. Science 330: 927-931.

Horton J.L., Hart S.C. (1998): Hydraulic lift: a potentially important ecosystem process. Tree 13: 232-235.

Horwath W. (2007): Carbon cycling and formation of soil organic matter. In: Paul E.A. (edt.): Soil Microbiology, Ecology, and Biochemistry. Elsevier, Amsterdam: 303-340.

Houghton J.T., Jenkins G.J., Ephraums J.J. (eds.), (1990): Climate Change; The IPCC Scientific Assessment. Cambridge University Press, Cambridge.

Hubbel S.P. (2001): The Unified Neutral Theory of Biodiversity and Biogeography. Princeton University Press, Princeton.

Idel A. (2011): Die Kuh ist kein Klima-Killer! Metropolis-Verlag, Marburg.

IEA (2008): Key world energy statistics. International Energy Agency, Paris.

Ifmo (2011): Mobilität junger Menschen im Wandel – multimodaler und weiblicher. Ifmo, München.

Ignatenko O., van Schaik A., Reuter M.A. (2007): Exergy as a tool for evaluation of the resource efficiency of recycling systems. Minerals Engineering 20: 862-874.

Ingraham N.L., Matthews R.A. (1994): The importance of fog-dip water to vegetation: Point Reyes Peninsula, California. J. Hydrol. 164: 269-285.

Ings T.C., Montoya J.M., Bascompte J., Blüthgen N., Brown L., Dormann C.F., Edwards F., Figueroa D., Jacob U., Jones J.I., Lauridsen R.B., Ledger M.E., Lewis H.M., Olesen J.M., van Veen F.J.F., Warren P.H., Woodward G.

(2008): Ecological networks – beyond food webs. J. Animal Ecology doi: 10.1111/j.1365-2656.2008.01460.x.

Iriarte J., Power M.J., Rostain S., Mayle F.E., Jones H., Watling J., Whitney B.S., McKey D.B. (2012): Fire-free land use in pre-1492 Amazonian savannas. www.pnas.org/cgi/doi/10.1073/pnas.1201461109.

Ishihara S., Tanaka K. (2011): Development of Test Method for Evaluating Root Resistance Using Simulated Root focus on the Enlargement Growth of Root. The Open Construction and Building Technology Journal 5: 41-48.

Ishii M., Inoue H.Y., Midorikawa T., Saito S., Tokieda T., Sasano D., Nakadate A., Nemoto K., Metzl N., Wong C.S., Feely R.A. (2008): Spatial variability and decadal trend of the oceanic CO_2 in the western equatorial Pacific warm/fresh water. Deep Sea Reserch Part II: Topical Studies in Oceanography 56, 8-10: 591-606.

Ito A., Oikawa T. (2004): Global Mapping of Terrestrial Primary Productivity and Light-Use Efficiency with a Process-Based Model. In: Shiyomi M., Kawahata H., Koizumi H., Tsuda A., Awaya Y. (eds.): Global Environmental Change in the Ocean and on Land. Terrapub, Tokyo: 343-358.

Jaffe M.J. (1980): Morphogenetic Responses of Plants to Mechanical Stimuli or Stress. Bio Science 30,4: 239-243.

James K.R., Haritos N., Ades P.J. (2006): Mechanical stability of trees under dynamic loads. Am. J. Bot. 93,10: 1522-1530.

Janssens M.J.J., Mulindabigwi V., Pohlan J., Torrico J.C. (2004): Eco-volume and bio-surface interplay with the universal scaling laws both in biology and in the Mata Atlantica. Tersepolis.

Jeffries R., Darby S.E., Sear D.A. (2003): The influence of vegetation and organic debris on flood-plain sediment dynamics: Case study of a low-order stream in the New Forest, England. Geomorphology 51: 61-80.

Jørgensen B., Boetius A. (2007): Feast and famine – microbial life in the deep sea be. Nature 5: 770-781.

Jørgensen S. E. (1992): Integration of Ecosystem Theories: A Pattern. Kluwer, Dordrecht.

Joshi A.S., Tiwari A. (2007): Energy and exergy efficiencies of a hybrid photovoltaic-thermal (PV/T) air collector. Renewable Energy 32: 2223-2241.

Jouffroy-Bapicot I., Pulido M., Baron S., Galop D., Monna F., Lavole M., Ploquin A., Petit C., de Beaulieu J.-L-, Richard H. (2006): Environmental impact of early palaeometallurgy: pollen and geochemical analysis. Veget. Hist. Archaeobot. Doi 10.1007/s00334-006-0038-9.

Jouquet P., Mamou L., Lepage M., Velde B. (2002): Effect of termites on clay minerals in tropical soils: fungus-growing termites as weathering agents. European J. of Soil Sciences 53: 521-527.

Kai F.M., Tyler S.C., Randerson J.T., Blake D.R. (2011): Reduced methane growth rate explained by decreased Northern Hemisphere microbial sources. Nature 476: 194-197.

Kaiser M.J., Attrill M.J., Jennings S., Thomas D.N., Barnes D.K.A., Brierley A.S., Hiddink J.G., Kaartokallio H., Polunin N.V.C., Raffaelli D.G. (2011): Marine Ecology. Oxford University Press.

Kallmeyer J., Pockalny R., Adhikari R.R., Smith D.C., D'Hondt S. (2012): Global distribution of microbial abundance and biomass in subseafloor sediment. PNAS, doi:10.1073/pnas.1203849109.

Kaltschmitt M., Streicher W., Wiese A. (Hrsg.), (2006): Erneuerbare Energien – Systemtechnik, Wirtschaftlichkeit, Umweltaspekte. Springer, Berlin.

Kaplan H.O., Krumhardt K.M., Zimmermann N. (2009): The prehistoric and preindustrial deforestation of Europe. Quaternary Science Reviews 28: 3016-3034.

Karasov W.H., Martínez del Rio C. (2007): Physiological Ecology. Princeton University Press.

Kargol A., Kargol M. (1996): The Plant Root as an Osmo-diffusive Converter of Free Energy. Gen. Physiol. Biophys 15: 17-26.

Karl D.M., Beversdorf L., Björkman K.M., Church M.J., Martinez A., DeLong E.F. (2008): Aerobic production of methane in the sea. Nature Geosciences 1: 473-478.

Kearney J. (2010): Food consumption trends and drivers. Phil. Trans. R. Soc. B 365: 2793–2807.

Keeling R.F. (1995): The atmosphere oxygen cycle: The oxygen isotopes of atmospheric CO_2 and O_2 and the O_2/N_2 ratio. Reviews of Geophysics: 1253-1262.

Keeling R.F., Piper S.C., Bollenbacher A.F., Walker S.J. (2008): Atmospheric CO_2-Curve Values. Carbon Dioxide Research Group, Univ. Calif.

Keith D.W. (2000): Geoengineering the Climate: History and Prospect. Annu. Rev. Energy Environment 25: 245-284.

Kempes C.P., Dutkiewicz S., Follows M.J. (2012): Growth, metabolic partitioning, and the size of microorganisms. PNAS 109,2: 495-500.

Kerr T. (2007): CHP/DHC Country Scorecard: Finland. The International CHP/DHC Collaborative. IEA, Paris.

Kim B.H., Gadd G.M. (2008): Bacterial Physiology and Metabolism. Cambridge University Press, Cambridge.

Kimchi T., Terkel J. (2003): Mole rats (*Spalax ehrenbergeri*) select bypass burrowing strategies in accordance with obstacle size. Naturwissenschaften 90: 36-39.

Kirchgessner M. (1987): Tierernährung. DLG-Verlag, Frankfurt.

Kirk J.T.O. (2011): Light and Photosynthesis in Aquatic Ecosystems. Cambridge University Press, Cambridge.

Kirkby J. (2002): Cloud: A particle beam facility to investigate the influence of cosmic rays on clouds. Proc. IACI Workshop, CERN 18-20 April 2001.

Kleiber M. (1967): Der Energiehaushalt von Mensch und Haustier. Paul Parey, Hamburg.

Kleidon A. (2004): Beyond Gaia: Thermodynamics of life and earth system functioning. Climatic Change 66: 271-319.

Knighton D. (1998): Fluvial Forms & Processes. Arnold, London.

Knoflacher H. (2009): Virus Auto. Ueberreuter, Wien.

Knoflacher M. (2008): Technologische Entwicklung und Nachhaltigkeit – ein Widerspruch? In: Knoflacher H., Rosik-Kölbl A., Woltron K. (Hrsg.): Technologie und Kapitalismus. Lang, Frankfurt: 35-71.

Knoflacher M. (2010): Biodiversität – Netzwerke des Lebens. In: Aubauer H.P., Knoflacher H., Woltron K. (Hrsg.): Kapitalismus gezähmt? Sozialer Wohlstand innerhalb der Naturgrenzen. Lang, Frankfurt: 37-89.

Knoflacher M. (Hrsg.), (2011): Faktum Evolution – Gesellschaftliche Bedeutung und Wahrnehmung. Peter Lang, Frankfurt am Main.

Knoflacher M., Tuschl P., Schneeberger W. (1991): Ökonomische und ökologische Bewertung alternativer Treibstoffe. OEFZS-A-2095, Seibersdorf.

Knoll L.B., McIntyre P.B., Vanni M.J., Flecker A.S. (2009): Feedbacks of consumer nutrient recycling on producer biomass and stoichiometry: separating direct and indirect effects. Oikos 118: 1732-1742.

Koehl M.A.R. (1984): How Do Benthic Organisms Withstand Moving Water? Amer. Zool 24: 57-70.

Koneswaran G., Nierenberg D. (2008): Global Animal Farm Production and Global Warming: Impacting and Mitigating Climate Change. NIEHS, Washington.

Kongsager R., Reenberg A. (2012): Contemporary land-use transitions: The global oil palm expansion. GLP Report No.4; GLP-IPO, Copenhagen.

Körner C. (1999): Alpine Plant Life. Springer, Berlin.

Koroneos C., Tsarouhis M. (2012): Exergy analysis and life cycle assessment of solar heating and cooling systems in the building environment. J. Cleaner Production 32: 52-60.

Koroneos C.J., Nanaki E.A., Xydis G.A. (2012): Sustainability Indicators for the Use of resources – The Exergy Approach. Sustainability 4: 1867-1878.

Koulouri M., Giourga C. (2007): Land abandonment and slope gradient as key factors of soil erosion in Mediterranean terraced lands. Catena 69: 274-281.

Kramer P.A., Sylvester A.D. (2009): Bipedal Form and Locomotor Function: Understanding the Effects of Size and Shape on Velocity and Energetics. Paleo Anthropology: 238-251.

Kranke A., Schmied M., Schön A.D. (2011): CO_2-Berechnung in der Logistik. Verlag Heionrich Vogel, München.

Kreeb K. (1974): Ökophysiologie der Pflanzen. VEB Gustav Fischer, Jena.

Kretzschmar A. (1983): Soil transport as a homeostatic mechanism for stabilizing the earthworm environment. In: Satchell J.E. (edt.): Earthworm Ecology. Chapman and Hall, London: 59-66.

Kreutzberger S., Thurn V. (2011): Die Essensvernichter. Kiepenheuer & Witsch, Köln.

Krewitt W., Nienhaus K., Kleßmann C., Capone C., Stricker E., Graus W., Hoogwijk M., Supersberger N., von Wintersfeld U., Samadi S. (2009): Role and Potential of Renewable Energy and Energy Efficiency for Global Energy Supply. Umweltbundesamt Berlin.

Kricher J. (2011): Tropical Ecology. Princeton University Press, Princeton.

Kromp-Kolb H., Eitzinger J., Kubu G., Formayer H., Haas P., Gerersdorfer T. (2005): Auswirkungen einer Klimaänderung auf den Wasserhaushalt des Neusiedler Sees. Universität für Bodenkultur, Wien.

Kühnelt W. (1970): Grundlagen der Ökologie. Fischer, Jena.

Kuhry P., Dorrepaal E., Hugelius G., Schuur E.A.G., Tarnocai C. (2010): Potential Remobilization of Belowground Permafrost Carbon under Future Global Warming. Permafrost and Periglac. Process. 21: 208-214.

Kullman L. (2005): Wind-Conditioned 20th Century Decline of Birch Treeline Vegetation in the Swedish Scandes. Arctic 58,3: 286-294.

Kunsch K. (1997): Der Mensch in Zahlen. Gustav Fischer, Stuttgart.

Kurbjuweit D. (2011): Ackermanns Herrschaft. Spiegel 22/30.05.2011: 26-28.

Kurlansky M. (2002): Salz. Claassen, München.

Kurz H.D. (Hrsg.), (2008): Klassiker des ökonomischen Denkens. Beck, München.

Küster M., Ruchhöft F., Lorenz S., Janke W. (2011): Geoarchaeological evidence of Holocene human impact and soil erosion on a till plain in Vorpommern (Kühlenhagen, NE-Germany). Quaterly Science Journal 60,4: 455-463.

Kutschera, F. v. (1993): Die falsche Objektivität. deGruyter, Berlin.

Laffoley D., Grimsditch G. (2009): The Management of Natural Coastal Carbon Sinks. IUCN, Gland.

Lagi M., Bar-Yam Y., Bar-Yam Y. (2012): Update July 2012 – The Food Crises: The US Drought. Necsi, Cambridge.

Lal R. (2002): Global soil erosion and the global carbon budget. Environment International 29: 437-450.

Lamb H.H. (1989): Klima und Kulturgeschichte. Rororo, Reinbek.
Lambers H., Chapin III F.S., Pons T.L. (2006): Plant Physiological Ecology. Springer, New York.
Lane B. (2006): Life Cycle Assessment of Vehicle Fuels and Technologies. Camden.
Lang A. (2003): Phase of soil erosion-derived colluvation in the loess hills of South Germany. Catena 51: 209-211.
Laux G. (Hrsg.), (1980): Kybernetik, Akademie Verlag, Berlin.
Lavell P. (1997): Faunal Activities and Soil Processes: Adaptive Strategies That Determine Ecosystem Function. Advances in Ecological Research 27: 93-132.
Lawton R.O., Nair U.S., Pielke Sr. S.A., Welch R.M. (2001): Climatic Impact of Tropical Lowland Deforestation on Nearby Montane Cloud Forests. Science 294: 584-587.
Le Quéré C., Raupach M.R., Canadell J.G., Marland G., et al. (2009): Trends in sources and sinks of carbon dioxide. Nature Geoscience, doi:10.1038/NGEO 689.
Leach G. (1976): Energy and Food Production. IPC Science and Technology Press, Guildford.
Lefohn A.S., Husar J.D., Husar R.B. (1999): Estimating Historical Anthropogenic Global Sulfur Emission Patterns for the Period 1850-1990: Atmospheric Environment 33, 3435-3444.
Leigh G.J. (2004): The World's Greatest Fix. Oxford University Press, Oxford.
Lemire-Elmore (2004): The Energy Cost of Electric and Human-Powered Bicycles. APSC 262 Term Paper.
Lengyel S., Gove A.D., Latimer A.M., Majer J.D., Dunn R.R. (2009): Ants Sow the Seeds of Global Diversification in Flowering Plants. PLoS One 4,5: e5480. doi: 10.1371/ journal.pone.005480.
Lenzen M., Moran D., Kanemoto K., Foran B., Lobefaro L., Geschke A. (2012): International trade drives biodiversity threats in developing nations. Nature 486: 109-112.
Leonard A.S., Dornhaus A., Papai D.R. (2012): Why are floral signals complex? An outline of functional hypotheses. In: Patiny S. (edt.): Evolution of Plant-Pollinator Relationships. Cambridge University Press, Cambridge: 279-300.
Le Roux X., Barbault R., Baudry J., Burel F., Doussan I., Gamler E., Herzog F., Lavorel S., Lifran R., Roger-Estrade J., Sarthou J.P., Trommetter M. (eds.), (2008): Agriculture and biodiversity: benefiting from synergies. Multidisciplinary Scientific Assessment, Synthesis, INRA.
Létolle R., Mainguet M. (1996): Der Aralsee. Springer, Berlin.

Li H.T., Han X.-G., Wu J.-G. (2006): Variant Scaling Relationships for Mass-Density Across Tree-Dominated Communities. J. of Integrative Plant Biology 48,3: 268-277.
Lieberman D.E., Bramble D.M. (2007): The Evolution of Marathon Running. Sports Med. 37,4-5: 288-290.
Likens G.E., Bormann F.H. (1995): Biogeochemistry of a Forested Ecosystem. Springer, New York.
Lin H., Cao M., Stoy P.C., Zhang Y. (2009): Assessing self-organization of plant communties – A thermodynamic approach. Ecological Modelling 220: 784-790.
Lipman F.D. (2012): From Enron to Lehman Brothers. The Conference Board of Canada, Directors Note.
Liu S., Liu H., Xu M., Leclerc M.Y., Zhi T, Jin C., Hong Z., Li J., Liu H. (2001): Turbulence spectra and dissipation rates above and within a forest canopy. Boundary-Layer Meteorology 98: 83-102.
Loeuille N., Loreau M. (2006): Evolution of body size food webs: does the energetic equivalence rule hold? Ecology Letters 9: 171-178.
Lohmann L. (2006): Carbon Trading. Development dialogue No. 48.
Loladze I., Elser J.J. (2011): The origins of the Redfield nitrogen-to-phosphorus ratio are in a homeostatic protein-to-rRNA ratio. Ecology Letters doi:10.1111/j.1461-0248.2010.01577.x.
Lopes B.R., Bashan Y., Bacilio M., De la Cruz-Agüero G. (2009): Rock-colonizing plants: abundance of the endemic cactus *Mammillaria fraileana* related to rock type in the southern Sonoran Desert. Plant Ecol. 201: 575-588.
López-Baol J.V., González-Varo J.P. (2011): Frugivory and Spatial Patterns of Seed Deposition by Carnivorous Mammals in Anthropogenic Landscapes: A Multi-Scale Approach. PLos ONE 6,1: e14569. doi: 10.1371/journal.pone.0014569.
Lorenz E.N. (1963): Deterministic Nonperiodic Flow. J. Atm. Sci. 20: 130–141.
Lotka A.J. (1922): Contribution to the energetics of evolution. Proc. Natl. Acad. Sci. USA 8: 147-151.
Lotka A.J. (1924): Elements of Mathematical Biology. Nachdruck 1956, Dover Publications, New York.
Lovelock J.E. (1972): Gaia: A New Look at Life on Earth. Oxford University Press, Gaia.
Lugo A.E. (2008): Visible and invisible effects of hurricanes on forest ecosystems: in international review. Austral. Ecology 33: 368-398.
Luhar M., Coutu S., Infantes E., Fox S., Nepf H. (2010): Wave-induced velocities inside a model seagrass bed. J. Geophys. Res. 115, C12005, doi:10.1029/2010JC006345.

Lundström T., Jonsson M.J., Volkwein A., Stoffel M. (2008): Reactions and energy absorption of trees subject to rockfall: a detailed assessment using a new experimental method. Tree Physiology 28: 345-359.

Lusk C.H., Wright I., Reich P.B. (2003): Photosynthetic differences contribute to competitive advantage of evergreen angiosperm trees over evergreen conifers in productive habitats. New Phytologist 160: 329-336.

Luyssaert S., Inglimani I., Jung M., Richardson D., Reichstein M., Papale D., Piao S.L., Schulze D., Wingate L., Matteucci G., Aragao L., Aubinet M., Beer C., Bernhofer C., Black K.G., Bonal D., Bonnefond M., Chambers J., Ciais P., Cook B., Davis K.J., Dolman A.J., Gielen B., Goulden M., Grace J., Granie A., Grelle A., Griffis T., Grünwald T., Guidolotty G., Hanson P.J., Harding R., Hollinger D.Y., Huttyra L.R., Kolari P., Kruijt B., Kutsch W., Lagergren F., Laurila T., Law B.E., Le Maire G., Lindroth A., Loustau D., Malhi Y., Mateus J., Migliavacca M., Misson L., Montagnani L., Moncrieff J., Moors E., Munger J.W., Nikinmaa E., Ollinger S.V., Pita G., Rebmann C., Roupsard O., Saigusa N., Sanz M.J., Seufert G., Sierra C., Smith M.-L., Tang J., Valentini R., Vesala T., Janssens I.A. (2007): CO_2 balance of boreal, temperate, and tropical forests derived from a global database. Global Change Biology 13: 2500-2537.

Monico L., Van der Snickt G., Janssens K., De Nolf W., Miliani C., Verbeek J., Tian H., Tan H., Dik J., Radepont M., Cotte M. (2010): Degradation Process of Lead Chromate in Paintings by Vincent van Gogh Studied by Means of Synchroton X-ray Spectromicroscopy and Related Methods. 1. Artificially Aged Model Samples. Analytical Chemistry dx.doi.org/10.1021/ac102424h.

Moomaw W., Griffin T., Kurczak K., Lomax J. (2012): The Critical Role of Global Food Consumption Patterns in Achieving Sustainable Food Systems and Food for All. UNEP Discussion Paper, Paris.

Mace G., Masundire H., Baillie J. (2005): Biodiversity. In: Hassan R., Scholes R., Ash N. (eds.): Ecosystems and Human Well-being: Current States and Trends, Volume 1. Island Press, Washington: 79-122.

Madigan M.T., Martinko J.M., Parker J. (2003): Biology of Microorganisms. Prentice Hall, Upper Saddle River.

Makowski H., Buderath B. (1983): Die Natur dem Menschen untertan. Kindler, München.

Mähr C. (2010): Von Alkohol bis Zucker. Zwölf Substanzen, die die Welt veränderten. Dumont, Köln.

Mandelbrot B.B. (1991): Die fraktale Geometrie der Natur. Birkhäuser, Basel.

Marboe A., Obenaus A. (Hrsg.), (2009): Seefahrt und die frühe europäische Expansion. Mandelbaum Verlag, Wien.

Marczak L.B., Thompson R.M., Richardson J.S. (2007): Meta-analysis: trophic level, habitat, and productivity shape the food web effects of resource subsidies. Ecology 88,1: 140-148.
Marmer E., Langmann B., Fagerli H., Vestreng V. (2007): Direct shortwave radiative forcing of sulfate aerosol over Europe from 1900 to 2000. J. Geophys. Res. 112, D23S17, doi: 10.1029/2006JD008037.37.
Massel S.R., Furukawa K., Brinkman R.M. (1999): Surface wave propagation in mangrove forests. Fluid Dynamics Research 24: 219-249.
Masuda T., Goldsmith P.D. (2009): World Soybean Production: Area Harvested, Yield, and Long Term Projections. Int Food and Agribusiness Manegement Rev. 12,4: 143-161.
Matiaske W., Menges R., Spiess M. (2012): Modifying the rebound: It depends! Explaining mobility behaviour on the basis of the German socio-economic panel. Energy Policy 41: 29-35.
Matthews B., Hausch S., Winter C., Suttle C.A., Shurin J.B. (2011): Contrasting Ecosystem-Effects of Morphologically Similar Copepods. PLoS ONE 6,11: e26700.doi:10.1371/journal.pone.0026700.
Maxwell D., Owen P., McAndrew L., Muehmel K., Neubauer A. (2011): Addressing the Rebound Effect. Report for the European Commission.
Mayle F.E., Beerling D.J. (2004): Late Quaternary changes in the Amazonian ecosystems and their implications for global carbon cycling. Paleogrography, Palaeoclimatology, Palaeoecology 214: 11-25.
Mayorga E., Seitzinger S.P., Harrison J.A., Dumont E., Beusen A.H.W., Bouwman A.F., Fekete B.M., Kroeze C., Van Drecht G. (2010): Global Nutrient Export from WaterSheds 2 (NEWS2): Model development and implementation. Environmental Modelling & Software 25: 837-853.
Mazoyer M., Roudart L. (1997): Histoire des agricultures du monde. Seuil, Paris.
McArthur J.V. (2006): Microbial Ecology. Academic Press, Amsterdam.
McCright A.M., Dunlap R.E. (2011): The Politicization of Climate Change and Polarization in the American Public's Views of Global Warming, 2001-2010. The Sociological Quarterly 52: 155-194.
McCall J.M. (2008): Primary production and marine fisheries associated with the Nile outflow. Earth & Environment 2: 179-208.
McKey D., Rostain S., Iriarte J., Glaser B., Birk J.J., Holst I., Renard D. (2010): Pre-Columbian agricultural landscapes, ecosystem engineers, and self-organized patchiness in Amazonia. www.pnas.org/cgi/doi/10.1073/pnas.0908925107.
McNab B.K. (2002): The Physiological Ecology of Vertebrates. Cornell University Press, Ithaca.

Meadows D.H., Meadows D.L., Randers J., Behrens III W.W: (1972): The Limits to Growth. Universe Books, New York.
Meehan T.D., Lindroth R.L. (2009): Scaling of individual phosphorus flux by caterpillars of the whitemarked tussock moth, Orygia leucostigma. J. Insect Science 9;42, available online: interscience org/9.42.
Meers T.L., Bell T.L. Enright N.J., Kasel S. (2008): Role of plant functional traits in determining vegetation composition of abandoned grazing land in north-eastern Victoria, Australia. J. Vegetat. Sci. 19: 515-524.
Michalek J.J., Chester M., Jaramillo P., Samarat C., Shlau C.-C.N., Lave L.B. (2011): Valuation of plug-in vehicle life-cylce air emissions and oil displacement benefits. www.pnas.org/cgi/doi/10.1073/pnas.1104473108.
Mieth A., Bork H.-R. (2005): History, origin and extent of soil erosion on Easter Island (Rapa Nui). Catena 63: 244-260.
Miettinen J., Hooijer A., Tollenaar D., Page S., Malins C., Vernimmen R., Shi C., Liew S.C. (2012): Historical Analysis and Projection of Oil Palm Plantation Expansion on Peatland in Southeast Asia. White Paper 17, www.theicct.org.
Mighall T.M., Timberlake S., Clark S.H.E., Caseldine A.E. (2002): A Palaeoenvironmental Investigation of Sediments from the Prehistoric Mine of Copa Hill, Cwmystwyth, mid-Wales. J. Archaeological Science 29: 1161-1188.
Milankovitch M. (1920): Théorie mathématique des phénomènes thermiques produit par la radiation solaire. Gauthier-Villars, Paris.
Milanovic B. (2009): Global Inequality and the Global Inequality Extraction Ratio. Pol. Res. Pap. 5044, The World Bank.
Miller R.J., Reed D.C., Brzezinski M.A. (2011): Partitioning of primary production among giant kelp (*Macrocystis pyrifera*), understory macroalgae, and phytoplankton on a temperature reef. Limnol. Oceanogr. 56,1: 119-132.
Minkkinen K., Byrne K.A., Trettin C. (2008): Climate impacts of peatland forestry. In: Strack M. (edt.): Peatlands and Climate Change. International Peat Society, Jyväskylä, 98-112.
Mitchell B.R. (1978): European Historical Statistics 1750-1970. Macmillan, London.
Montgomery D.R. (2007): Soil erosion and agricultural sustainability. PNAS 104,33: 13268-13272.
Moore D., Robson G.D., Trinci A.P.J. (2011): 21st Century Guidebook to Fungi. Cambridge University Press, Cambridge.
Mora C.H., de Oliveira S. (2006): Environmental exergy analysis of wastewater treatment plants. Engenharie Térmica 5,2: 24-29.

Morono Y., Terada T., Nishizawa M., Ito M., Hillion F., Takahata N., Sano Y., Inagaki F. (2011): Carbon and nitrogen assimilation in deep subseafloor microbial cells. PNAS 108,45: 18295-18300.

Morowitz H.J. (1968): Energy Flow in Biology; Biological Organization as a Problem in Thermal Physics. Academic Press, New York.

Motzkin G., Foster D. (2004): Insights for ecology and conservation. In: Foster D.R., Aber J.D. (eds.): Forests in Time. Yale University Press, New Haven: 367-379.

Murphy C.F., Allen D.T. (2011): Energy-Water Nexus for Mass Cultivation of Algae. Environ Sci. Technol. 45: 5861-5868.

Nachtigall W. (2010): Bionik als Wissenschaft. Springer, Heidelberg.

Naeem S., Hahn D.R., Schuurman G. (2000): Producer-decomposer co-dependency influence biodiversity effects. Nature 403: 762-764.

Neinhuis C., Barthlott W. (1997): Characterization and Distribution of Water-repellent, Self-cleaning Plant Surfaces. Annals of Botany 79: 667-677.

Nemani R.R., Keeling C.D., Hashimoto H., Jolly W.M., Piper S.C., Tucker C.J., Myneni R.B., Running S.W. (2003): Climate-Driven Increases in Global Terrestrial Net Primary Production from 1982 to 1999. Science 300: 1560-1563.

Nepf H.M. (1999): Drag, turbulence, and diffusion in flow through emergent vegetation. Water Resources Res. 35,2: 479-489.

New M., Liverman D., Schroder H., Anderson K. (2011): Four degrees and beyond: the potential for a global temperature increase of four degrees and its implication. Phil. Trans. R. Soc. A 369: 6-19.

Nguyen T.T.H., van der Werf H.M.G., Eugène M., Veysset P., Devun J., Chesneau G., Doreau M. (2012): Effects of type of ratio and allocation methods on the environmental impacts of beef-production systems. Livestock Science 145: 239-251.

Nickson A., Vargas C. (2002): The Limitations of Water Regulation: The Failure of the Cochabambe Concession in Bolivia. Bull. Latin American Res. 11,1: 99-120.

Niklas J.J. (2009): Functional adaptation and phenotypic plasticity at the cellular and whole plant level. J. Biosci. 33,4: 613-620.

Nobel P.S. (2009): Physicochemical and Environmental Plant Physiology. Elsevier, Amsterdam.

Norman D. (2011): Devastating Earthquake Defied Expectations. Science 331: 1375-1376.

Norman J., MacLean H.L., Kennedy C.A. (2006): Comparing High and Low Residential Density: Life-Cycle Analysis of Energy Use and Greenhouse Gas Emissions. J. of Urban Planning and Development 132,1: 10-21.

Nowak R.M., Paradiso J.L. (1983): Walker's Mammals of the World. John Hopkins University Press, Baltimore.
Nussbaumer J. (1996): Die Gewalt der Natur. Sandkorn, Grünbach.
Odling-Smee F.J., Laland K.N., Feldman M.W. (2003): Niche Construction. Princeton University Press, Princeton.
Odum E.P. (1969): The strategy of ecosystem development. Science 164: 262-270.
Odum E.P. (1983): Grundlagen der Ökologie, in 2 Bänden. Thieme, Stuttgart.
Odum H.T. (1986): Emergy in ecosystems. In: Polunin N. (edt.): Ecosystem Theory and Applications. Wiley, New York: 337-369.
Odum H.T., Brown M.T., Brandt-Williams S. (2000): Handbook of Emergy Evaluation. Center for Environmental Policy, University of Florida.
OECD (2003): Emerging Systemic Risks in the 21st Century. OECD, Paris.
OECD (2008): Environmental Performance of Agriculture at a Glance. OECD, Paris.
OECD/FAO (2012): OECD-FAO Agricultural Outlook 2012-2021, OECD Publishing and FAO.
Oleszczuk R., Regina K., Szajdak L., Höper H., Maryganova V. (2008): Impacts of agricultural utilization of peat soils on the greenhouse gas balance. In: Strack M. (edt.): Peatlands and Climate Change. International Peat Society, Jyväskylä, 70-97.
Onsager L. (1931): Reciprocal relations in irreversible processes. Phys. Rev. 37: 405-426.
Ordoñez J.C., van Bodegom P.M., Witte J.-P.M., Wright J.J., Reich P.B., Aerts R. (2009): A global study of relationships between leaf traits, climate and soil measures of nutrient fertility. Global ecol. Biogeogr. 18: 137-149.
Oreskes N., Shrader-Frechette K., Belitz K. (1994): Verification, Validation, and Confirmation of Numerical Models in the Earth Sciences. Science 263,5147: 641-646.
Ortiz O., Castells F., Sonnemann G. (2012): Operational energy in the life cycle of residential dwellings: The experience of Spain and Colombia. Applied Energy 87: 673-680.
Oßenbrügge J. (1993) Umweltrisiko und Raumentwicklung. Springer, Berlin.
Ottow J.C.G. (2011): Mikrobiologie von Böden. Springer, Berlin.
Owen L., Seaman H., Prince S. (2007): Public Understanding of Sustainable Consumption of Food: A report to the Department for Environment, Food and Rural Affairs. Defra, London.
Ozkan B., Ceylan R.F., Kizilay H. (2011): Comparison of energy inputs in glasshouse double crop (fall and summer crops) tomato production. Renewable Energy 36: 1639-1644.

Özdemir E.D., Härdtlein M., Eltrop L. (2009): Land substitution effects of biofuel side products and implications on the land area requirement for EU 2020 biofuel target. Energy Policy 37: 2986-2996.

Pan Y., Birdsey R.A., Fang J., Houghton R., Kauppi P.E., Kurz W.A., Phillips O.L., Shvidenko A., Lewis S.L., Canadell J.G., Ciais P., Jackson R.B., Pacala S.W., McGuire A.D., Piao S., Rautiainen A., Sitch S., Hayes D. (2011): A Large and Persistent Carbon Sink in the World's Forests. Science 333: 987-993.

Parish F., Sirin A., Charman D., Joosten H., Minayeva T., Silvius M., Stringer L. (eds.), (2008): Assessment on Peatlands, Biodiversity and Climate Change: Main Report. Global Environmental Centre, Kuala Lumpur.

Pärtel M., Bruun H.H., Sammul M. (2005): Biodiversity in temperate European grasslands: origin and conservation. Grassland Science in Europe 10.

Patel C.K., Lee H.-T., Kroo I.M. (2008): Extracting Energy from Atmosphere Turbulence. XXIX Ostiv Congress, Lüsse-Berlin.

Patzelt W.J. (Hrsg.), (2007): Evolutorischer Institutionalismus. Ergon, Würzburg.

Patzek T.W., Pimentel D. (2005): Thermodynamics of Energy Production from Biomass. Critical Reviews in Plant Sciences.

Paul E. A. (edt.), (2007): Soil Microbiology, Ecology, and Biochemistry. Academic Press, Amsterdam.

Pehnt M. (2006): Dynamic life cycle assessment (LCA) of renewable energy technologies. Renewable Energy 31: 55-71.

Pehnt M. (Hrsg.), (2010): Energieeffizienz. Springer, Berlin.

Peitgen H.O., Jürgens H., Saupe D. (1992): Chaos and Fractals. Springer, New York.

Penning W.E., Raghuraj R., Mynett A.E. (2009): The effects of macrophyte morphology and patch density on wave attenuation. 7th ISE & 8th HIC, Chile.

Pennycuick C.J. (2002): Gust soaring as a basis for the flight of petrels and albatrosses (Procellariiformes). Avian Science 2,1: 1-12.

Perkins J. (2008): The Secret History of the American Empire. Plume, New York.

Persson T., Lenoir L., Taylor A. (2007): Bioturbation in different ecosystems at Forsmark and Oskarshamm. Svensk Kärnbränslehantering AB, R-06-123.

Peters R.H. (1986): The ecological implications of body size. Cambridge University Press, Cambridge.

Petrusewicz K., Macfadyen A. (1970): Productivity of Terrestrial Animals. Burgess and Son, Abingdon.

Petsch S.T. (2005): The Global Oxygen Cycle. In: Schlesinger (edt.): Biogeochemistry. Elsevier, Amsterdam: 515-555.

Pfeiffer D. A. (2006): Eating fossil fuels. New Society Publishers, Gabriola Island.
Phuoc J.H., Massel S.R. (2006): Experiments on wave motion and suspended sediment concentration at Nang Hai, Can Gio mangrove forest, Southern Vietnam. Oceanologia 48: 23-40.
Pimentel D., Dazhong W., Giampetro M. (1989): Technological Changes in Energy Use in U.S. Agriculture Production. In: Gliessman S. R. (edt.): Agroecology. Springer, New York: 305-321.
Pokorny J. (2001): Dissipation of solar energy in landscape – controlled by management of water and vegetation. Renewable Energy 24: 641-645.
Polimeni J.M., Mayumi K., Giampietro M., Alcon B. (2008): The Myth of Resource Efficiency; The Jevons Paradox. Earthscan, London.
Pollard T.D., Earnshaw W.C. (2007): Cell Biology. Spektrum Akademischer Verlag, Berlin.
Poon H.C. (2011): Numerical simulation of turbulent flow and microclimate within and above vegetation canopy. Thesis Univ. Hong Kong, Hong Kong.
Popper K. (1995): Objektive Erkenntnis. Hoffmann und Campe, Hamburg.
Prentice K.C., Fung I.Y. (1990): The sensitivity of terrestrial carbon storage to climate change. Nature 346: 48-51.
Ptasinski K.J., Koymans M.N., van der Stelt M.J.C. (2008): Sustainability performance of economic sectors based on thermodynamic indicators. WIT Transactions on Ecology and Environment 108: 221-230.
Quartel S., Kroon A., Augustinus P.G.E.F., Van Santen P., Tri N.H. (2007): Wave attenuation in coastal mangroves in the Red River Delta, Vietnam. J. Asian Eart Sci. 29: 576-584.
Quigg A., Irwin A.J., Finkel Z.V. (2011): Evolutionary inheritance of elemental stoichiometry in phytoplankton. Proc.R.Soc. B 278: 526-534.
Rabinbach A. (1990): Human Motor. Basic Books.
Read J., Stokes A. (2006): Plant Biomechanics in an ecological context. Am. J. Botany 93(10): 1546-1565.
REN21 (2012): Renewables 2012 Global Status Report. Paris.
Responsible Investor (2012): Felda Global's June 28 IPO: worse than Facebook, but for ESG reasons. www.responsible-investor.com/home/article/felda_ipoe/.
RFA (2011): Fueling a Nation, Feeding the World. Renewable Fuels Association.www.EthanolRFA.org.
Richardson P.L. (2010): How do albatrosses fly around the world without flapping their wings? Prog. Oceanogr., doi: 10.1016/j.pocean.2010.08.001.
Ricklefs R.E. (1996): Ecology. Freeman & Company New York.

Riedl R., Delpos M. (Hrsg.), (1996): Die Ursachen des Wachstums. Kremayr & Scheriau, Wien.
Riedl R., Bonet E.M. (Hrsg.), (1987): Entwicklung der Evolutionären Erkenntnistheorie. Edition S, Wien.
Rieley J.O., Wüst R.A.J., Jauhinainen J., Page S.E., Wösten H., Hooijer A., Siegert F., Limin S.H., Vasander H., Stahlhut M. (2008): Tropical peatlands: carbon stores, carbon gas emissions and contribution to climate change processes. In: Strack M. (edt.): Peatlands and Climate Change. International Peat Society, Jyväskylä: 148-181.
Rietkerk M., van de Koppel J. (2008): Regular pattern formation in real ecosystems. Trends in Ecology and Evolution 23,3: 169-175.
Riffe K.C., Henderson S.M., Mullarney J.C. (2011): Wave dissipation by flexible vegetation. Geophys. Res. Letter 38, L18607.
Rocha A.V., Goulden M.L. (2009): Why is marsh productivity so high? New insights from eddy covariance and biomass measurements in a *Typha* marsh. Agricultural and Forest Meteorology 149: 159-168.
Rodríguez-Iturbe I., Rinaldo A. (1997): Fractal River Basins. Cambridge University Press, Cambridge.
Roedel W. (1994): Physik unserer Umwelt, die Atmosphäre. Springer, Berlin.
Romañach S.S., Seabloom E.W., Reichmann O.J., Rogers W.E., Cameron G.N. (2005): Effects of species, sex, age, and habitat on geometry of Pocket Gopher foraging tunnels. J. of Mammalogy 86,4: 750-756.
Romañach S.S., Seabloom E.W., Reichmann O.J. (2007): Costs and benefits of Pocket Gopher foraging: linking behavior and Physiology. Ecology 88,8: 2047-2057.
Rosenthal G.A., Janzen D.H. (1979): Herbivores; Their Interaction with Secondary Plant Metabolites. Academic Press, New York.
Rossi B., Marique A.-F., Reiter S. (2012): Life-cycle assessment of residential buildings in three different European locations, case study. Building and Environment 51: 402-407.
Rowan K.S. (2011): Photosynthetic Pigments of Algae. Cambridge University Press, Cambridge.
Roy S.S., Mahmood R., Niyogi D., Lei M., Foster S.A., Hubbard K.G., Douglas E., Pielke R. (2007): Impacts of the agricultural Green Revolution – induced land use changes on air temperatures in India. J. Geophys. Res. 112: D21108.
Ruddiman W.F., Ellis E.C. (2009): Effect of per-capita land use changes on Holocene forest clearance and CO_2 emissions. Quaternary Science Reviews, doi:10.1016/j.quascirev.2009.05.022.
Ruffel S., Krouk G., Ristova D., Shasha D., Birnbaum K.D., Coruzzi G.M. (2011): Nitrogen economics of root foraging: Transitive closure of the nitrate-

cytokinin relay and distinct systemic signalling for N supply vs. demand. PNAS 108, 45: 18524-18529.

Ruszala E.M., Beerling D.J., Franke P.J., Chater C., Casson S.A., Gray J.E., Hetherington A.M. (2011): Land Plants Acquired Active Stomatal Control Early in Their Evolutionary History. Current Biology 21, 1030-1035.

Ruzzenteni F., Basosi R. (2008): The role of the power/efficiency misconception in the rebound effect's size debate: Does efficiency actually lead to a power enhancement? Energy Policy 36: 3626-3632.

Saidur R., Boroumandjazi G., Mekhilef S., Mohammed H.A. (2012): A review of exergy analysis of biomass based fuels. Renewable and Sustainable Energy Reviews 16: 1217-1222.

Salaman R. (1949): The History and Social Influence of the Potato. Reprint 1985, Cambridge University Press, Cambridge.

Sallan L.C., Friedman M. (2011): Heads or tails: staged diversification in vertebrate radiations. Proc. R. Soc. B, doi: 10..1098/rspb.2011.2454.

Sánchez L.A., Ataroff M., López R. (2002): Soil erosion under different vegetation covers in the Venzuelan Andes. The Environmentalist 22: 161-172.

Sanderson B.M., O'Neill B.C., Kiehl J.T., Meehl G.A., Knutti R., Washington W. M. (2011): The response of the climate system to very high greenhouse gas emission scenarios. Environ. Res. Lett. 6; doi: 10.1088/1748-9326/6/3/034005.

Sandgruber R. (2005): Ökonomie und Politik; Österreichische Wirtschaftsgeschichte vom Mittelalter bis zur Gegenwart. Ueberreuter, Wien.

Scanion B.R., Faunt C.C., Longuevergne L., Reedy R.C., Alley W.M., McGuire V.L., McMahon P.B. (2012): Groundwater depletion and sustainability of irrigation in the US High Plains and Central Valley. PNAS 109,24: 9320-9325.

Schachtschabel P., Blume H.-P., Brümmer G., Hartge K.-H., Schwertmann U. (1989): Lehrbuch der Bodenkunde. Enke, Stuttgart.

Schettkat R. (2009): Analyzing Rebound Effects. Wuppertal Papers No. 177.

Schimel D.S., House J.I., Hibbard K.A., Bousquet P., Ciais P., Peylin P., Braswell B.H., Apps M.J., Baker d., Bondeau A., Canadell J., Churkina G., Cramer W., Denning A.S., Field C.B., Friedlingstein P., Goodale C., Heimann M., Houghton R.A., Melillo J.M., Moore III B., Murdoyarso D., Noble I., Pacala S.W., Prentice I.C., Raupach M.R., Rayner P.J., Scholes R.J., Steffen W.L., Wirth C. (2001): Recent patterns and mechanisms of carbon exchange by terrestrial ecosystems. Nature 414: 169-172.

Schleuning M., Farwig N., Peters M.CK., Bergsdorf T., Bleher B., Brandl R., Dallitz H., Fischer G., Freund W., Gikungu M.W., Hagen M., Garcia F.H., Kagezi G.H., Kaib M., Kraemer M., Lung T., Naumann C.M., Schaab G., Templin M., Uster D., Wägele J.W., Böhning-Gaese K. (2011): Forest Frag-

mentation and Selective Logging Have Inconsistent Effects on Multiple Animal-Mediated Ecosystem Processes in a Tropical Forest. PLoS ONE 6,11: e27785.doi: 10.1371/journal.pone.0027785.
Schmidt M.W.I., Torn M.S., Abiven S., Dittmar T., Guggenberger G., Janssens I.A., Kleber M., Kögel-Knabner I., Lehmann J., Manning D.A.C., Nannipieri P., Rasse D.P., Werner S., Trumbore S.E. (2011): Persistence of soil organic matter as an ecosystem property. Nature 478: 49-56.
Schmidt R., Matulla C., Psenner R. (Hrsg.), (2009): Klimawandel in Österreich. Innsbruck University Press, Innsbruck.
Schmincke H.-U. (2009: Vulkane der Eifel. Spektrum, Heidelberg.
Schmitz H., Bleckmann H. (1998): The photomechanic infrared receptor for the detection of forest fires in the beetle *Melanophila acuminate* (Coleoptera, Buprestidae). J. Comp. Physiol. A 182: 647-657.
Schneider E.D., Kay J.J. (1990): Life as a Phenomenological Manifestation of the Second Law of Thermodynamics. Environment and Resource Studies, Univ. Waterloo, Waterloo.
Scholz I. (2009): Ultrastructure and functional morphology of adhesive organs and anti-adhesive plant surfaces. Dissertation, RWTH Aachen.
Scholz I., Bückins M., Dolge L., Erlinghagen T., Weth A., Hischen F., Mayer J., Hoffmann S., Riederer M., Riedel M., Baumgartner W. (2010): Slippery surfaces of pitcher plants: Nepenthes wax crystals minimize insect attachment via microscopic surface roughness. J. Experimental Biology 213: 1115-1125.
Schönduwe R., Bock B., Deiberl I. (2012): Alles wie immer, nur irgendwie anders? Trends und Thesen zu veränderten Mobilitätsmustern junger Menschen. InnoZ-Baustein 10, Berlin.
Schoonhoven L.M., van Loon J.J.A., Dicke M. (2010): Insect-Plant Biology. Oxford University Press, Oxford.
Schuhmann H. (2011): Die Hungermacher – wie Deutsche Bank, Goldman Sachs & Co. auf Kosten der Ärmsten mit Lebensmitteln spekulieren. Foodwatch, Berlin.
Schuur E.A.G., Matson P.A. (2001): Net primary productivity and nutrient cycling across a mesic to wet precipitation gradient in Hawaiian montane forest. Oecologia 128: 431-442.
Schwerdtfeger F. (1968): Demökologie. Parey, Hamburg.
Sciubba E. (2009): Exergy-based ecological indicators: a necessary tool for resource use assessment studies. Termotehnica 2: 11-25.
Searle J.R. (2011): Die Konstruktion der gesellschaftlichen Wirklichkeit. Suhrkamp, Berlin.

Seckin C., Bayulken A.R. (2012): Determination of environmental remediation cost of municipial waste in terms of extended exergy. Proceedings of ECOS 2012, 63: 1-14.

Seckin C., Sciubba E., Bayulken A.T. (2012): Resource Use Evaluation of Turkish transportation Sector via the Extended Exergy Accounting Methods. Proceedings of ECOS 2012, 43: 1-18.

Secretariat of the Convention on Biological Diversity (2010): Global Biodiversity Outlook 3. Montreal.

Selman M., Greenhalgh S., Diaz R., Sugg Z. (2008): Eutrophication and Hypoxia in Coastal Areas: A Global Assessment of the State of Knowledge. WRI Policy Note 1.

Seralini G.-E., Cellier D., Spiroux de Vendomois J. (2007): Controversial effects on health reported after subchronic toxity test: 90-day study feeding rats. Crii-Gen.

Sessions A.L., Doughty D.M., Welander P.V., Summons R.E., Newman D.K. (2009): The Continuing Puzzle of the Great Oxydation Event. Current Biology 19: R567–R574.

Seufert V., Ramankutty N., Foley J.A. (2012): Comparing yields of organic and conventional agriculture. Nature 485: 229-232.

Shackley S., Young P., Parkinson S., Wynne B. (1998): Uncertainty, complexity and concepts of good science in climate modelling: Are GCMs the best tools? Climate Change 38: 159-205.

Shah V.P., Debella D.C., Ries R.J. (2008): Life cycle assessment of residential heating and cooling systems in four regions in the United States. Energy and Building 40: 503-513.

Shannon C.E. (1948): A Mathematical Theory of Communication. The Bell System Technical Journal 27: 379–656.

Shao Q.Q., Xiao T., Liu J.Y., Qi Y.Q. (2011): Soil erosion rates and characteristics of typical alpine meadow using ^{137}Cs technique in Qinghai-Tibet Plateau. Chinese Science Bulletin 56,16: 1708-1713.

Sharma A., Tyagi V.V., Chen C.R., Buddhi D. (2009): Review on thermal energy storage with phase change materials and applications. Renewable and Sustainable Energy Reviews 13: 318-345.

Shepard E.L.C., Lambertucci S.A., Vallmitjana D., Wilson R.P. (2011): Energy Beyond Food: Foraging Theory Informs Time Spent in Thermals by a Large Soaring Bird. PLos ONE 6,11: e27375. doi: 10.1371/ journal.pone.0027375.

Shepherd J. (2009): Geoengineering the climate. RS Policy document 10/09. The Royal Society, London.

Shiva V. (2002): The Violence of the Green Revolution. Zed Books, London.

Silverman D.T., Samanic C.M., Lubin J.H., Blair A.E., Stewart P.A., Vermeulen R., Coble J.B., Rothman N., Schleiff P.L., Travis W.D., Ziegler R.G., Wacholder S., Attfield M.D. (2012): The Diesel Exhaust in Miners Study: A Nested Case–Control Study of Lung Cancer and Diesel Exhaust. J Natl Cancer Inst 2012, 104: 1–14.
Simini F., Anfodillo T., Carrer M., Banavar J.R., Maritan A. (2010): Self-similarity and scaling in forest communities. PNAS 107,17: 7658-7662.
Smaller C., Mann H. (2009): A thirst for Distant Lands: Foreign Investment in agricultural land and water. IISD, Winnipeg.
Smil V. (1994): Energy in world history. Westview, Colorado.
Smil V. (2003): Energy at the Crossroads. MIT Press, Cambridge.
Smil V. (2008): Energy in Nature and Society. MIT Press, Cambridge.
Smith A. (1789): An Inquiry into the Nature and Causes of the Wealth of Nations. Übersetzt durch Recktenwald H.C., 2005. DTV, München.
Smith S.J., Pitcher H., Wigley T.M.L. (2001): Global and regional anthropogenic sulphur dioxide emissions: Global and Planetary Change 29: 99-119.
Solé R.V., Bascompte (2006): Self-Organization in Complex Ecosystems. Princeton University Press, Princeton.
Solomon S., Qin D., Manning M., Alley R.B., Berntsen T., Bindoff N.L., Chen Z., Chidthaisong A., Gregory J.M., Hegerl G.C., Heimann M., Hewitson B., Hoskins B.J., Joos F., Jouzel J., Kattsov V., Lohmann, T. Matsuno, M. Molina, N. Nicholls, J. Overpeck, G. Raga, V. Ramaswamy, J. Ren, M. Rusticucci U., Somerville R., Stocker T.F., Whetton P., Wood R.A., Wratt D. (2007): Technical Summary. In: Solomon S., Qin D., Manning M., Chen Z., Marquis M., Averyt K.B., Tignor M., Miller H.L. (eds.): Climate Change 2007: The Physical Science Basis. Contribution of Working Group I to the Fourth Assessment Report of the Intergovernmental Panel on Climate Change. Cambridge University Press, Cambridge.
Spaar R., Bruderer B. (1997): Optimal flight behavior of soaring migrants: a case study of migrating steppe buzzards, *Buteo buteo vulpinus*. Behavioral Ecology 8,3: 288-297.
Spiegel (2011): Märkte außer Kontrolle. 34: 60-68.
Spracklen D.V., Bonn B., Carslaw K.S. (2008): Boreal forests, aerosols and the impacts on clouds and climate. Phil. Trans. R.Soc. A, doi:10.1098/rsta.2008. 0201.
Spracklen D.V., Arnold S.R., Taylor C.M. (2012): Observation of increased tropical rainfall preceded by air passage over forests. Nature 489: 282-285.
Springer T.L. (2012): Biomass yield from an urban landscape. Biomass and Bioenergy 37: 82-87.

Stadtmüller T. (1990): Soil erosion in East Kalimantan, Indonesia. JAHS-AISH Publ. no. 192: 221-230.
Stadtmüller T., Agudelo N. (1990): Amount and variability of cloud moisture input in a tropical cloud forest. Hydrology in Mountainous Regions 193: 25-32.
Stanek W. (2012): Examples of Application of Exergy Analysis for the Evaluation of Ecological Effects in Thermal Processes. Int.J: Thermodynamics 15,1: 11-16.
Stanley S.M. (2001): Historische Geologie. Spektrum, Heidelberg.
Statistik Austria (2006): Verbrauchsausgaben – Sozialstatistische Ergebnisse der Konsumerhebung. Statistik Austria, Wien.
Steenblik R. (2007): Subsidies: The Distorted Economics of Biofuels. Joint Transport Research Centre, Discussion Paper No. 2007-3
Stegen J.C., White E.P. (2008): On the relationship between mass diameter distributions in tree communities. Ecology Letters 11: 1287-1293.
Stehle P., Oberritter H., Büning-Fesel M., Heseker K. (2005): Grafische Umsetzung von Ernährungsrichtlinien – traditionelle und neue Ansätze. Ernährungs-Umschau 52,4: 128-135.
Steneck R.S., Graham M.H., Bourque B.J., Corbett D., Erlandson J.M., Estes J.A., Tegner M.J. (2002): Kelp forest ecosystems: biodiversity, stability, resilience and future. Environmental Conservation 26,4: 436-459.
Sterner R.W., Andersen T., Elser J.J., Hessen D. O., Hood J.M., McCauley E., Urabe J. (2008): Scale-dependent carbon : nitrogen : phosphorus seston stoichiometry in marine and freshwaters. Limnol. Oceanogr. 53,3: 1169-1180.
Sterner R.W., Elser J.J. (2002): Ecological Stoichiometry. Princeton University Press, Princeton.
Stevens G.C. (1989): The Latitudinal Gradient in Geographical Range: How so Many Species Coexist in the Tropics? The American Naturalist 133,2: 240-256.
Stierstadt K. (2010): Thermodynamik. Springer, Berlin.
Stocks B.J., Goldammer J.G., Kondrashov L. (2008): Forest Fires and Fire Management in the Circumboreal Zone: Past trends and future uncertainties. Discussion paper No. 01, IMFM, Ottawa.
Stout J.D. (1983): Organic matter turnover by earthworms. In: Satchell J.E. (edt.): Earthworm Ecology. Chapman and Hall, London: 35-48.
Strack M. (edt.), (2008): Peatlands and Climate Change. International Peat Society, Jyväskylä.
Ströhle A., Wolters M., Hahn A. (2009): Die Ernährung des Menschen im evolutionsmedizinischen Kontext. Wien. Kleine Wochenschr. 121: 173–187.
Sukkasi S., Chollacoop N., Ellis W., Grimley S., Jai-In S. (2010): Challenges and considerations for planning toward sustainable biodiesel development in

developing countries: Lessons from the Greater Mekong Subregion. Renewable and Sustainable Energy Reviews 14: 3100-3107.

Sundquist E.T., Visser K. (2005): The Geologic History of the Carbon Cycle. In: Schlesinger (edt.): Biogeochemistry. Elsevier, Amsterdam: 425-472.

Swenson N.G., Enquist B.J., Thompson J., Zimmerman J.K. (2007): The influence of spatial and size scale on phylogenetic relatedness in tropical forest communities. Ecology 88(7): 1770-1780.

Swingland I.R., Greenwood P.J. (1983): The Ecology of Animal Movement. Clarendon Press, Oxford.

Sylwester K. (2002): Can education reduce income inequality? Economics of Education Review 21: 43-52.

Syvitski J.O.M., Vörösmarty C.J., Kettner A.J., Green P. (2005): Impact of Humans on the Flux of Terrestrial Sediment to the Global Coastal Ocean. Science 308: 376-380.

Szargut J., Valerio A., Stanek W., Valero A. (2005): Towards an International Reference Environment of Chemical Exergy. ECOS 2005.

Tainter J. A. (2009): The Collapse of Complex Societies. Cambridge University Press, Cambridge.

Teal L.R., Bulling M.T., Parker E.R., Solan M. (2008): Global patterns of bioturbation intensity and mixed depth of marine soft sediments. Aquatic Biology 2: 207-218.

Telewski F.W. (2006): A unified hypothesis of mechanoperception in plants. Amer. J. of Botany 93,10: 1466-1476.

Thibert E., Baroudi D. (2010): Impact energy of an avalanche on a structure. Ann. Glaciology 51,54: 45-54.

Thurber A.R. Jones W.J., Schnabel K. (2011): Dancing for Food in the Deep Sea: Bacterial Farming by a New Species of Yeti Crab. PLoS ONE 6,11: e25243. doi: 10.1371/journal.pone.0025243..

Thurstan R.H., Brockington S., Roberts C.M. (2010): The effects of 118 years of industrial fishing on UK bottom trawl fisheries. Nature Communications; doi:10.1038/ncomms1013.

Torio H., Schmidt D. (eds.), (2011): Low Exergy Systems for High-Performance Buildings and Communities. ECBCS Annex 49, Fraunhofer, IBP.

Torres D.S., Salles C., Creutin J.D., Delrieu G. (1992): Quantification of soil detachment by raindrop impact: performance of classical formulae of kinetic energy in Mediterranean storms. Erosion and Sediment Transport Monitoring Programmes in River Basins, Publ. No. 210.

Torrico J.C., Janssens M.J.J. (2010): Rapid assessment methods of resilience for natural and agricultural systems. Anais da Academia Brasileira de Ciências 82,4: 1095-1105.

Trenberth K.E. (1999): Atmospheric Moisture Recycling: Role of Advection and Local Evaporation J. of Climate 12: 1368-1381.
Trenberth K.E., Fasulo J.T., Kiehl J. (2009): Earth's global energy budget. BAMS, March 2009: 1–13.
Turner J.S. (2000): The Extended Organism. Harvard University Press.
Tyree M.T. (1999): Water Relations Plants. In: Baird A.J., Wilby R.L. (eds.): Eco-Hydrology. Routledge, New York: 11-38.
Ulanowicz R.E. (1986): Growth and Development. Ecosystems Phenomenology. Springer, New York.
UN (1998): Kyoto Protocol to the United Nations Framework Convention on Climate Change. United Nations.
UN (2007): Demographics Yearbook 2007. United Nations, Geneva.
UN (2008): State of the world population 2008. United Nations Population Fund, New York.
UNESCO (2009): Water in a Changing World. UNESCO, Paris.
UNFCCC (2006a): Kyoto Protocol Reference Manual. UNFCCC, Bonn.
UNFCCC (2006b): Framework Convention on Climate Change. FCCC/KP/CMP/2005/8/Add.1.
US Bureau of Census (1975): Historical Statistics of the United States, Colonial Time to 1970. U.S. Department of Commerce.
US Bureau of Census (2012): Statistical Abstract of the United States. U.S. Department of Commerce.
USDA (1997): 1997 Census of Agriculture. United States Department of Agriculture.
USDA (2010): 2010 Census of Agriculture. United States Department of Agriculture.
USDA (2012): Crop Production Historical Track Records. United States Department of Agriculture.
van Breevoort P., de Vos R. (2011): Rare Metals & Renewables. Commodities, March 2011.
van den Bergh J.C.J.M. (2013): Environmental and climate innovation: Limitations, policies and prices. Technological Forecasting & Sozial Change 80: 11-23.
van Eimern J., Häckel H. (1979): Wetter- und Klimakunde. Ulmer, Stuttgart.
van Veenhuizen R., Danso G. (2007): Profitability and sustainability of urban and peri-urban agriculture. FAO, Rome.
van Wyk B.-E. (2006): Foods plants of the World. Timber Press, Portland.
Veen A.W.L., Klaassen W., Kruijt B., Hutjes R.W.W. (1996): Forest edges and the soil-vegetation-atmosphere interaction at the landscape scale: the state of affairs. Progress in Physical Geography 20,3: 292-310.

Velcro (1954): Exposé d'invention No 295638. Bureau fédéral de la propriété intellectuelle, Confédération Suisse.
Velimirov A., Binter C., Zentek J. (2008): Biological effects of transgenic maize NK603xMON810 fed in long term reproduction studies in mice. Forschungsberichte der Sektion IV, Band 3; Bundesministerium für Gesundheit, Familie und Jugend, Wien.
Vestreng V., Myhre G., Fagerli H., Reis S., Tarrasòn L. (2007): Twenty-five years of continuous sulphur dioxide emissions reduction in Europe. Atmos. Chem. Phys. 7: 3663-3681.
Viganó I. (2010): Aerobic methane production from organic matter. Ipskamp Drukkers, Enschede.
VITO (2009): Lot 19: Domestic lighting. Final report to Contract No TREN/07/ D3/390-2006/S07.72702. Mol.
Vogel S. (1996): Life in Moving Fluids. Princeton University Press, Princeton.
Von Weizsäcker E.U., Hargroves K., Smith M. (2010): Faktor Fünf: Die Formel für nachhaltiges Wachstum. Droemer, München.
Wadia C., Alivisatos A.P., Kammen D.M. (2009): Materials Availability Expands the Opportunity for Large-Scale Photovoltaic Deployment. Environ. Sci Technol. 43: 2072-2077.
Wall G. (1986): Exergy – a useful concept. Thesis, Chalmers University, Göteborg.
Walling D.E. (2009): The Impact of Global Change on Erosion and Sediment Transport by Rivers: Current Progress and Future Changes. UN World Water Development, Report 3. UNESCO, Paris.
Walling D.E., Webb B.W. (1996): Erosion and sediment yield: a global overview. In: Walling D.E., Webb B.W. (eds.): Erosion and Sediment Yield: Global and Regional Perspectives, IAHS Publication No. 236: 3-19.
Walter H., Breckle (1983): Ökologie der Erde, Band 1, Ökologische Grundlagen in globaler Sicht. Fischer, Stuttgart.
Walter H., Breckle (1984): Ökologie der Erde, Band 2, Spezielle Ökologie der Tropischen und Subtropischen Zonen. Fischer, Stuttgart.
Wang J., Yang D., Zhang Y., Shen J., van der Gast C., Hahn M.W., Wu Q. (2011): Do Patterns of Bacterial Diversity along Salinity Gradients Differ from Those Observed for Macroorganisms? PLoS ONE 6, 11: e27597.doi: 10.1371/ journal.pone.0027597.
Watzlawick P. (1998): Die erfundene Wirklichkeit. Piper, München.
WBGU (2009): Welt im Wandel: Zukunftsfähige Bioenergie und nachhaltige Landnutzung. WBGU, Berlin.

Weber M., de Beer D., Lott C., Polerecky L., Kohls K., Abed R.M. Ferdelman T.G., Fabricius K.E. (2012): Mechanisms of corals exposed to sedimentation. PNAS 109,24: E1558-E1567.
Weber M.G., Flannigan M.D. (1997): Canadian boreal forest ecosystem structure and function in a changing climate: Impact on fire regimes. Environ. Rev. 5: 145-166.
Wegener A. (1912): Die Entstehung der Kontinente. Peterm. Mitt., pp 185-195, 253-256, 305-309.
Weissenbacher M. (2009): Sources of Power; how energy forges human history. Praeger, Santa Barbara.
Wellbrock P., Fette M., Gabriel J., Janssen K. (2011): Bewertung der CO_2-Emissionen von Elektrofahrzeugen – Stand der wissenschaftlichen Debatte. Bremer Energie Institut.
Werenfels I., Westphal K. (2010): Solar Power from North Africa. SWP, Berlin.
West G.B. (1999): The Origin of Universal Scaling Laws in Biology. Physica A 263: 104-113.
Whelan R.J. (1995): The Ecology of Fire. Cambridge University Press, Cambridge.
White I.D., Mottershead D.N., Harrison S.J. (1992): Environmental Systems. Chapman & Hall, London.
Whitford W.G. (2002): Ecology of desert systems. Academic Press, San Diego.
Whitman W.B., Coleman D.C., Wiebe W.J. (1998): Prokaryotes: The unseen majority. Proc. Natl. Acad. Sci. 85: 6578-6583.
WHO (2006): Physical activity and health in Europe. WHO, Copenhagen.
WHO (2012): IARC: Diesel exhaust carcinogenic. Press Release N° 213, 12 June 2012.
Wigley T.M.L., Ingram M.J., Farmer G. (1985): Climate and History. Cambridge University Press, Cambridge.
Willis K.J., McElwain J.C. (2002): The Evolution of Plants. Oxford University Press, Oxford.
Wilmarth Jr. A.E. (2007): Conflicts of Interests and Corporate Governance Failures at Universal Banks During the Stock Markte Bloom of the 1990s: The Cases of Enron and Worldcom. In: Benton E.G. (ed.): Corporate Governance in Banking: A Global Perspective, Edward Elgar Publishing: 97-133.
Winkle S. (1997): Geißeln der Menschheit. Artemis & Winkler, Düsseldorf.
Wirth R., Herz H., Ryel R.J., Beyschlag W., Hölldober B. (2003): Herbivory of Leaf-Cutting Ants. Springer, Berlin.
Wissel C. (1989): Theoretische Ökologie. Springer, Berlin.
Wolf W. (2007): Verkehr. Umwelt. Klima. Promedia, Wien.

Wood T.G., Sands W.A. (1978): The role of termites in ecosystems. In: Brian M.V. (edt.): Production ecology of ants and termites. Cambridge University Press, Cambridge: 245-292.

Woodward G., Ebenman B., Emmerson M., Montoya J.M., Olesen J.M., Valido A., Warren P.H. (2005): Body size in ecological networks. Trends in Ecology and Evolution, doi:10.1016/j.tree.2005.04.005.

World Economic Forum (2009): Global Risks 2009. World Economic Forum, Geneva.

World Energy Council (2003): Drivers of the Energy Scene. WEC, London.

World Energy Council (2007): 2007 Survey of Energy Resources. WEC, London.

World Health Organiation (2007): The world health report 2007. WHO, Geneva.

World Health Organiation (2008): The world health report 2008. WHO, Geneva.

Worldwatch Institute (2007): Biofuels for Transport. Earthscan, London.

Wrangham R. (2009): Catching Fire. Basic Books, New York.

Wüller M., Hüttermann P., Baumgartner W., Bohrmann J. (2009): Tier-Oberflächen-Interaktion. PdN-BioS 1,58: 37-41.

Wursthorn S., Feifel S., Walk W., Patyk A. (2010): An environmental comparison of repair versus replacement in vehicle maintenance. Transportation Research Part D 15: 356-361.

Wutzler T., Reichstein M. (2007): Soils apart from equilibrium – consequences for soil carbon balance modelling. Biogeosciences 4: 125-136.

Xu K., Milliman J.D. (2009): Seasonal variations of sediment discharge from the Yangtze River before and after impoundment of the Three Gorge Dam. Geomorphology 104: 276-283.

Yi H.S., Hau J.L., Ukidwe N.U., Bakshi B.R. (2004): Hierarchical Thermodynamic Metrics for Evaluating the Environmental Sustainability of Industrial Processes. Environmental Progress 23,4: 302-314.

Zah R., Böni H., Gauch M., Hischier R., Lehmann M., Wäger P. (2007): Ökobilanz von Energieprodukten: Ökologische Bewertung von Biotreibstoffen. Empa, St. Gallen.

Zapp P., Schreiber A., Marx J., Haines M., Hake J.-F., Gale J. (2012): Overall environmental impacts of CCS technologies – A life cycle approach. Int. Journal of Greenhouse Gas Control 8: 12-21.

Zetter L. (2008): Lobbying. Harriman House, Petersfield.

Zhang Q., Xu C.-E., Singh V.P., Yang T. (2009): Multiscale variability of sediment load and streamflow of the lower Yangtze River basin: possible causes and implications. J. Hydrology 368: 96-104.

Zhang Y., Xu M., Chen H., Adams J. (2009): Global pattern of NPP to GPP ratio derived from MODIS data: effects of ecosystem type, geographical location and climate. Global Ecol. Biogeogr. 18: 280-290.

Ziliak S.T., McCloskey D.N. (2008): The Cult of Statistical Significance. University of Michigan Press, Ann Arbor.

10 Anhänge

10.1 Glossar

Aquifer: Wasserführende Schicht im geologischen Untergrund.
Biogene Treibstoffe 2. Generation: Der Begriff wird vor allem zur Abgrenzung gegenüber den Herstellungsverfahren der bereits eingesetzten biogenen Treibstoffen verwendet. Vereinfacht werden damit synthetische Treibstoffe bezeichnet, bei deren Gewinnung auch Zellulose und Lignin durch chemisch-thermische Verfahren – z.B. BTL – oder enzymatische Hydrolyse für die Energieumwandlung genutzt werden. Theoretisch kann dafür fast jede Biomasse als Ausgangsmaterial eingesetzt werden. Wegen der größeren Umwandlungsverluste kann jedoch nur ein Teil des zusätzlich erschlossenen Energiepotenzials genutzt werden.
Biomasse: Organisches Material, für die Energiegewinnung wird es in unterschiedlichen Formen genutzt. Aus organischen Abfällen – beispielsweise aus der Verarbeitung von Lebensmitteln oder Ausscheidungen von Tieren und Menschen – kann unter Sauerstoffabschluss ein wasserdampfgesättigtes Mischgas (Biogas) gewonnen werden. Nach einer Aufbereitung kann das Mischgas als Energieträger in Gasbrennern oder Motoren genutzt werden. Aus biogenen Festbrennstoffen kann durch Vergasung Brenngas oder Methanol, durch Pyrolyse flüssige Sekundärenergieträger und durch Verkohlung Festbrennstoff (Holzkohle) gewonnen werden. Aus ölhaltiger Biomasse kann durch Pressung Pflanzenöl und durch Umesterung flüssiger Brennstoff gewonnen werden. Aus zucker- und stärkehaltiger Biomasse kann über Alkoholgärung und Destillation Ethanol als Treibstoffzusatz gewonnen werden. Die Brennstoffe lassen sich für die Gewinnung von Wärme oder Kraft nutzen.
BTL: Biomass to Liquid – aus Biomasse durch chemisch-thermische Verfahren hergestellte synthetische Kraftstoffe. In dem zumindest zweistufigen Verfahren wird im ersten Schritt Synthesegas erzeugt, das im zweiten Schritt zu Treibstoff synthetisiert wird.
Carbon Capture and Storage: Technische Verfahren zur Abtrennung und Speicherung von Kohlendioxid aus Abgasen von Verbrennungsvorgängen. Derzeit werden vor allem an Speichertechniken in geologischen Formationen untersucht.

Clean Development Mechanismus: Nach Artikel 12 können Vertragsstaaten des *Kyoto-Protokolls* durch Projekte mit emissionsreduzierenden Wirkungen in Entwicklungsländern zusätzliche *Emissionsrechte* erwerben. Die Festlegung der jeweils erworbenen Emissionsrechte erfolgt in festgelegten Verwaltungsverfahren.

Desertec-Projekt: Projekt zur Gewinnung von Energie für die Stromversorgung Europas aus solarer Einstrahlung durch große Umwandlungsanlagen im Gebiet der Sahara.

Emissionen: In den Umweltwissenschaften – freigesetzte Substanzen, Lärm, Erschütterungen, Strahlung, Licht, Wärme und ähnliche Erscheinungen aus technischen Umwandlungsprozessen.

Emissionsrechte: In Verbindung mit dem *Kyoto-Protokoll* – zugeteilte oder erworbene Rechte für die *Emission* einer bestimmten Menge von Treibhausgasen. Die Rechte können auch verkauft oder gehandelt werden.

Endenergie: Energieträger und Energieflüsse, die der Endverbraucher bezieht, beispielsweise Heizöl, Fernwärme, elektrischer Strom, Hackschnitzel.

Endosomatische Energie: Energie, die innerhalb von Organismen umgewandelt wird.

Enthalpie: Im Zusammenhang mit der energetischen Nutzung von Gasen – Maß für die technische Arbeit, die eine gegebene Gasmenge verrichten kann.

Entropie: Wird in verschiedenen Fachdisziplinen in unterschiedlicher Bedeutung verwendet. Statistisch ein Maß für die Anzahl der möglichen Mikrozustände.

Erdgas – konventionell: Frei aus geologischen Formationen entweichendes Erdgas und Erölgas.

Erdgas – nicht-konventionell: Erdgas in dichten Speichern – beispielsweise Tongestein, Erdgas in Kohleflözen, *Aquiferen* und *Gashydrate*.

Erdöl – konventionell: Fließfähiges Erdöl in der geologischen Lagerstätte.

Erdöl – nicht-konventionell: In der geologischen Lagerstätte nicht fließfähig, wie Schwerstöl, Rohöl aus Ölsanden (Bitumen, Asphalt), Rohöl oder Schweröl aus Ölschiefer.

Exergie: Von einem System unter gegebenen Umweltbedingungen umwandelbarer Anteil eines Energieflusses.

Exosomatische Energie: Außerhalb von Organismen umgewandelte und von diesen genutzte Energie.

Fotovoltaische Stromerzeugung: Direkte Gewinnung von elektrischer Energie aus Solarstrahlung durch fotovoltaische Umwandlungsanlagen.

Frac: Von einem Bohrloch ausgehender, künstlicher Riss zur Steigerung der Durchlässigkeit, beispielsweise zur Förderung von nicht-konventionellem Erdgas. Das Verfahren zur Erhöhung der Durchlässigkeit – Fracking – ist wegen der mehrfach festgestellten nachteiligen Umweltwirkungen, beispielsweise durch toxische Chemikalien oder Verschmutzungen des Grundwassers, heftig umstritten.

Gashydrat: Schneeartige molekulare Verbindungen zwischen Gasen (Methan) und Wasser, die unter bestimmten Druck/Temperatur-Bedingungen, beispielsweise in Bereichen der Tiefsee, stabil sind.

Geothermische Energienutzung: Im eigentlichen Sinne wird dabei der Wärmestrom aus der geothermischen Energie genutzt. Dies trifft auch zu, wenn die technischen Anlagen zur Wärmegewinnung in größere Tiefen reichen. Oberflächennahe Anlagen, beispielsweise Erdwärmekollektoren, nutzen hingegen vor allem den Energiefluss der Solarstrahlung. Bei tief reichenden Anlagen kann die Energie direkt über Wärmetauscher für die Fernwärmeversorgung oder in geothermischen Kraftwerken für die Stromgewinnung genutzt werden. Für die Energienutzung oberflächennaher Systeme werden in der Regel *Wärmepumpen* zur Erzielung des erforderlichen Energieniveaus benötigt.

Gini Index: Statistisches Maß für die Ungleichverteilung, beispielsweise von Einkommen, zwischen den Maximalwerten 0 = völlige Ungleichheit und 1 = völlige Gleichheit.

Haber-Bosch-Verfahren: Nach seinen Entwicklern – Fritz Haber und Carl Bosch – benanntes, chemisches Verfahren zur industriellen Herstellung von Ammoniak aus Stickstoff und Wasserstoff.

HDR- Verfahren (Hot-Dry-Rock-Verfahren): Zwischen Tiefbohrungen werden durch hydraulische Risserzeugung Fliesswege in *Hochtemperaturlagerstätten* für die Nutzung von Wärmeenergie geschaffen.

Heizwert – oberer (auch Brennwert): Ist die Wärmemenge, die – einschließlich der Verdampfungswärme des Wasserdampfes – bei der vollständigen Verbrennung eines Brennstoffs frei wird.

Heizwert – unterer (auch Heizwert): Ist jene Wärmemenge, die bei der vollständigen Verbrennung eines Brennstoffes – ohne Berücksichtigung der Verdampfungswärme des Wasserdampfes – frei wird.

Hochtemperaturlagerstätte: Geothermische Lagerstätte mit einer Temperatur über 150°C.

IAEA: International Atomic Energy Agency, UN-Behörde.

IEA: International Energy Agency der OECD.

Internationale Meridian Konferenz: Sie wurde im Oktober 1884 in Washington, D.C. zur Festlegung des Nullmeridians und einer globalen Standardzeit abgehalten. Sechsundzwanzig Nationen nahmen an der Konferenz teil.

IPCC – Intergovernmental Panel on Climate Change: Wurde vom United Nations Environment Programme (UNEP) und der World Meteorological Organization (WMO) im Jahr 1988 zur Zusammenfassung des vorhandenen

Wissens über Klimaänderungen und zur Abschätzung der potenziellen sozioökonomischen und ökologischen Auswirkungen eingerichtet.

Konstruktale Theorie: Nach Bejan (2001) kann sich ein offenes System endlicher Größe nur dann langfristig entwickeln, wenn es Energieverluste seiner Flüsse laufend minimiert.

Kyoto Protokoll: Im Rahmenübereinkommen der Vereinten Nationen über Klimaänderung verhandelte internationale Vereinbarung zur Reduktion von Treibhausgasen, die am 11. Dezember 1995 in Kyoto, Japan angenommen wurde.

LNG – liquified natural gas: Für Transportzwecke verflüssigtes Erdgas.

LPG – liquified petroleum gas: Bestandteile des Rohgases, sie sich unter geringem Druck (bis 25 bar) verflüssigen lassen – beispielsweise Propan und Butan.

Montreal Protokoll: Multilaterales Umweltabkommen zum Schutz der Ozonschicht, angenommen am 10. September 1987 in Montreal, Kanada. Es regelt die Emissionsreduktion von Substanzen, welche die stratosphärische Ozonschicht schädigen – beispielsweise als Kälte- oder Feuerlöschmittel verwendete Fluorchlorkohlenwasserstoffe (FCKW) oder als Lösungsmittel verwendete Halogenkohlenwasserstoffe (HKW).

Nischenkonstruktion bezeichnet Prozesse, mit denen Organismen ihre Umwelt verändern (Odling-Smee et al. 2003).

Nutzenergie: Energie, die letztendlich den Endverbrauchern zur Erfüllung ihrer Bedürfnisse zur Verfügung steht, beispielsweise Raumwärme, Licht, Information, Fortbewegung.

OECD: Organization for Economic Cooperation and Development.

OPEC: Organization of Petroleum Exporting Countries.

Passive Solarenergienutzung: Umwandlung der Sonnenstrahlung in Wärme direkt durch die Gebäudestruktur.

Primärenergie: Darunter werden Stoffe und Energieflüsse zusammengefasst, die noch keiner technischen Umwandlung unterworfen wurden, beispielsweise Windkraft, Solarstrahlung, Wasserkraft, Steinkohle, Erdöl, Biomasse.

Sekundärenergie: Energieträger und Energieflüsse, die durch technische Umwandlungen aus Primärenergie gewonnen wurden, beispielsweise Benzin, Heizöl, elektrischer Strom.

Solarthermische Stromerzeugung: Meist großtechnische Anlagen, in denen zuerst Solarstrahlung in Wärme umgewandelt und dann in thermodynamischen Kreisprozessen in elektrische Energie umgewandelt wird.

Solarthermische Wärmenutzung: Umwandlung der Sonnenstrahlung in Wärme mit Hilfe von Absorbern, beispielsweise Sonnenkollektoren.

Stratosphäre: Schicht der Erdatmosphäre, die zwischen 8 km Höhe – an den Polen – und etwa 18 km – am Äquator – oberhalb der Troposphäre beginnt und bis etwa 50 km Höhe reicht.
Theil Index: Wahrscheinlichkeitsfunktion zur Beschreibung von Ungleichheiten, beispielsweise von Einkommen.
Treibhausgase: Strahlungsbeeinflussende gasförmige Stoffe. Im *Kyoto-Protokoll* werden folgende Substanzen berücksichtigt: Kohlenstoffdioxid, Methan, Distickstoffoxid (Lachgas), Fluorkohlenwasserstoffe, Schwefelhexafluorid und Stickstofftrifluorid.
Urbane Landwirtschaft: Sammelbezeichnung für unterschiedliche private Initiativen zur Lebensmittelproduktion – vor allem von Gemüse und Obst – in urbanen Gebieten.
Wärme – fühlbare: Thermische Energie, deren Änderungen mit mess- und fühlbaren Änderungen der Temperatur verbunden sind.
Wärme – latente: Thermische Energie, deren Änderungen zu keinen mess- und fühlbaren Änderungen der Temperatur führen.
Wärmepumpe: Technische Anlage zur Temperaturerhöhung, die für ihren Betrieb elektrische Energie benötigt. Als primäre Wärmequelle wird Umgebungsluft, Erde oder Wasser genutzt.
Wasserkraftanlagen: Anlagen zur Umwandlung der kinetischen Energie von Wasserströmungen in elektrische Energie. Im ursprünglichen Sinn werden darunter Anlagen zur Nutzung von Wasserströmungen mit unterschiedlichen Fallhöhen zusammengefasst: Niederdruckanlagen bis 20m, Mitteldruckanlagen zwischen 20m und 100m und Hochdruckanlagen über 100m. Letztere können auch als Pumpspeicherwerke arbeiten, bei denen in Zeiten geringer Stromnachfrage Wasser in die Speicher gepumpt und in Zeiten hoher Stromnachfrage wieder in elektrische Energie umgewandelt wird. Gesondert behandelt werden in der Regel Wasserkraftanlagen zur Umwandlung von Wasserströmungen in Meeren, wie Gezeitenkraftwerke, Wellenkraftwerke oder Anlagen zur direkten Nutzung von Meeresströmungen.
Windkraftanlagen: Anlagen unterschiedlicher Bauformen zur Umwandlung der kinetischen Energie von strömenden Luftmassen in elektrische Energie.

10.2 Einheiten

Umrechnungsfaktor	Bezeichnung und Abkürzung			Beispiele	
				Länge	Energie
1000000000000000000	10^{18}	Exa	E		
1000000000000000	10^{15}	Peta	P		
1000000000000	10^{12}	Tera	T		
1000000000	10^{9}	Giga	G		
1000000	10^{6}	Mega	M		
1000	10^{3}	Kilo	k		
100	10^{2}	Hekto	h		
10	10^{1}	Deka	da		
1				Meter	Joule
0,1	10^{-1}	Dezi	d		
0,01	10^{-2}	Zenti	c		
0,001	10^{-3}	Milli	m		
0,000001	10^{-6}	Mikro	µ		
0,000000001	10^{-9}	Nano	n		
0,000000000001	10^{-12}	Piko	p		
0,000000000000001	10^{-15}	Femto	f		
0,000000000000000001	10^{-18}	Atto	a		

10.3 Einheiten und Umrechnungsfaktoren

Volumen

Barrel (b, bbl)	1 bbl = 158,986 Liter = 0,158986 m³
Kubikfuß (cf, cft)	1 cf = 0,02832 m³

Energie

1 t Erdöl	1 toe = 7,35bbl = 1,428t SKE = 1101m³ Erdgas = 41,8 GJ
Erdgas, gasförmig	1000Nm³ = 0,9082 toe = 1,297t SKE = 38 GJ
Erdgas, flüssig	1t LNG = 1,06 toe = 1,52t SKE = 44,4 GJ
Steinkohle	1t SKE = 0,70 toe = 770,7m³ Erdgas = 29,3 GJ

1 GJ = 278 kWh = 0,0341t SKE = 0,0235 toe = 26,316Nm³ Erdgas

Heizwerte

Holz lufttrocken	1t Holz ~ 14,4 GJ – 15,8 GJ
Benzin	1t Benzin = 42 GJ ~ 1320 Liter
Ethanol	1t Ethanol = 26,8 GJ ~ 1267 Liter
Diesel	1t Diesel = 42,8 GJ ~ 1198 Liter
Methylester (Biodiesel)	1t Methylester = 37 GJ ~ 1136 Liter

Stichwortverzeichnis

Abfallverwertung 182
Abgaben 165
abiotische Prozesse 109
abiotisches System 25
Abkühlung 8, 15
absolutes Gleichgewicht 80
Absorption 12
Abstrahlung 7
Abwasserentsorgung 37
Ackerwirtschaft 121
Adria 137
aerob 82
Aerosole 8, 12, 22
Aktionspläne 141
aktive Mobilität 161
Albedo 9, 13
Algen 90, 110
Alkohol 60, 66, 141
Alkoholbeimischung 141
Alte Donau 92
alternative Treibstoffe 56
Alternativmodelle 168
Amazonasgebiet 15
anaerob 82
Anbau 171
Anergie 79
angepasste Lebensweise 151
angepasste Lösungen 172
Annahmen 16, 41
Anpassung 174
Anpassungsfähigkeit 71
anthropogene Systeme 26
aquatische Ökosysteme 90

Aquifere 172
Aralsee 35, 135
Arbeitskraft 29, 125
Arbeitsmaschinen 129
Arbeitsnomaden 160
Arbeitsplatzwechsel 159
Arbeitsteilige Gesellschaft 70
Arbeitsteilung 130
Arbeitstiere 28, 128
Archaea 81, 87
Argentinien 145
Artefakte 26, 74
Artensterben 146
Artenvielfalt 112
Äthanol 140
Atmosphäre 7, 8, 9, 11
Attraktor 18, 102
Ausbeutung 37
Ausdifferenzierung 91
Aushandlungsprozesse 50
Austauschprozesse 101
Auswahl der Energieträger 45
Auto 161
autotroph 83

Bahngeometrie 5
Bakterien 81, 86, 87
Banken 143
Bedienungskomfort 45
Beherrschbarkeit 175
Benzin 22
Beratung 171
Bestandesoberflächen 107

Bestäubung 91, 112
Bevölkerungswachstum 124
Bewegungsenergie 84, 110
Bifurkation 93
Biochar 126
Biodiversität 86, 95, 117
Bioenergie 55
biologische Rinderhaltung 166
biologische Wurzeln 69
Biomasse 25, 26, 29, 148
Bionik 112
Biosphäre 117, 119
Biosphere 2 75
Biotreibstoff 72, 146
Bioturbation 115
Biovolumen 89
Blasenmantel 114
Blätter 105
Blattflächenindex 111
Blattspitzen 105
Blaualgen 92
Blitze 80
Blockheizkraftwerke 178
Boden 92, 96, 99, 118
Bodenatmung 97
Bodennahes Ozon 22
Bodenverluste 136
Bohnen 124
Brachflächen 74
Brachland 73
Brände 92, 119
Brandrodung 73
Brasilien 66, 141, 145
Brennmaterial 122, 123
Brennstoffzellen 164

Carbon Capture and Storage 177
Cartesianische Falle 52
Chaostheorie 17
chemische Elemente 81, 102

chemoautotroph 80
Chile 15
China 47, 58, 72, 145
Clean-Development-Mechanismus 73
Computer 35
Computergrafik 175
Computermodelle 61, 176
Computersysteme 27
Cyanobakterien 8

Dampfmaschine 31
Darwinfinken 86
degradierte Flächen 74
demografische Übergänge 127
Denken in systemischen Zusammenhängen 10
Descartes 51, 75
Diesel 22
Differenzierung 29, 80
Dissipation 89, 107, 110
Diversität 176
down-cycling 182
Düngemittel 29
Dünger 137
Düngung der Ozeane 19
Durchschnittstemperatur 9, 12
Durchschnittsverbrauch 162
Dust Bowl 136
Dynamik 104

economy of scale 140
Ecosystem Services 105
EDV-Systeme 35
Effizienz 19
Effizienzprinzip 76
Effizienzverluste 94
Eigenheim 159
einfache Lösungen 11, 50
Einkommen 46

Einkommensunterschiede 36
Einpersonenhaushalte 46
Einzeller 82
Eis 9
Eisen 30
Eisengewinnung 57
Eiszeiten 94
Eiszeitperioden 5
El Niño 15, 17
Elektrische Energie 131
Elektrizität 32
Elektrofahrzeuge 162, 163
emergente Ordnungsmuster 25
Emergenz 20, 27, 70
Emigration 127
Emissionen 22, 44
Emissionshandel 24
Emissionszertifikate 73, 144, 147
endophytische Pilze 91
energetische Grundbedingungen 103
Energie 77, 78
Energie aus chemischen Prozessen 10
Energieaufwand 66
Energiebedarf 45
Energiebilanz 12, 59
Energieeffizienz 170
Energieferien 138
Energiefluss 21
Energie-Paradigmen 30
Energiequellen 70
Energiesparlampe 63, 170
Energieverluste 25, 86, 101, 105
ENSO 15, 16
Entkopplung 37, 148
Entropie 78, 80, 82, 88
Entropieabsenkung 119
Entropiebedingungen 85
Epidemien 37
Erdachse 5

Erdatmosphäre 8
Erdbeben 6, 80
Erdgas 22, 31, 45, 128, 129, 139
Erdgasvorräte 43
Erdöl 25, 36, 41, 98, 128, 139
Erdölprodukte 31, 45
Erdölvorräte 43
Erdrotationsachse 5
Erdumlaufbahn 5
Erdwärmekollektoren 172
Erfahrungswissen 30
Ernährung 165
Ernährungsgewohnheiten 46
Ernährungskreis 167
erneuerbar 78
Ernteflächen 140
Erosion 111
Erstbesiedlung 108
Ertrag 29, 133
Europa 127
Europäische Union 142, 144
Evapotranspiration 15
Evolution 9, 12, 69, 70, 80, 86, 91, 109, 118
Evolutionsprozesse 25
Exergie 79, 81, 82, 154, 155
Exergiebilanzen 146, 156
Exergieeffizienz 156
Exergiefluss 96
Exergiepotenziale 155
Exergieverluste 94
exosomatische Energie 28, 32
Expansionsfähigkeit 71
extra schwere Öle 44

Faserproduktion 34
Fehlentscheidungen 11
Fehlerfunktionen 61
Feinwurzeln 84
Felda Global 144

Feuchtgebiete 102
Feuer 28
Feuerungsanlagen 172, 178
Fischbestände 137, 166
Fische 86
Flächenbrände 149
Flächennutzung 60
Flachwasserzonen 90
Fleisch 141
Fleischkonsum 166
Fließgewässer 119
Fluktuationen 104
Flusskraftwerke 136
Förderungen 165
Fortbewegungsmöglichkeiten 160
fossile Energieträger 26, 129
Fotosynthese 13, 25, 80, 82, 89, 90, 95, 99, 100, 101, 105
fraktale Geometrie 105
Frauen 124
freier Wettbewerb 180
Freiflächen 171
Frequenz 11
Fukushima 54
funktionellen Leistungen 20
Fusionskraftwerke 176

Gaia-Theorie 95
Gasturbinen 31
Gebirge 6
Gebirgsketten 6
Gegenmodell 168
Geld 35
gemäßigte Zonen 97, 119, 121
genetischer Code 85
gentechnisch 142, 145
Geoengineering 19
Geometrie der Erdumlaufbahn 5
Geosphäre 8
Gesamtprimärproduktion 95

gesellschaftliche Arbeitsleistung 29
gesellschaftliche Filterwirkung 18
Gesellschaftliche Ordnung 50
Getreideproduktion 58
Gewebeverluste 106
Glas 30
Glashauskulturen 136
Glasherstellung 125
globale Eroberungszüge 29
globale Kreisläufe 8
globale Pflanzenölproduktion 66
globale Temperatur 7
globale Temperaturerhöhung 20
globale Unternehmen 161
globaler Energieverbrauch 31
Globalisierung der Wirtschaft 71
Glycerin 59
Golf von Mexiko 137
Golfstrom 9
Grasgebiete 94
Graslandökosystem 84, 91, 97
Graslandschaften 119
Grenzen 70
Grenzen der wissenschaftlichen Beweisbarkeit 52
Griechenland 122
Großklima 4
Großtierfauna 91, 94
Grundwasserspiegel 135
Grüne Revolution 73
Grünflächen 173

Haber-Bosch-Verfahren 133
Halogenierte Kohlenwasserstoffe 22
Haltung von Wiederkäuern 22
Handlungsfähigkeit 24
Hebewerk von Marly 30
Herbizidaufwand 142
heterotroph 83
Hierarchie 17

hierarchische Ordnung 21
Himalaja 7
Hochgeschwindigkeitszüge 180
Hochleistungsrassen 67
Hochwasser 80, 92
höhere Breiten 104
Holz 45, 128
Holzkohle 30, 123
Holzmangel 123
Hunger 37
Hybridfahrzeuge 164
Hydraulic Lift 101
Hydrosphäre 8
hydrothermale Quellen 81
Hygiene 37, 183

Ignoranz 18
Impfung 37
Indien 73, 145
Indonesien 15, 66, 74, 144
industrialisierte Landwirtschaft 22
Industrialisierung 127
Industrie 34
Industriegesellschaft 124
Industrielle Revolution 30
Infektionskrankheiten 38
Informationen 35
Informationsflüsse 91
Informationstechnologie 152, 153, 169
Informationsverarbeitung 35
Informationsvielfalt 167
Infrarot 11
Infrastruktur 173, 179
Infrastrukturausbau 48
Innenräume 172
Interessen 46
Intergovernmental Panel on Climate Change 23
intermodaler Verkehr 181

Internationale Meridiankonferenz 31
Interzeption 107
Investmentgesellschaften 72
Investmenthäuser 143
Investoren 73
Irland 124

Japan 72, 137
Jenner 37
Jevon's Effect 47

Kakteen 108
Kanada 15
Kannenpflanzen 113
Kapitalbedarf 29
Kartoffel 124
Kartoffelfäule 124
Katastrophen 149
Kausalität 19, 39
Kennzahlen 156
Kleinbauern 73
Kleine Eiszeit 4, 5
Kleinlebensräume 112
Klettverschluss 113
Klima 2, 16
Klima/Wetter-System 17
Klimaänderung 2, 3, 10, 18, 19, 23, 94, 98, 122, 172, 176
Klimadebatte 56
Klimapolitik 147
Klimaproblematik 159
Klimaregelung 19
Klimaschutz 141
Klimasystem 15
Klimawandel 154
Klimazonen 168
Kohle 22, 25, 30, 36, 45, 98, 128, 129
Kohlechemie 31
Kohlendioxid 44, 98, 101

Kohlendioxidemissionen 60
Kohlenhydrate 105
Kohlenmonoxid 22
Kohlenstoff 8, 13
Kohlenstoffdioxid 7, 12
Kohlenstoffdynamik 100
Kohlenwasserstoffe 22
Kohlevorräte 43
Kollektoren 26, 27
Kolonialisierung 123
Kometen 8
komplexe Systeme 39, 41
Komplexitätsproblem 61
Kondensationskeime 14
Konkurrenz 70
Konstruktale Theorie 105, 112
Kontamination 65
Kontinentalplatten 6
Kontinente 6
Kontinuum von Interaktionen 117
Konversion 58
Korallenriffe 90, 118
Kraftstoff aus Biomasse 56
Kuba 167
Kühe 121
kurzwellig 11
Kybernetik 35
Kyoto Protokoll 22

L'Aquila 175
Lachgas 22, 60
Lagerstätten 20
land grab 73
Landnutzung 14, 23
Landnutzungsrechte 73
Landpflanzen 101, 110
Landverkehrsmittel 128
Landwirtschaft 120, 132, 137, 148
landwirtschaftliche Flächen 121
langfristigen Vorhersagen 18

langwellig 11
latente Wärme 9, 99
Lebensformen 91
Lebensgrundlagen 8, 74, 119, 150
Lebensmittelabfälle 167
Lebensstandard 45
Lebensstil 46, 141, 159
Lebenszyklen 183
Lebenszyklusanalyse 66, 163
LED 170
Leistungssteigerungen 68
Leitbilder 128
Lemminge 150
Lernen 69
Liberalisierung 143, 174
Licht 63
Licht bei Tag 65
Lithosphärenplatten 6
Lorenz 17
Lotuseffekt 113
Luftfahrzeug 31
Luftströmungen 10, 15

Mais 66, 124, 134, 140
Maisproduktion 57
Malaysia 66
marine Ökosysteme 100
marinen Sedimente 8
maschinengerechte Flächen 137
Massenmedien 77, 174
Massensterben 9
Massentierhaltung 68, 141
Massenverkehrsmittel 161
Massenvermehrung 92, 119
mechanische Eigenschaften 110
mechanische Kräfte 105
Mechanisierung 32
Meeresspiegel 3
Meeresströmungen 6, 9
Mega-Solarkraftwerke 176

Mehrfamilienhaus 171
mehrzellige Organismen 8, 87
Mensch 8
Menschen 21
menschliche Erkenntnisfähigkeit 52
menschliche Verhaltensmuster 27
menschlichen Fähigkeiten 71
Metallverbindungen 80
Meteoriteneinschläge 9
Methan 8, 12, 22, 67, 81, 102, 166
Methanemissionen 75
Methanhydrate 8
Methylester 59, 60, 140, 141
Migration 91
Mikroklima 4
Mikroorganismen 8, 81
Milankovic 5
Milchproduktion 67
Mimikry 91
mineralische Düngemittel 60
mineralische Nährstoffe 84, 98, 105
Mittelmeer 16
Mobiltelefone 27
Mode 2 Konzept 52
Modell 61
Modifikation 118
Monsun 7
Mühlen 29, 125
Mündungsgebiete 102
Mykorrhiza 84
Mythen 125

nachhaltiges Wachstum 154
Nachhaltigkeit 75, 117, 174
Nährstoffablagerung 110
Nährstoffe 108
Nährstoffflüsse 103
Nahrungskette 84
Nahrungsketten 81
Nahrungsmittel 146

Nahrungsmittelproduktion 56
Nahrungszusammensetzung 166
NAO 16
Naturkatastrophen 17
natürliche Vegetationsbestände 60
Nebelgebiete 108
Nebenprodukt 58, 140
negative Rückkopplung 70
Neokapitalismus 71
Neoliberalismus 38
Nettoprimärproduktion 95, 99, 100
New Economy 3
nicht erneuerbare Ressourcen 181
nicht vorhersagbar 40
nicht vorhersehbar 39
Niederschläge 9
Nigeria 144
Nische 112
Nischenkonstruktion 109
Nischenmärkte 162
Nordamerika 16
Nordatlantik Oszillationen 16
Nordaustralien 15
nördliche Hemisphäre 94
Nukleartechnologie 53
Nutzenergieanteile 33
Nutztiere 26
Nutzungsansprüche 168
Nutzungseffizienz 39

Oberflächenabfluss 99
Ochsen 121
offenes System 7
Öffentliche Gelder 71
Ökodesign Richtlinie 64
Ökologie 104
ökologische Anbaumethoden 147
ökologische Prinzipien 87
Ökostrom 169
Ökosysteme 20, 90, 98, 100, 154

Ökosystemleistungen 100, 146
Ökovolumen 89
Öle 143
Ölgesellschaften 46
Ölkrise 42, 138
Ölpalmen 142
Ölpreis 46, 138
Ölsande 41, 139
Ölschiefer 41, 44
OPEC 46
Ordnungsprinzipien 20
Ordnungsstrukturen 26
Organismengemeinschaften 103
Ostafrika 16
Osterinsel 121
Ostsee 137
Ozeane 84
Ozon 7, 11, 22

Palmöl 66, 74
Palmölproduktion 144
Pansen 8
Partikel 8
Passatwinde 15
passive Mobilität 161
passive Solarnutzung 172
Pazifik 15
Pellets 45
periphere Gebiete 179
Persistenz 118
Personenkraftwagen 131
Peru 15
Perzeption 106
Pest 122
Pestizide 137
Pferde 28, 121, 132
Pflanzen 82, 84
Pflanzenbau 120
Pflanzenbestände 15
Pflanzenöle 143

Philippinen 15
Phosphor 8
photoautotroph 83
physikalische Prinzipien 30
Pilze 83, 86, 102
Pilzmyzel 83
Plantagen 73, 74, 144
Plattenbewegungen 6
politische Orientierung 69
Population 109
Porenanteile 111
potenzielle Lebensräume 90
Pottasche 125
prä-industrielle Landnutzung 126
Preisentwicklung 140
Preiserhöhungen 143
Primärenergieverbrauch 33
Privatisierung 153
Produkte 34
Produktion 12, 125
Produktionsgebiete 145
Produktionsketten 165
Produktionsraten 100
Protokoll von Montreal 22
Pyramidenspiel 72
quantitative Daten 62
quantitative Kenngrößen 132

Quecksilber 64
Quellen 23

radioaktives Material 26
Rahmenbedingung 20, 25, 120, 164
Rant 155
Raps 142
Rapsöl 66
Ratingagenturen 72
räumliche Heterogenität 104
Raumordnung 165
Raumwärme 172

Rayleigh Streuung 12
reale Systeme 65
Reboundeffekte 127, 152
rechnerischer Energiegehalt 44
Recycling 157
Redundanz 40, 76, 119
Reflexion 12
Regelungskapazität 91
Regenwälder 7, 14, 84, 93, 97, 99, 107, 118, 126
Regenwaldökosysteme 98
regionale Angebote 167
Regionale Lösungen 177
Regionale Zusammenbrüche 150
regionaler Wasserhaushalt 99
Regulierung 101
Reichweiten 40
Reis 22
relative Hierarchie 17
Reproduktion 103
Republik Kongo 73
Resilienz 40
Ressourcen 70
Ricardo 130
Rinder 28
Rinderhaltung 67
Rinderzucht 74
Rindfleisch 166
Risiken 42, 147
Risiko von Schädigungen 106
Rocky Mountains 7
Rodung 23, 99, 122, 144
rohe Nahrung 28
Rohöl 129
Rohstoffe 73
Rückwirkungen 13

saisonalen Schwankungen 100
Salpeter 133
Salz 30

Salzgewinnung 125
Samentransport 91
Satelliten 5
Sauerstoff 7, 8, 13, 87, 98, 101, 118
Schadstoffe 126
Schiefergas 139
Schienenfahrzeuge 129
Schiffe 129
Schilf 102
Schnee 9, 15, 99
Schneedecke 14
Schutthalden 108
Schutzimpfung 37
Schwefel 8, 80
Schwemmflächen 126
Sedimentation 8
Sedimente 137
Segelschiffe 125
Selbstbeschränkung 151
Selbstorganisation 20, 21, 95, 118
Selbstorganisationsprozesse 90
Selbstorganisierte Kritikalität 47, 154
Selbstreproduktion 85
selbstverstärkende Prozesse 49
seltsame Attraktoren 18
Senken 23
Seuchen 122, 127
Sibirien 16
Sicherung von Lebensgrundlagen 39
Sieblinie 151
Sierra Nevada 7
Sklaven 30
Sklaverei 125
Sliwka 151
smart city 152
smart grids 173
smart meter 169
smart mobility 152
Smith 30

289

Soja 74, 140, 142
Sojaöl 66
Solarenergie 25
Solarkollektoren 172
Solarkonstante 9
Sommerzeit 138
Sondermüll 170
Sonne 9
Sonnenaktivität 5
Sonnenenergie 25
Sonnenstrahlung 11
soziale Grundrechte 73
Sparherd 123
Speicheranlagen 172
Speicherorgane 109
Speicherzeiten 98
Stabilität 118
städtische Bevölkerung 127
Stakeholder Interessen 65
Stallhaltung 29
statistischer Fehler 61
Sterblichkeitsraten 38
Stickoxide 12, 22
Stickstoff 7, 8, 80, 111
Stickstoffdünger 133
Stillstand 151
stöchiometrische Relation 95
Stoffbilanzen 102
Stoffflüsse 181
Stoffkreisläufe 104
Stoffwechselphysiologie 102
Störungen 119
Strahlung 11
Strahlungsenergie 4
Strahlungshaushalt 21
Strandhafer 111
Straßenfahrzeuge 31, 129
Stratosphäre 7
Strom 45
Strömungsdynamik 116

strukturelle Veränderungen 131
strukturelle Wechselwirkungen 14
Strukturerhaltung 154
Strukturierung 80
Subduktion 6
Subsidiaritätsprinzip 151
Südamerika 74
Südostasien 74
Sukzessionsprozess 90
Sümpfe 8
Sumpfpflanzen 111
Superkontinente 6
System 19
Systemänderungen 40, 50, 68
Systemausschnitt 65
Systemebene 21
Systemgrenzen 65, 67, 68, 174
systemischer Fehler 61
Systemverständnis 19
Szenarien 147
Szenarioberechnung 20

technokratische Denkmuster 19
Technologie 70
technologisch geprägte Weltsicht 30
terrestrische Ökosysteme 101
thermische Belastung 107
thermische Strahlung 11
thermodynamische Attraktoren 95
thermodynamisches Gleichgewicht 97
thermohaline Zirkulation 9
Tiefenwasser 16
Tiere 84
Torf 98
Torfabbau 77
Toronto 179
Transpiration 99, 111
Transpirationsrate 99
Transport 125

Transportgeschwindigkeit 31
transportierte Gütermengen 130
Treibhauseffekt 10
Treibhausgasbilanzen 60
Treibhausgase 22, 74
Treibstoffe 66
Treibstoffe 2. Generation 147
Treibstoffe aus Algen 67
Treibstoffmarkt 141
Trockengebiete 7, 101
Trockenlegung 23
Tropenholzproduktion 74
troposphärisches Ozon 22
Tsunami 6, 80, 110

Übernutzung 30, 56, 123, 147
Ultraviolett 11
Umwandlung 79
Umwandlungsschritte 60
Umweltbelastung 127, 142, 148
Umweltschädigung 56
Umweltschutz 183
Umweltschutzregelungen 73
Umweltstandards 45
Umweltsysteme 17
unbegrenztes Wachstum 76
Unbestimmbarkeit 75
Ungewissheit 24
Ungleichverteilung 37
Unsicherheit 25, 176
unterirdische Bauten 115
Unterirdische Pflanzenorgane 108
unvorhersehbarer Veränderungen 3
Unwägbarkeiten 76
Uran 41
Uranvorräte 43
Urbane Landwirtschaft 167
Urbanisierung 166
Ursache-Wirkung-Beziehungen 11, 17

USA 66, 128, 139, 144, 145

Vegetation 89
Vegetationsbedeckung 7
Vegetationsperiode 99
Verankerung 108
Verarbeitungskapazitäten 35
Verbrennung 22
Verbrennungseigenschaften 44
Verbrennungskraftmaschinen 132
Verbrennungsmotore 31
Verbrennungsvorgänge 22
Verdauungsorgane 84
Verdrängung 37, 53
Verdünnungsstrategie 183
Verdunstung 9
Vereinfachung 62
Vereisung 7
Verhalten 172
Verhaltensmuster 38
Verkehr 34
Verkehrssysteme 181
Verkokung 31
Verluste 33, 103, 155
Vermeidung von Energieverlusten 106, 110, 114, 116
Vermeidung von Treibhausgasemissionen 51
Verweilzeiten 12
Verwitterung 8
Verwitterungsrate 97
Virtuelles Wassers 134
Vorratshaltung 165
Vulkanausbrüche 7, 8, 94
Vulkanismus 8

Wachstum 145, 150, 151
Wachstumsphase 106
Wachstumsstrategie 147
Wahl des Wohnortes 164

291

Wähler 174
Wahrnehmung 10
Waldbrände 8, 94
Wälder 14, 119
Waldgebiete 14
Waldökosysteme 98
Waldrückgang 123
Waldstreu 122
Waldtundra 14
Wanderheuschecken 150
Wasser 13, 15, 29, 81, 98, 105
Wasseraufnahme 101
Wasserbedarf 134
Wasserdampf 12
Wasserhaushalt 23
Wasserkraft 26, 43, 148
Wasserkreislauf 9, 15, 118
Wasserpflanzen 110
Wasserräder 125
Wasserrechte 73
Wasserstoff 80
Wasserströmungen 90
Wasserverbrauch 146
Wasserversorgung 37
Wechselwirkungen 7, 9
Wegener 6
Weidehaltung 121
Weizen 140
Wellenlänge 11
Werthaltung 158
Wertvorstellungen 45
Wetter 3

Wetter- und Klimaforschung 18
Wiederaufbereitung 183
Wiedergewinnung 182
Wind 29, 147
Windkraftanlagen 178
Wirbelsturm 80
Wirkungsgrade 146
Wirkungshierarchie 65, 153
wirtschaftlichen Effizienz 3
Wirtschaftsweisen 159
wissenschaftliche Beweise 75
Wohlstand 166
Wohngebäude 168
Wolken 9, 14
Wurzel 101, 108, 111
Wurzelspitzen 105
Wüstengebiete 8

Zelle 81
Zellteilung 83
Zersiedlung 179
Zerstörung 73, 149
Zerstörung von Ökosystemen 74
Zuckerrohr 66, 74
Zugtiere 121
Zukunft der Energieversorgung 51
Zusammenbrüche 29, 48
Zusammenhänge 11
Zwänge der Natur 27
Zweitauto 49
zyklische Zusammenbrüche 94
Zyklusdauer 101